地方政府间跨域
公共事务合作治理

周伟◎著

中国社会科学出版社

图书在版编目（CIP）数据

地方政府间跨域公共事务合作治理／周伟著．—北京：中国社会
科学出版社，2023.9

ISBN 978-7-5227-2596-3

Ⅰ.①地…　Ⅱ.①周…　Ⅲ.①城市—水环境—历史—研究—北京
Ⅳ.①X143

中国国家版本馆 CIP 数据核字（2023）第 169956 号

出 版 人	赵剑英
责任编辑	周　佳
责任校对	胡新芳
责任印制	王　超

出　　　版	中国社会科学出版社
社　　　址	北京鼓楼西大街甲 158 号
邮　　　编	100720
网　　　址	http://www.csspw.cn
发 行 部	010-84083685
门 市 部	010-84029450
经　　　销	新华书店及其他书店

印刷装订	三河市华骏印务包装有限公司
版　　　次	2023 年 9 月第 1 版
印　　　次	2023 年 9 月第 1 次印刷

开　　　本	710×1000　1/16
印　　　张	19.75
插　　　页	2
字　　　数	253 千字
定　　　价	106.00 元

序　　言

　　政府"碎片化"是长期以来困扰政府整体效能发挥和影响政府整体治理绩效的一个重要体制性问题。传统公共行政以威尔逊的政治与行政二分法、韦伯的官僚制为基石,强调政府间的纵向层级节制和横向职责分工,忽视了政府间的协调合作,导致政府间本位主义和保护主义盛行。政府组织关系呈现"碎片化"的状态,"韦伯式问题"实则导向碎裂化问题。新公共管理以市场竞争和管理主义为革新理念,致使其改革往往不自觉地受制于短期的市场价值与经营绩效而全然不知,"竞争性政府"的打造使得政府组织反而更趋向于功能分化与专业分工,并有不断加深政府功能裂解的趋势。其采取的竞争性、分权化、分散化改革措施在某种程度上进一步加剧了政府"碎片化"状况。虽然传统公共行政以专业分工、功能分割与新公共管理以市场竞争、管理主义为特征的政府"碎片化"管理曾迎合了工业化时代效率至上的价值追求,且在实践中取得了一定的成效;但其共同的缺陷恰恰是未能将政府"碎片化"诊断为政府的主要弊病,因而在政府的治理实践中也导致了诸多流弊的产生。

　　社会进入后工业化和信息化时代之后,开放性和流动性已成为社会的基本特征,人口及生产要素等的跨域流动,使人们之间、地区之间的关系日益密切。在经济全球化、区域一体化、市场无界化、社会信息化多重格局下，原先属于某一行政辖区"内部"的公共事务变得越来越"外部化"和"无界化"，经济发展、人口资源、环境保护、公共服务、交通运输、地区安全等跨域公共管理议题纷至沓来。这些跨域公共管理议题涵盖了地方政治、经济、社会、文化和生态等各个领域，已大大超出了传统的以单一地方政府为治理主体的单边行政能力的域限。面对日益增多的跨域公共事务及其治理的公共性、外部性、系统性和复杂性，无论是传统公共行政基于行政区划刚性约束、囿于"封闭性"的科层治理，还是新公共管理基于市场竞争思维、倡导"原子化"的竞争治理，在跨域公共事务治理上都捉襟见肘、力不从心。依靠命令与控制程序、高度专业化与刻板分工限制维系起来的严格的官僚制度，尤其不适于处理那些超越组织边界的复杂性问题；期望通过地方政府间竞争来推动地方发展的新公共管理运动，导致地方政府间横向联系脆弱，使得地方政府在跨域公共事务治理中合作乏力。因而，跨域公共事务治理需要地方政府间从"封闭性"的"分界而治"和"原子化"的"竞争治理"走向"开放性"的"合作治理"。

近年来，随着中国区域一体化的不断深入和城市群的迅猛发展，大量跨越了自然地理界限和行政区划边界的跨域公共事务日益增多。这使得地方政府间的关联性和依赖性不断增强，不同行政辖区间产生的大量跨域公共事务与不断增强的跨域公共服务需求，对地方政府"各人自扫门前雪"的"碎片化"治理方式提出了巨大挑战，仅靠单个地方政府无法从根本上解决这些需要地方政府间合作才能化解的问题，加强地方政府间合作已成为有效解决跨域公共事务的重要途径之一。面对跨域公共事务治理难度不断加大和风险日益增加的现实境况，在中央政府的引导和推动下，各级地方政府出于责任、利益、需求和面临治理资源短缺、技术与能力不足等现实困境及各种压力下，在跨域公共事务治理中开始寻求与区域内其他地方政府合作，走向并展开合作治理且已取得一定成效。然而，理性地审视地方政府间跨域公共事务合作治理的现状，我们不难发现，尽管地方政府间通过签署合作协议、举办合作论坛和创设协调会议等多种方式建立了各种合作关系，但在合作过程中仍出现"议而不决、决而不行、行而不果"等现象，地方政府的理性选择导致跨域公共事务治理的非理性结果。如何建立地方政府间持续稳定的合作关系以避免"公用地悲剧"的发生，仍是地方政府间跨域公共事务合作治理需要解决的一个现实问题。

党的十八届三中全会将"完善和发展中国特色社会主义制度，推进国家治理体系和治理能力现代化"作为全面深化改革的总目标。这对推动地方政府间跨域公共事务合作治理而言，无疑具有重要的指导意义。中国地方政府与跨域治理涉及的面大、量广，地方政府间跨域公共事务合作治理是推动地方政府治理现代化的重要环节，也是实现国家治理现代化的重要内容。在中国全面推进区域协调发展和共同富裕的大背景下，跨域公共事务治理在地方乃至国家经济社会发展中也日益摆在更加突出的位置。作为跨域公共事务治理的关键主体和主要力量，地方政府将要担负更为重要的责任和使命，在跨域公共事务治理中要由"以邻为壑"转向"与邻为善"，由"各自为政"走向"协同合作"，这对推动区域协调发展和共同富裕战略的落地实施，消除地区发展差距、实现区域共同发展，满足人民群众对美好生活的需求和促进区域"五位一体"全面协调可持续发展，引领未来区域经济社会发展和提高区域整体竞争力，推动区域治理体系和治理能力现代化具有十分重要的现实意义和战略意义。

尽管地方政府间跨域公共事务合作治理是一个复杂问题且充满诸多不确定性因素，但法国思想家埃德加·莫兰认为："我们不可能清除认识论中的不确定性。……复杂性问题既不是把不确定性弃置一边，也不是陷入不确定性中变成彻底的怀疑者。为了理解对自然的认识本质，我们需要将不确定性深深地整合进认识，把认识整合进不确定性。"① 本书将做出这样的努力，试图在地方政府间跨域公共事务合作治理的既有理论和现实实践中，将理论研究与实践问题二者紧密结合起来，进一步阐述地方政府间跨域公共事务合作治理的理论基础，分析地方政府间跨域公共事务合作治理的生成逻辑，探究地方政府间跨域公共事务合作治理的约束机理，寻求地方政府间跨域公共事务合作治理的优化路径，以期丰富目前关于地方政府间跨域公共事务合作治理的讨论，推动地方政府间跨域公共事务合作治理有序、持续和稳定发展，促进地方政府间跨域合作治理体系和治理能力现代化。

---

① ［法］埃德加·莫兰：《方法：天然之天性》，吴泓缈、冯学俊译，北京大学出版社2002年版，第417页。

目　　录

第一章　地方政府间跨域公共事务合作治理的概念谱系

概念是一般化的观念或理念，是人类在认识过程中从感性认识上升到理性认识，把所感知到事物的共同本质特点抽象出来加以概括，是自我意识的表达，也是我们思想最简单的内容。基础性概念的辨析界定是人们认识某一事物或社会现象的前提，也是进一步深入研究某一事物或社会问题的基础。研究地方政府间跨域公共事务合作治理这一议题，就必须对该议题所涉及的相关基础性概念进行明确阐释，但由于学者们的观察视角和研究旨趣不同，对一些相关的基础性概念并没有一个相对统一的界定。因此，有必要进一步对这些基础性概念进行重新梳理与辨析界定，如此既能够深化对跨域公共事务及其治理的认识理解，又能够为地方政府间跨域公共事务合作治理分析提供参考。

第一节　跨域治理与合作治理

一　跨域治理

1. 跨域

"跨域"一词的英文为"Across Boundary"，又可以翻译为"跨界"。"Across"的基本含义是指越过、横过、跨越、穿过等，"Boundary"的基本含义是指边界、分界线、界限、范围等。因此，"Across Boundary"一词可以理解为跨越界限、超越边界。根据《现代汉语词典》的解释，"域，邦也"。其本义是指"一定疆域内的地方，引申指封邑、封国"。现在"域"又可以称为异域、域外、领域、地域、疆域、区域等，表示一定的地理空间范围及不同的领域。"界"的本义是指边界、界限，亦可引申为一定的地理空间范围。"界"既可以作名词，也可以作动词，作名词的"界"具有边界、边陲、界限、范围等含义，而作动词的"界"具有隔开、毗邻、划分、连接等含义。可见，"界"无论是作名词还是作动词，都具有较为丰富的内涵和多样的用法，但其最基本的含义是"边界、疆界"。① 关于"跨"，《说文解字》中提到"跨，渡也"。"谓大其两股间，以有所越也。"本义是"抬起一只脚向前或左右迈开步伐"，也可以理解为双脚分开，抬脚越过，还可以引申为"超越一定数量、时间或地区界限"等。从"域"和"界"的词义来看，将"Across Boundary"翻译成"跨域"或"跨界"，都是贴切且贴合实际的。

"跨域"这个概念已被人们广泛接受，无论是在社会科学研究中，还是在社会生活中的应用都日益广泛，逐渐成为一个被高频率使用的词语。根据对"域"和"界"的不同理解，可把"跨域"的相关概念梳理为两类：一类是基于地理空间范围的概念，把"域"理解为地理空间范围，侧重于自然地理边界和行政区划界限；另一类是基于组织职责权限的概念，把"域"理解为组织职责权限行使范围，侧重于不同组织及行动者之间的关系。结合学术界对"跨域"的不同理解，本书认为跨域的含义既可以理解为跨越地理空间边界和行政区划界限，也可以理解为超越组织职责权限和涉及不同行动者，具有跨区域、跨领域、跨层级、跨部门等多层含义。

"跨域"与"区域"两词不仅联系紧密，而且含义也十分接近。学术界尤其是政治学、行政学和管理学等领域的学者们在从事相关问题研究时，有学者用"跨域"一词，也有学者用"区域"一词。事实上，"跨域"中的"域"就包含了"区域"的内涵，"区域"中的"域"同样包含了"边界"

---

① 陶希东：《中国跨界区域管理：理论与实践探索》，上海社会科学院出版社 2010 年版，第 2—3 页。

的内涵。故而，为了全面理解"跨域"和"区域"两词的基本含义及其内在关联，就十分有必要对"区域"一词的基本含义进行梳理。

"区域"一词是区域科学研究中的核心概念。从词源上看，其英文常用"Region"一词，由此衍生出区域研究的相关重要范畴，比如区域经济（Regional Economics）、区域政策（Regional Public Policy）、区域竞争力（Regional Competitiveness）等。在中国古代汉语中，"区域"有两层含义。一是指土地的划界，指地区。《周礼·地官·序官》"廛人"汉郑玄注："廛，民居区域之称。"晋潘岳《为贾谧作赠陆机》诗："芒芒九有，区域以分。"二是指界限，范围。晋陆机《吊魏武帝文》："死生者性命之区域。"从现代一般意义上来讲，区域是一个地理空间范畴的概念，指地理空间位置上某一特定范围的地区，其划分依据以地理位置、自然环境、经济水平、民族构成和文化特色等特征为基础。

随着"区域"一词应用语境的不断扩展，其内涵意蕴也发生了相应的变化，不同学科视域下对区域的含义也有不同的理解。地理学视域下的区域是指一个有具体空间位置的地区，而且这一地区与其他地区在某些方面存在显著差别，也就是说有明确的区位特征，其空间位置仅限于这个差别所延伸的范围之内。① 地理学中的区域不仅与地理位置存在密切的关联，而且区域内部具有某一方面或几个方面同一性的特征。区域经济学（Regional Economics）也称地理经济学，是经济学与地理学交叉而成的学科。区域经济学视域下的区域是指人类运用各种劳动工具、科学技术和工程措施等，对自然环境进行利用、建设和改造过程中，所形成的一个集生产、交换、分配和消费等为一体的综合区域，探索生产力的空间分布及发展规律，揭示区域与经济相互作用的规律。社会学则主要从人口分布状况、教育发展水平、民族构成类别、地域文化特色等社会因素入手，把区域视为人类社会具有某种共同特征的聚集区域。政治学和行政学则主要从政治制度的角度出发，认为区域是国家基于行政区划制度实行行政管理和进行国家治理的行政单元。

---

① ［美］R. 哈特向：《地理学性质的透视》，黎樵译，商务印书馆1997年版，第129页。

虽然不同学科对"区域"进行了不同的解释，但无论从哪个学科角度进行界定，如今的区域大多都不再是诸如自然、经济、社会、文化和生态等单一功能的区域，而是政治、经济、社会、文化和生态等要素相互叠加且具有某种关联性的、多功能的特定地域空间范围。因而，本书认为区域具有地理位置的相连性、生态环境的系统性、经济发展的关联性、社会文化的同一性和行政管理的相关性等特征，是人类生产生活和社会交往的经济地理行政空间。总体来讲，区域具有以下几个特征。

其一，客观性。"域"是人类社会生活、经济活动和政治生活的基本场所，无论是以自然环境的山川流变，如山脉、江河、湖泊等要素为基础划分的自然地理空间，还是以地理位置、经济发展和管理需要等要素为基础划分的行政区划空间，抑或是以功能目标、职责权限、责任义务等要素为基础划分的组织活动空间，区域总是客观世界的真实反映，而不是只存在于人们的大脑中，人类的生产生活、经济活动、社会交往和政治活动等总是在一定的区域范围内进行。

其二，整体性。区域在某种程度上是一个系统，区域内的各组成部分或各构成要素之间，诸如行政、经济、社会、文化和生态等要素之间存在内在的有机联系，它们之间相互联系、相互渗透、相互影响，成为一个不可分割的整体，具有"牵一发而动全身"之感。区域内任何一个组成部分或构成要素若发生功能性变化，都会影响到其他组成部分或构成要素功能的正常发挥，进而影响到整个区域的健康运行和整体功能的有效发挥。

其三，层次性。虽然人们从地理空间、经济发展和行政区划等方面将地球表面划分为数量众多和功能各异的区域，但因其划分的范围大小不同和等级存在差异，区域呈现明显的层次性。按照区域的地理空间范围，可以将区域划分为宏观、中观和微观三个空间层次。宏观层次上的区域是指跨越洲界和国界的区域，如亚太区域、欧洲区域、共建"一带一路"合作区域等。中观层次上的区域是指一个民族国家内超越一级行政区划边界的区域，如长三角区域、珠三角区域、京津冀区域等。微观层次上的区域是指一个国家内一级行政区划以下超越各行政单元边界的区域，如"兰—白城市经济圈"区域、"武汉城市经济圈"区域、"西安城市经济圈"区域等。

其四，动态性。作为人类生产生活、社会交往、经济活动和政治生活的场所，区域的划分无论是从地理位置方面，还是从政治制度方面，都具有一定的历史继承性，保持着相对的稳定性和延续性，如中国现在的省级行政区划在设置上部分沿袭了元朝最初的省级行政区划设置，但这并不意味着区域的界限是绝对固定和保持不变的。随着政治局势发展、国家治理需求、行政管理便利、科学技术进步、经济发展需要、社会文化变迁等多种因素的综合影响，区域的范围也会做出调整和产生变动。因此，区域的范围是相对稳定的，区域界线往往是一个过渡地带且具有模糊性，区域的范围随着政治、经济、社会、科技和文化等行政生态环境要素的发展变化而处于不断的动态调整之中。

2. 跨域治理

跨域治理（Across Boundary Governance）是治理理论的重要分支和组成部分，是对治理理论的进一步拓展。治理理论是在当代经济和社会转型过程中，为适应公共治理的多元化而成长起来的一种新型的多中心治理模式。"治理"一词是 20 世纪末兴起的不同于"统治"的新的政治概念。"治理是各种公共的或私人的机构管理其共同的公共事务的诸多方式的总和，以使相互冲突的或不同的利益得以调和，并采取联合行动的持续过程。"[①] 治理超越了政府单一主体权威治理和市场多中心竞争治理非此即彼的两难困境，倡导在共同的、复杂的公共事务治理中，政府、企业、社会组织和公民个体等多元主体在对话与协商的基础上，采取联合行动以谋求对社会公共事务实施有效治理的一系列协调与监督活动。

"少一些统治，多一些治理"，这是 21 世纪世界主要国家治道变革的重要特征。统治与治理主要有五个方面的区别。其一，权威主体不同，统治的权威主体是单一的政府或其他国家公共权力；治理的权威主体则是包括政府

---

① The UN Commission on Global Governance, *Our Global Neighborhood*, OX: Oxford University Press, 1995, p. 5.

在内的企业、社会组织和公民个体等多元主体。其二，权威性质不同，统治的权威性质是强制性或强迫性的；治理的权威性质可以是强制性的，也可以是协商性的，但更多的则是一种协商性权威。其三，权威来源不同，统治的权威来源于强制性的国家法律，治理的权威来源包括强制性的国家法律和各种非强制性的契约。其四，权力运行方式不同，统治的权力运行方式是自上而下的；治理的权力运行方式是多元的，可以是自上而下的，也可以是自下而上的，还可以是平行运行的。其五，作用范围不同，统治的作用范围是以公共权力所及的领域为边界，治理的作用范围则是以公共领域为边界。① 尽管就"治理"一词的概念而言，目前并没有一个相对统一的界定，但是作为相对于政府科层式和市场竞争式之外的第三种治理方式，其本质体现为政府、企业、非政府组织和社会公众等多元主体在平等自由、权力共享、对话协商的基础上，合力实现对社会公共事务的有效治理。

治理理论自提出就成为备受关注的国家或组织管理理论。在复杂的社会共同体中，人们为了维持良好的社会秩序和实现有效的社会治理目标，就需要依赖一定的协调机制。虽然市场调节和政府管理是两种最重要的协调机制，但这两种协调机制在一定程度上满足了人们需要的同时，却又凸显了各自的内在缺陷或不足，出现"市场失灵"和"政府失效"。正是鉴于"市场失灵"和"政府失效"，越来越多的人热衷于以治理机制应对市场和政府（国家）协调机制的失灵。社会进入后工业化和信息化时代之后，开放性和流动性将成为社会的基本特征，随着全球化、市场化、区域化、信息化的发展，人口、信息及生产要素等的跨区域流动，源于现实生活中跨区域、跨领域、跨层级、跨部门的公共事务和公共问题日益增多。为了积极回应跨域性公共议题和有效解决跨域性公共事务，人们在治理理论的基础上提出了跨域治理，是回应社会激变时代政府再造而做出的必然选择，也是近年来公共管理研究的热点问题。

现在"跨域治理"一词无论是在理论界，还是在实务界都已被广泛认同

---

① 俞可平：《国家治理现代化的中国方案——走向善治》，中国文史出版社 2017 年版，第 3 页。

和接受，关于跨域治理的研究议题也越来越多。但究竟何为"跨域治理"，目前学术界还没有一个相对统一的概念。不同的学者从不同的角度对跨域治理的含义进行了解读。林水波、李长晏认为，跨域治理是指两个或两个以上的不同部门、团体或行政区，针对它们彼此之间因业务相关、功能重叠和行政边界相邻以及由此产生的模糊性，导致在解决跨域性公共事务和治理跨域性公共问题上，因权力、责任、利益不明而无人管理的问题发生时，需要公共部门、私营部门、非营利性组织及社会公众等利益相关者的联合行动，通过协力合作、社区参与、公私合作或契约协定等方式，联手不同行动者来共同解决难以处理的公共问题。① 张成福等从我国公共管理的实践并结合治理与跨域的概念出发，认为跨域治理是指多元主体之间，包括政府（中央政府和地方政府）、企业、非政府组织和社会公众等，基于对公共价值的追求和共同利益的维护，通过互动、谈判、协商与合作，共同参与和联合治理公共事务的行为过程，以此实现公共事务治理的良好绩效。② 丁煌、叶汉雄认为，跨域治理是指为了应对跨地区、跨领域、跨部门的社会公共事务和社会公共问题，由政府、私人部门、非营利性组织和社会公众等多元主体携手合作和建立伙伴关系，综合运用协商谈判、法律制度、政策规章等多种治理工具，共同发挥治理作用的持续过程。③ 申剑敏、朱春奎认为，跨域治理是指地理上的跨行政区划、组织上的跨部门、超越传统公私分野，以及横跨各个政策领域的协力合作伙伴关系。进而根据对"域"的不同理解，将跨域治理的概念梳理为基于地理空间和组织界限两类：基于地理空间的跨域治理侧重研究在某个特定的地理空间或行政区划内，政府之间、政府与非政府组织之间如何开展合作与治理；而基于组织界限的跨域治理则关注不同组织行动者因特定问题产生的合作与治理过程。④ 此外，王佃利、孙柏瑛、王庆华等学者也从不同的角度对跨域治理的概念进行了界定。同时，与"跨域治理"含义相

---

① 林水波、李长晏：《跨域治理》，五南图书出版股份有限公司 2005 年版，第 3 页。
② 张成福、李昊城、边晓慧：《跨域治理：模式、机制与路径》，《中国行政管理》2012 年第 3 期。
③ 丁煌、叶汉雄：《论跨域治理多元主体间伙伴关系的构建》，《南京社会科学》2013 年第 1 期。
④ 申剑敏、朱春奎：《跨域治理的概念谱系与研究模型》，《北京行政学院学报》2015 年第 4 期。

近的概念还有"区域治理""都市圈治理""复合行政""广义行政"等，这些概念在一定范围是可以通用的。

综合和借鉴诸多学者对"跨域治理"一词的概念界定，本书将跨域治理界定为这样一种行为过程：它是指政府、企业、社会组织和公众等多元主体，在面临具有公共性、外部性、系统性、复杂性等特征的跨越地理界线和超越组织权限，涉及人们共同利益的问题而任何单一主体又无法有效治理时，基于对共同利益的维护和公共价值的追求，各主体充分发挥自身优势、采取分工合作等方式共同参与和联合持续治理公共事务的过程。跨域治理其本质在于通过多元主体的平等参与、对话交流、谈判协商、权力互动等途径，形成资源共享、彼此信任、互惠共享的合作机制和开放、分权、动态的网络治理结构，实现多元主体对跨域公共事务的持续合作治理。它超越了政府单一主体权威治理和市场多中心竞争治理的局限，打破了地理空间范围分割和行政区划刚性约束，改变了政府、市场、社会之间刻板的职责分工，是政府、企业、社会组织和公众等多元主体在跨域公共事务治理中建立伙伴关系和实现合作治理。跨域治理作为公共事务治理模式的一种创新和理解现实政治生活不可或缺的分析工具，具有自身独特的性质和鲜明的特征。

其一，跨域治理主体的多元性。在传统官僚制理念和组织结构的影响下，政府被认为是公共管理合法权力的唯一源泉和社会公共事务管理的唯一主体，政府以绝对权力为中心和行政区划为边界进行管理。跨域治理则强调国家与社会、政府与公民之间的沟通、交流与合作，其治理主体包括政府、市场、非政府组织和社会公众在内的多元主体，这是跨域治理区别于传统治理模式的重要特征。跨域治理的权威并非一定来自政府，其分权化的思想实现了公共权力在不同治理主体之间的共享、制约和监督。正如罗伯特·里齐等所指出的，"治理涉及中央政府、地方政府和其他公共权威，也涉及在公共领域内活动的准公共行政者、自愿部门、社区组织甚至是私营部门"。[①] 尽

---

① Robert Leach, Janie Percy-Smith, *Local Governance in Britain*, New York: Palgrave, 2001, p. 6.

管政府作为跨域治理的参与者之一，不再具有绝对的权威和占据主导地位，但基于治理客体的公共性，政府在跨域治理中依然要扮演好其"元治理"的重要角色和履行其应尽的基本职责，关注点要从"管理控制"技巧逐渐转移到"赋权赋能"建设，其主要职责体现在规则制定、教育引导、纠纷化解、激励约束等方面，因为企业、非政府组织和社会公众的参与水平与参与能力也直接影响着跨域治理的水平及其绩效。

其二，跨域治理客体的跨域性。跨域治理的客体是跨域性公共议题，即跨域性公共事务或跨域性公共问题，这里的跨域包括地理疆界、组织边界及管理权限。在传统农业社会甚至工业社会条件下，社会相对而言较为封闭，地区之间联系也不密切，社会公共事务也相对较为简单，行政辖区内的地方政府仅凭自身就能够有效地解决和处理本地区内的公共事务，因而无须寻求其他社会主体的支持和相互之间的协作，基于行政区划的地域管理具有效率高、成本低的优势。但在社会步入后工业化和信息化时代之后，随着区域一体化进程的加快，原先属于某一行政区"内部"的公共问题和公共事务，变得越来越"外部化"和"无界化"。跨域公共事务日益增多和跨域公共问题频繁发生，并朝着多元化、复杂化和规模化方向发展，突破了地理空间范围、行政区划边界以及单一主体的管理权限，基于"边界"及单一主体的治理方式，显然已无法有效应对跨域性公共议题，这就需要社会各主体间打破"边界"协同合作。因此，跨域治理的客体仅限于跨越"边界"的公共议题，而"边界"内部事务依然秉承权限交由相应主体独立处理，政府"边界"之外的事务交由市场或社会处理而不能过多干预。

其三，跨域治理过程的互动性。传统官僚组织依靠权威和等级，是一种单一向度的、简单僵硬的指挥命令模式，这一模式阻碍了不同主体之间和组织部门之间的对话交流、协商谈判，造成信息传递失真、相互猜测增加，进而影响到治理效能。跨域治理则是建立在一种平等参与、充分表达、对话协商、谈判博弈基础上的双向博弈，正是在观点和利益的碰撞互动中妥协平衡，进而形成价值共识，促进合作治理目标的达成和实现。具体包括沟通、谈判、协商及合作四个阶段：沟通是各主体之间围绕跨域公共议题获取和交换信息的过程，是一种初期的、非正式的互动；谈判是各主体基于自己在跨域公共事务或跨域公共问题治理上的责权利，就治理规则的制定进行意见的表达和陈述，寻求相互理解和相互说服的过程；协商是在谈判的基础上，各主体在积极吸纳别人意见和重新审视自己观点的基础上，基于合作诚意，就合作规划、目标选择、责任划分、利益分配、政策制定等寻求平衡和解决分歧的过程；合作就是对跨域治理目标的认同和合作关系的建立，也是互动关系追求的最终目标。

其四，跨域治理结构的网络化。跨域治理没有绝对的权威，它依赖于各参与主体在平等基础上的互动与合作，治理权威具有分散性和多元性特征，治理主体权威之间是合作网络关系。所依赖的组织结构不再是封闭、神秘、专断、烦琐、单一和唯上的整齐划一的科层组织结构，而是一个开放、分权、民主、双向互动和平行发展的网络治理结构。跨域治理结构的网络化加强了不同治理主体之间的对话交流，尊重了各主体的治理意愿，实现了各主体的治理权利，明确了各主体的责任义务，加强了各主体间的相互监督，具有凝聚力强、稳定性高、持续性好等治理优势。尽管跨域治理结构的网络化有利于各主体在地位平等、权力共享、利益共融的情况下形成"共建、共治、共享"的治理格局，但由于各主体之间在目标设定、谈判能力、资源禀赋和治理能力等方面存在客观差异，这就使得"多中心网络化"治理结构可能变异为"中心—边缘"治理结构，因而网络治理结构并不总是处于绝对平衡状态。

其五，跨域治理模式的多样性。人类的社会生活在各个方面都呈现出多样性，如在政治、经济、社会、文化、生态等方面，多样性已经成为当今时代的主要特征。同样，跨域治理的模式也具有多样性，就治理主体而言，跨域治理主要包括政府、市场和社会三类主体。如果从治理主体的角度进行划分，跨域治理可以分为两种模式：一是政府之间的合作治理（包括中央政府与地方政府间的合作和地方政府与地方政府间的合作），二是政府与市场、社会等多元主体间的合作治理。如果从合作方向的角度进行划分，大致可以分为纵向、横向以及斜向治理三种模式：一是纵向层面上的垂直型合作模式，即中央政府与地方政府间以及上下级地方政府间的合作治理，政府间的关系不再是以指挥命令为基本特征的等级关系，而是不同层级政府在平等基础上的联合治理；二是横向层面上的水平型合作模式，即同一层级地方政府之间的合作，地方政府间合作应摒弃保护主义和本位主义下的恶性竞争关系，实现同级政府间的合作伙伴关系；三是斜向层面上的跨部门或跨主体的联合模式，即政府与企业、非政府组织和公众之间的合作，这种合作模式属于一种战略性合作伙伴关系，是跨域治理科学民主过程的集中体现。跨域治理应根据跨域公共议题的性质和治理主体的权责义务，随环境的变化和治理的需求而选择合适的治理模式。

二 合作治理

1. 合作

"合作"一词源于拉丁文"Cooperari"，其原意是指各成员之间的协作行动或共同行动。在中国古汉语及典籍中早就出现"合作"一词，如《括异志·高舜臣》中的"一日，入山督役迷路，闻乐声合作於山谷间"，以及《新唐书·南蛮传下·骠》中的"乐用龟兹，鼓，笛各四部，与胡部等合作"。在这里，"合作"的意思是共同合作演奏。《西清笔记·记名迹》中"国朝，恽南田，王石谷，多合作山水亦最佳"中的"合作"即共同创作之意。《国语·晋语三》中的"杀之利。逐之，恐搆诸侯；以归，则国家多慝；复之，则君臣合作，恐为君忧"以及《圣武记》卷七中"通力合作，且耕且战"中的"合作"都是共同从事的意思。由此可见，"合作"一词在中国出现较早，且在不同的语境中被赋予了不同的含义。《现代汉语词典》(第7版)中则把"合作"解释为"互相配合做某事或共同完成某项任务"。"合作"一词在英文中较早出现在1879年坎贝尔（G. L. Campbell）的文章中。[1] "合作"一词的英文为"Cooperation"，是指个人与个人、组织与组织、个人与组织之间为达到共同的目的，彼此之间相互配合的一种行为方式和联

---

① G. L. Campbell, "Grouping of Places for Library Purposes", *Library Journal*, 1879, pp. 9-10.

合行动。

如今"合作"不仅成为人们日常生活中的主要用词之一，也成为政治学、行政学、管理学、经济学、社会学等学科在其科学研究中的广泛用词之一。"合作"已然成为 20 世纪后期以来时髦的话语和治道变革的精髓。那么，何为"合作"？不同的学者对"合作"做出了不同的诠释。国外学者中，Thomson Marie 等认为，合作是一个有目的的行为过程。在这个有目的的行为过程中，自主或半自主的行动者通过正式和非正式的沟通渠道进行对话协商与互动交流，共同设立组织目标与创建组织运行规则，以此规范与约束成员之间的相互关系，共同决定面对同一问题时做出决定或采取行动的方式，它是一个涉及互惠互利和共同规范的交往过程。并且强调合作是由五个关键维度所组成的动态建构过程，其中相互关系和规范属于社会资本维度，治理和管理属于结构性质维度，组织自治属于机构维度。① 从中可以看出，合作是不同行动者在遵守共同程序与规则下的交往互动过程，其中社会资本在合作行为发生中起着重要作用，而且随着社会资本的增加，合作行为也会增多。同样，唐娜·伍德（Donna Wood）和巴巴拉·格雷（Barbara Gray）也认为合作是一个不断对话交流、谈判协商、逐步调整的循环往复的过程，而不是一个线性的过程。② 事实上，合作是一种互惠互利性质的活动，而在合作中要实现互惠互利这一目的，就需要经过不断协商和反复调整。约翰·罗尔斯则立足于自由价值的视角，从三个方面对合作现象作了规范性描述并揭示了社会合作理念的本质特征。一是合作意愿的达成及其目标的实现并不依靠指挥命令和等级权威，而是合作主体基于对共同规则和程序认同与接受下的自发行为。二是合作的过程体现了一种公平精神和互惠理念，合作主体在合作过程中无论是履行职责还是获取利益，都要遵守共同认同的规则和程序。三是合作的理念在于尊重每一个参与者的利益诉求，并能够照顾到每一个参与者的合理需求，在实现共同利益的

---

① Thomson Marie, James Perry, Theodore Miller, "Conceptualizing and Measuring Collaboration", *Journal of Public Administration Research and Theory*, Vol. 19, No. 1, 2007.

② Donna Wood, Barbara Gray, "Toward a Comprehensive Theory of Collaboration", *The Journal of Applied Behavioral Science*, Vol. 27, No. 2, 1991.

同时促进个体利益的实现。① 罗尔斯对合作的理解具有强烈的规范色彩，包含了更多的"道德""正义""公平"理念。

国内学者对"合作"一词的内涵也从不同角度进行了诠释。孙杰从元概念（Meta-concept）的角度出发，对"合作"一词的内涵进行了颇具启发性的诠释。他认为"合作"一词是由"合"与"作"两个部分构成的复合性概念，其中"合"是一个描述主观意愿或主观动机的"元概念"，"作"是"合"主观意愿或主观动机的外在表征体现。如果只有主观意愿或动机上的"合"，而没有客观行动上相互配合的"作"，"合"的主观意愿或动机最终就无法实现，"合"主观上的意愿只有通过"作"客观上的相互配合才能实现。也就是说，合作是一个主观理念与客观行动相互统一的过程。唯有如此，才能实现合作目的。由此可见，尽管合作是从集体行动中演化出来的概念，但合作行动的实现逻辑远比集体行动的实现逻辑更加深刻，因为合作是合作者之间自主、自愿的行动，而集体行动可能源于单纯的共同利益追求。基于此，孙杰从经济学和个体的双重视角对"合作"进行了界定，认为"合作是个体间基于对现实利益的考量，以对合作剩余认知和观念建构为基础的一种自觉自愿的、刻意的理性配合行为"。② 张康之从公共行政学的角度，基于后工业社会高度复杂和高度不确定性的社会现实背景，诠释了"互助""协作"与"合作"的不同并揭示了"合作"的实质。"互助是合作的低级形式，属于感性化的合作。协作的层次要高一些，是建立在工具理性基础上的，是发生在结构化的系统之中，可以进行科学化、技术化建构，具有形式化的特征，主要是以分工为前提的，其功能表现为行动者之间的职能互补。与协作不同，合作应当是人们基于实践理性在共同行动中扬弃工具理性的一种行为模式，是人的共生共在关系在行动中的体现。"③ 互助是发生在人类农业社会中的行动方式，协作是发生在人类工业社会中的行动方式，而合

① ［美］约翰·罗尔斯：《作为公平的正义——正义新论》，姚大志译，中国社会科学出版社2011年版，第13页。

② 孙杰：《合作与不对称合作：理解国际经济与国际关系》，中国社会科学出版社2016年版，第200—202页。

③ 张康之：《合作社会及其治理》，上海人民出版社2014年版，第96页。

作则是在高度复杂和高度不确定的后工业社会中构建的共同行动方式。其实，合作并不只是后工业社会所独有的社会行为，农业社会的"互助"和工业社会的"协作"都是人类合作行为的表现，只不过是合作的形式、程度不同而已。就像马克思所认为的，"社会关系的含义是指许多人的合作，至于这种合作是在什么社会条件下，用什么方式和为了什么目的进行的，则无关紧要"，① 社会关系就是人与人之间的合作，人类存在合作的偏好。

当今社会的复杂性和不确定性日益增加，使得合作问题受到人们的高度关注。与农业社会的"互助"和工业社会的"协作"等合作方式相比，今天的"合作"是对"互助"和"协作"的包容与提升，不仅合作的背景与内容发生了巨大变化，合作的地位和重要性也大幅提升，"合作的能力是一个社会中社会财富的一个方面，说到底是社会发展的主要条件之一"。② 尽管人们对于合作在认识上还存在差异，但合作都呈现出如下几个特征。其一，合作是一种以实现共同利益为目标导向的行动，具有明确的方向且是一个持续性的过程，合作应该考虑合作者的总收益而不是单纯己方从合作中得到什么。其二，合作是建立在自愿、平等、协商、公平基础之上的自主行为选择，而不是外在某种力量胁迫之下的被动行为选择，这是合作意愿达成的基本条件。其三，合作既是道德行为，又是法律行为。合作需要内在共同价值的引导，也需要外在制度规则的规范。不管这种规则是来自社会习惯的非正式规则，还是出于合作需要共同制定的正式规则，其主要功能在于对合作内容的规范和对合作行为的约束，以保证合作健康有序运行和持续稳定发展。其四，合作是人们的共同行动，是目的也是人类的本质特征。合作不仅是人们实现各种目标的手段，更是人类社会发展的本质目标，它实现了手段和目的的有机统一，体现着人们面对共同问题时的一种合作精神。

因此，合作作为人们一种共同行动的行为模式，是指人们基于共同价

---

① 《马克思恩格斯选集》第 1 卷，人民出版社 1972 年版，第 34 页。

② ［法］皮埃尔·卡蓝默：《破碎的民主——试论治理的革命》，高凌瀚译，生活·读书·新知三联书店 2005 年版，第 153 页。

值观、共同需求、共同利益、共同任务等，为实现特定目的而遵循一定规则所采取的自觉共同治理的行为方式。人们出于维护共同利益和增进共同行动中合作行为的实现，在社会活动中越来越倾向于在行动者理念、行动体制以及制度体系等方面积极地做出安排，以谋求人们在社会活动中的合作行为能够获得某种客观上的保障，从而促进人们社会活动中合作行为的增长而不是削减。然而，在人们的社会活动中，竞争与合作总是相伴存在的。特别是在工业化和城市化进程中，人们在市场经济竞争观念的影响下，不仅在经济生活中，而且在政治生活和社会生活中，都树立起了竞争观念，建构起了竞争行为模式。人们在社会活动中的竞争行为大于合作行为，合作行动一直以一种理想的形式存在。人类社会正处于全球化和后工业化的进程中，人们需求的多元化、公共事务的复杂性和社会治理的不确定性，引起了人们对合作问题的高度重视并给予了积极的回应。可以相信，从工业社会向后工业社会转变的进程中，也是人们在社会活动、经济活动和政治活动中从竞争转向合作的过程，合作将成为人们实现美好生活与建构和谐社会的基本路径。

2. 合作治理

"合作治理"（Co-governance）源自 20 世纪 90 年代英国率先提出的"公私伙伴关系"（Public-Private Partnerships）一词，它是指公共部门和私人部门为提供公共服务而建立起来的长期合作伙伴关系。20 世纪 80 年代以来，西方各国面临经济衰退、财政赤字、信任危机等多重困境。在此背景下，一场针对传统公共行政模式缺陷的新公共管理方式席卷而来，通常被称为新公共管理运动。新公共管理主张将企业先进的管理技术和管理方法以及市场竞争机制引入公共部门，以此来提高公共部门的工作效率和服务质量。在这场席卷全球的新公共管理改革浪潮中，英国率先提出公共服务民营化改革，通过合同外包、许可经营等方式，加强政府与私人部门在公共服务生产与供给领域的合作，并允许私人部门同政府部门之间展开竞争，公私伙伴关系就是在这种背景下产生的。从政府与社会的关系方面而言，尽管新公共管理运动通过公共服务合同外包等形式造就了民营化的局面，但政府不能以为把公共职能交由私人部门去承担就万事大吉了，而是需要从合作的愿望出发为公共服务民营化提供更多的支持。正如 W. E. 哈拉尔所说，"如果企业要成功地行使公共职能，政府必须和承包商合作，以保证他们接受为公共福利服务这样一种更广泛的作用。所以我们再一次看到建立一种更有效的经济体制的巨大可能性，但是需要合作制定政策来处理不可避免的政治方面的问题"。① 新公共管理理论后来遭到新公共服务理论的批判，与新公共管理理论追求效率相比，新公共服务理论更强调公民的参与和注重公民权利的实现。在新公共服务理论的影响下，政府在社会管理和公共事务治理中，从权力治理走向合作治理，从命令控制性运作走向协商驱动性运作，总体趋势是政府从强制性的法律权威治理向协商性的契约权威治理转变。政府在公共服务供给和公共事务管理中开始注重加强政府之间，政府与私人部门、非政府组织、社会公众等主体之间的合作。

随着公私部门之间共同管理公共事务合作行为的不断发生和合作范围的不断拓展，合作治理也逐渐成为学术界的热门词汇。当前，"合作治理"不仅成为国内外政治学与行政学领域的专家学者们致力研究的热门话题，而且已经成为世界各国政府寻求治道变革创新的务实选择。国外学者延续了经验主义和分析性思维的研究特色，重点聚焦在合作治理的概念与意义、分析框架和实践应用等方面。Jan Kooiman 在《新治理：政府与社会互动》一文中指出，在欧盟兴起一种政府与民间互动的治理模式，他把这种互动治理模式称为合作治理，并认为合作治理与科层治理、自我治理构成了当今社会的三大治理模式。按照 Jan Kooiman 的观点，合作治理是指政府与社会合作共同治理公共事务以实现公共利益的行为。萨拉蒙（Lester M. Salamon）将合作视为新治理的主要特征。② 多纳休（John D. Donahue）和泽克豪泽（Richard J. Zeckhauser）将合作治理定义为"依据共享裁量的原则将公共部门和私人

---

① ［美］W. E. 哈拉尔：《新资本主义》，冯韵文等译，社会科学文献出版社 1999 年版，第356 页。

② Lester M. Salamon, *The Tools of Government*: *An Introduction to the New Governance*, New York: Oxford University Press, 2002.

部门的能力整合起来进行精心设计"。① 伍兹（Neal D. Woods）和鲍曼（Ann
O. Bowman）等认为合作治理包括政府间、政府与非政府组织之间的合作。②
Dnaiel A. Mazmanina 等认为，"合作治理是指为了解决那些仅凭单个组织或
仅靠公共部门而无法解决的公共政策难题，所采取的建立、督导、促进和监
控跨部门组织合作的制度安排，其特征是两个或更多的公共机构、营利和非
营利机构的共同努力、互惠互利和自愿参与"。③

　　国内对合作治理研究最有影响力的学者为张康之，他在比较分析参与治
理、社会自治和合作治理三种社会治理模式中，进一步对合作治理的内涵进
行了阐释和发挥，认为合作治理是政府与其他社会主体在地位平等的关系
下，通过对话协商等方式共同致力于公共事务治理的一种方式，真正实现了
政府与其他社会主体在社会公共事务治理中的平等地位，打破了公共事务治
理中公共权力的"中心—边缘"结构。④ 颜佳华等认为，合作治理是一种行
为范式，社会各主体自愿加入公共事务治理中来，在地位平等和权力共享的
过程中更好地促进合作，这种行为范式是对原来以政府为中心的社会治理过
程的一种进步。⑤ 蔡长昆认为，合作治理就其本质而言是一种制度与机制安
排，运用这种制度与机制可以更好地提供公共服务，实现社会各主体共同参
与的公共治理目标。⑥ 合作治理代表公共治理未来的发展方向，不仅是治理
的最高境界，也是社会治理变革的归宿。

　　"合作治理"一词作为现代公共治理的一个重要概念，体现了治理主体的
多元化及治理主体之间相互协同的作用。尽管学者们对合作治理的内涵持有不

---

① John D. Donahue, Richard J. Zeckhauser, *Collaboration Governance*: *Private Roles for Public Goals in Turbulent Times*, Princeton University Press, 2011.
② Neal D. Woods, Ann O. Bowman, "Collective Action and the Evolution of Intergovernmental Cooperation", *Policy Studies Joural*, 2018.
③ Daniel A. Mazmanian, Tang Shui Yan, "Understanding Collaborative Governance from the Structural Choice-Politice, IAD, and Transaction Cost Perspectives", Social Science Electronic Publishing, 2010.
④ 张康之：《合作治理是社会治理变革的归宿》，《社会科学研究》2012 年第 3 期。
⑤ 颜佳华、吕炜：《协商治理、协作治理、协同治理与合作治理概念及其关系辨析》，《湘潭大学学报》2015 年第 2 期。
⑥ 蔡长昆：《合作治理研究述评》，《公共管理与政策评论》2017 年第 6 期。

同的见解，但概括而言，一般是从经济发展、政策导向和运行方式三个方面来进行阐述的。从经济发展的角度来看，合作治理是指政府与政府之间，政府与非政府组织、私人部门之间的合作，其目的是实现彼此之间资源的共享，利用各主体的优势合作提供公共产品和公共服务，以此来减轻政府的财政压力，满足人们对公共产品、公共服务数量和质量日益增长的需求。政府试图通过政府间合作、公私合作来推动经济社会的可持续发展，进而减轻政府财政负担，提高政府工作效率，从而实现政府效率及效能的最大化。从政策导向的角度来看，合作治理所包括的成员及合作的范围都极其广泛。政府通过吸纳相关利益者，如政府组织、私人部门、非政府组织、社会公众等主体参与公共政策的制定、执行和评估等各个环节，通过信息和权力的分享以及协商和讨论来增进公共政策的民主性、科学性和合法性，以此获得社会其他组织和个人对公共政策的认同与支持，减少政策执行的阻力，寻求社会公共利益的最大化。从运行方式的角度来看，合作治理是指政府与政府之间，政府与非政府组织、私人部门、社会公众之间，通过相互学习、沟通和协商以达到平等互利的状态。总之，合作治理是指政府与政府、政府与非政府主体（非政府组织、企业等）等多元治理主体之间，在地位平等、身份独立、信息共享、利益均分、权责一致等基础上，通过合作共同治理公共事务的行为总和。

第二节　地方政府与地方政府间合作

一　地方政府

"地方政府"不仅是政治学和行政学中的一个重要范畴，而且是国家机器中不可或缺的组成部分。人类社会自国家诞生以来就有了中央政府，随之也就设置了相应的地方政府。地方政府已经成为人们生活中非常熟悉的词语，提到地方政府大家都可以对其进行一番描述，但要真正对地方政府进行一个明确的概念界定并不是一件十分容易的事情。基于政治制度、行政体制、法律制度、历史文化的差异，不同国家对地方政府有不同的界定；学者们因研究视角与旨趣的差异，对地方政府的理解也不尽相同。因而，通过对国内外关于地方政府概念的界定进行梳理分析，有助于我们更好地理解和把握地方政府的内涵。

在国外，地方政府是中央政府的分支机构，与中央政府相对应而存在，这是西方国家对地方政府所下的最普遍的定义。例如，《国际社会科学百科全书》对地方政府的定义："地方政府一般可以认为是公众的政府，它有权决定和管理一个较小地区的公众政治，它是地区政府或中央政府的一个分支机构，拥有决定和管辖有限范围内公共事务的公共组织。在科层制的政府结构体系中，地方政府为最低一级，中央政府为最高一级，中间部分就是中间政府（如州、地区、省等）。"无论是联邦制国家还是单一制国家，都是一个统一整体的国家，都有一个代表整个国家的全国性政府和在国家内部进行部分地域治理的地域性政府，它们之间是一种整体与部分的关系。据此又可以对地方政府作出如下界定：地方政府是指联邦制国家的联邦成员政府或单一制国家中央政府管辖下的政府，由联邦制国家的联邦成员政府或单一制国家的中央政府设置的治理国家部分地域的政府。① 由于西方各国的国家结构和政治体制有所不同，因而对地方政府的具体划分也就不尽相同。在联邦制国家结构的美国，政府一般被划分为三个层级，即联邦政府、州政府和地方政府，州政府并不属于地方政府的范围，地方政府（如市政府、县政府、镇政府等）是州政府的下属政府。《不列颠百科全书》将英国政府分为国家政府、区域政府和地方政府三种类型，其中地方政府是指那些对所在行政辖区进行直接治理的政府。这就是说，联邦制国家的成员政府（如州、地区、省等）不能称为地方政府，只有省以下的地区政府才叫地方政府。法国是长期实行中央集权的单一制国家，地方更多指的是国家的行政单位，而非自治的区域。日本是实行地方自治的国家，地方政府一般用"地方自治体"或"地方公共团体"来表述。

在国内，人们对地方政府的定义也存在不同的观点和看法。《辞海》认为："地方政府是中央政府的对称，是设置于地方各级行政区域内负责行政

---

① 张紧跟主编：《地方政府管理》，北京大学出版社 2015 年版，第 3 页。

工作的国家机关。"① 如果按照这样的定义，国外联邦制国家中的中间层政府也都属于地方政府的范畴。国内学术界出版的政治学辞书中，如 1986 年由四川人民出版社出版的《政治学辞典》，除了仍持 "地方政府是中央的对称" 的观点外，还明确指出 "在联邦制国家中，构成联邦的各成员国或州（邦）政府都不是地方政府。如美国，其地方政府是指州政府以下的各级政府"。关于所有的地方国家机关是否都能够称为地方政府这一问题，又有了广义的地方政府和狭义的地方政府之说。广义的地方政府是指由国家机构组成的整体政府单位，包括地方立法机关和地方行政机关；狭义的地方政府仅指承担社会公共管理职责的行政机关。西方国家大都是从广义上使用地方政府的概念，而中国则是从狭义上使用地方政府的概念。按照《中华人民共和国宪法》的规定，地方各级人民代表大会、人民法院和人民检察院是地方国家机关，不能把它们称为地方政府。

　　本书中所说的地方政府是指 "除中央政府以外的所有辖区政府，包括省（自治区、直辖市）、市（计划单列市、地级市）、县（县级市）、乡镇等各个层级的辖区政府"。② 地方政府是中央政府设置的治理国家部分地域的政府单位，同全国性政府（中央政府、联邦政府）和其他地域性政府（联邦成员政府）相比，具有权力的有限性、地位的隶属性、职能的双重性和决策的公共性等特点。第一，地方政府的权力具有有限性。地方政府权力的有限性主要表现在两个方面：一方面是地方政府权限所及的地域范围只是国家的局部地域；另一方面是地方政府权限所及的事务只是地方社会事务的一部分。地方政府在行使权力和履行职责时，既不能超越它所管辖的地域，也不能超越它所应管辖的事务。第二，地方政府的地位具有隶属性。从中国来看，地方政府的政治地位隶属性是指地方政府受双重领导和制约，既要接受上级行政机关的领导和制约，也要接受同级立法机关的领导和制约。第三，地方政府的职能具有双重性。一方面，地方政府既要贯彻执行中央政府的政令，又

---

　　① 《辞海》，上海辞书出版社 1979 年版，第 1194 页。
　　② 汪伟全：《地方政府竞争秩序的治理：基于消极竞争行为的研究》，上海人民出版社 2009 年版，第 14 页。

要对本行政辖区的社会公共事务进行治理，具有"执行性职能"和"领导性职能"双重职能；另一方面，地方政府的主要职能是对本辖区的社会公共事务进行治理，但同时又要履行部分政治职能，具有"社会性职能"和"政治性职能"双重职能。第四，地方事务管理的主导性。中央政府赋予地方政府的职责不是以政治性为主导，而是以负责维护本地区社会秩序和促进社会发展为主要职责，即管理社会、促进发展、扶助社会和服务社会，具有很强的社会性。地方政府作为国家政治体制不可或缺的组成部分，在政治稳定、经济发展、社会管理和公共服务等方面起着重要的作用。

二　地方政府间合作

地方政府间合作属于政府间关系的范畴，政府间关系也被称作府际关系，是现代政府体系的重要组成部分。理解地方政府间合作首先要理解政府间关系，政府间关系是指不同层级政府之间的关系网络。政府间关系既包括中央政府与地方政府间、上级地方政府与下级地方政府间具有隶属关系的纵向关系，也包括具有同一隶属关系的同级地方政府间、不具有隶属关系的同级地方政府间、地方政府各部门间的横向关系，还包括不具有隶属关系的不同层级地方政府间的斜向关系。综上所述，地方政府间关系可分为纵向关系、横向关系和斜向关系，三者之间的区别在于等级层次和主体范围上具有差异性。依据地方政府间关系的不同，地方政府间合作包括具有直接行政隶属关系的上下级地方政府间合作，也包括不具有隶属关系的同级地方政府间、具有同一隶属关系的同级地方政府间、政府内部各部门间的合作，如省级政府间的合作、市级政府间的合作等，还包括不同行政级别且不具有隶属关系的地方政府间合作，如不具有隶属关系的省级政府与市级政府之间的合作等。

现在一般认为，地方政府间合作（包括地方政府间合作和地方政府部门间合作）是指地方政府为了特定利益或围绕特定目标，通过口头协议或行政契约与其他地方政府达成的非正式或正式合作，联合起来共同治理跨越行政区划界限的经济、社会和环境等问题，更好地提供跨域性公共产品或跨域性公共服务，从而建立一种短期或长期稳定的合作关系。基于以上分析，本书将"地方政府间合作"界定为：同级地方政府之间以及不存在行政隶属关系的不同层级地方政府之间，基于自身利益的考虑或公共问题的驱动，通过对话交流、谈判协商等手段建立合作共同体，共同行动解决棘手性社会问题的理性集体行动与行为过程。

地方政府间合作是一种新型的政府间关系，也是政府治理方式的一种重大变革与创新，契合了现代社会治理的新要求。社会步入后工业化和信息化之后，在经济全球化和区域一体化的格局下，诸多社会公共事务超越了传统的行政区划界限，大量跨越了传统自然地理边界与超越了行政区划界限的跨域性公共事务日益增多和跨域性公共问题频繁发生，已经成为影响一个国家或地区政治、经济、社会、文化和生态协调发展的重要因素，甚至制约着经济高质量发展和威胁着社会和谐稳定。面对日益复杂和高度不确定的跨域性公共事务，传统官僚制理论下地方政府基于行政区划的"封闭性"治理和新公共管理理论下地方政府基于市场机制的"竞争性"治理，都难以应对这一急剧变革的社会情境。地方政府间权力的分散与组织功能的裂解，不仅造成地方政府在跨域公共事务治理上存在"碎片化"问题，无法从根本上有效处理跨域性公共事务和解决跨域性公共问题，而且在一定程度上还形塑着跨域性公共事务的进程与形态，引发了各种各样的跨域性公共危机。日益外溢的公共事务已跨越了行政区划的界限和超出了单一地方政府的治理能力，加大了社会治理风险和增加了社会治理难度，这就必须积极寻求一种适合处理这类公共事务的有效方法，发展一种新的地方政府间关系和创新地方政府治理模式，从而扩大不同行政区之间的共同利益和促进不同地方政府间的共同行动。地方政府间合作无论是作为一种地方政府间关系的变革，还是作为一种地方政府治理模式的创新，它改变了地方政府间关系和打破了行政区划界限，在消解地方政府行政壁垒、解决地方政府各自为政、整合地方政府功能与资源、促进地方政府协同与合作、提高地方政府整体性治理能力和公共服务供给水平等方面都凸显了其积极作用，具有鲜明的时代性、变革性、整合性和创新性，是当前解决跨域性和棘手性社会问题的新型治理模式。

第三节　公共事务与跨域公共事务

一　公共事务

1. 公共概念的考察

"公共"概念的讨论是理解公共事务概念的逻辑起点。"公共"这一概念有一个较为久远的历史沿革，它一直可以追溯到现代文明的起点。公共概念对于人们来说既熟悉又陌生，说它熟悉是因为我们可以随便列举出使用公共概念的事物与词条，如公共利益、公共事务、公共物品、公共秩序、公共责任等；说它陌生是因为当我们认真思考这其中"公共"概念的严格内涵时又并非易事。我们之所以在跨域治理的语境下讨论"公共"概念，是因为跨域治理解决的是公共领域的事务或问题。也就是说，在人类社会生活中确实存在一些非私人领域以及由此引发的社会事务或社会问题，这需要政府采取规范的干预活动才能有效地解决，也包括政府与其他社会主体共同进行的行动。

虽然有关"公共"这一主题的文献可以说是汗牛充栋，但为了增进人们对何谓"公共"的理解，则有必要对公共的概念进行归纳梳理。从词源学的角度来看，人们对"公共"概念的理解可以追溯到古希腊和古罗马时代。古希腊人用"Koinion"一词表示公共，用"Idion"一词表示私人。而古罗马人则从公私相对的关系来理解"公共"的概念，用公有物和私有物来定义两个不同的领域，如使用"公共—私人""城邦—家庭"这样的两分法来区分公共领域和私人领域。虽然这种以公私对立的二元划分方法来解释公共的内涵过于简单，但它毕竟给人们打开了一个了解"公共"概念的窗口。"公"与"私"的绝对划分使得这两者之间的紧张和冲突始终纠缠在一起并难以解决，采用何种方式调和这种冲突就成为18—19世纪思想家进一步解释和探讨"公共"与"私人"问题的动力源。1776年，亚当·斯密在《国富论》中把"公共"定义为不干预经济和商业活动的实质性空间，并认为市场是解决公共与私人利益的最佳形式。实际上，这一时期人们对"公共"概念的理解可以归纳如下：通过市场的力量，只有个人利益的最大化才能极大地促进公共利益；个人选择的自主作用和自由化倾向，不仅有利于个人利益的发展，而且有利于公共物品与社会福利的增长。这就意味着公共利益的实现需要政府的干预，只不过这种干预一定要以经济自由化为前提。但到了19世纪末，社会的发展变化使公与私的界限逐渐模糊，原来属于私人领域的问题，如教育、医疗、住房等都成为政府干预与规范的重点领域，很多过去被认为是私人领域的问题已经不再是纯粹的私人问题，在这些领域私人利益与公共利益交织在一起。于是，功利主义从私人活动引起的公共后果去分析"公共"和"私人"两者之间的关系，提出了对公共概念新的解释——"要为最大多数人提供最大幸福"，并把它作为政府介入公共领域的一个理由。到了20世纪初，以凯恩斯为代表的新自由主义流派支持这样一种理念：解决公共与私人间冲突的关键是需要一个更具有知识性的统治方式，这也就是说公共事务是需要政府安排与处理的事务。20世纪70年代以来，公共与私人、政治与行政之间的界限愈加模糊，人们对公共概念的认识由直接认识转向了间接认识，如萨缪尔森从区分公共物品与私人物品属性及支付方式的角度来理解公共的概念，公共物品具有非排他性和非竞争性，通过税收和借贷的方式予以支付；私人物品具有排他性和竞争性，依赖市场运行条件下的价格体系来支付。以上就是西方关于公共概念认识的简要梳理分析，如果仅仅从公共与私人划分的行政意义角度来讲，它是西方社会的产物，但这并不意味着只有西方对公共与私人的概念及其领域进行了界定。

事实上，人类在开展社会政治生活时，在诸多领域就必须了解什么是"公"、什么是"私"的问题，这是人类开展社会政治生活时必须要处理的基本问题。东方国家关于"公"与"私"的论辩具有非常悠久的历史传统，也形成了具有不同于西方"公共"含义的观念。在中国，公与私也处于一个相对而言的状态，从抽象角度论述公私关系，形成了两种对公共概念的不同理解：一是以儒家为代表的统合公私关系论说；二是以法家为主的对立公私关系论说。前者以儒家修身治国平天下的思想表达为典范；后者以荀子的"公道达而私门塞矣，公义明而私事息矣"以及韩非的"背私为公""自营为私"为最典型的表达。这些公私论说表明了中国古代对公共概念的思考。现代汉语对"公共"的理解则强调多数人共同或共用，如《汉语大词典》中将"公共"解释为"公有的""共同的""公众的""公用的"。"公"和"共"词义上有差别，但常常连用；不同方面在于"公"表示事物属性，"共"表示对一定资源的共同使用和结果承担。在法律概念上，"公"表示"公有"，指事物所有权归属；"共"表示"共有"，指许多人共有。当前，"公"表示以国家为代表的所有关系，排斥其他主体，而"共"强调共同占有者之间的合作关系。

　　经过对"公共"概念简单的历史回顾和比较分析，我们不难发现，"公共"不是一个纯粹理念化的概念，也不是一个静态的概念。随着社会的不断发展变化，"公共"概念的内涵和外延都在不断地发生变化。全面理解"公共"的概念，需要将其置于历史与现实、理论与实践交汇的特定时空与场景来认识。否则，就不能全面理解"公共"这一看似简单，而实际上又具有丰富内涵的概念。通过对"公共"概念的梳理，可以归纳出几点共识：一是以体现公共意愿为总体标准；二是以解决社会公共问题为目标；三是形成过程经由法定的民主政治程序；四是由政府或其他公共权力机构制定或推行。

　　2. 公共事务的内涵

　　公共事务是人们千百年来在日常社会生活中共同关注的对象，也是人们从事公共管理研究和实务绕不过去的基本话题。何谓"公共事务"？对其内涵的界定与政府职能的确定、公共管理的范围、国家权力行使的边界等重要问题相关。正如王惠岩所指出的那样，"公共管理是对公共事务的管理，没有公共事务，就没有公共管理"。[①] 在西方，从古希腊的柏拉图（Plato）、亚里士多德（Aristotle）到近代的亚当·斯密（Adam Smith）、边沁（Jeremy Bentham）等诸多学者都有关于公共事务的思想论述。柏拉图认为，公共事务就是维护城邦的正义和对城邦进行良好的治理。亚里士多德在其研究中发现，"凡属于最多数人的公共事物常常是最少受人照顾的事物，人们关怀着

---

① 王惠岩：《公共管理基本问题初探》，《国家行政学院学报》2002 年第 6 期。

自己的所有，而忽视公共的事物；对于公共的一切，他至多只留心到其中对他个人多少有些相关的事物"。① 尽管柏拉图和亚里士多德等先哲们并没有明确界定公共事务的含义，但他们关于公共事务的思想对后人的研究产生了深远的影响。古典自由主义经济学派的代表人物亚当·斯密在《国富论》中以经济自由化为出发点，对政府需要进行干预的社会事务进行了界定，他认为政府的主要责任在于保护私人利益不受其他主体的侵犯、保护社会利益不受其他国家的侵犯、提供与维护基础设施三个方面，反对政府对私人领域的过多干预，政府的作用则是要创造条件使公共的利益得到保证。斯密对政府干预社会事务范围的界定被认为是对公共事务的一种解释。1919 年，瑞典经济学家林达尔（Erik Robert Lindahl）首次使用公共物品的概念。萨缪尔森（Paul A. Samuelson）则对公共物品做出经典定义，以非竞争性和非排他性两种客观属性来界定公共物品。随后布坎南在萨缪尔森公共物品概念的基础上，进一步提出了俱乐部公共物品。自此，传统公共物品理论就基本上成为西方关于公共事务思想的主流话语。

20 世纪 80 年代，随着政治学和行政学在中国的恢复与发展，"公共事务"一词进入中国学者的视野。尽管在中国古代典籍中早有"公""共"的词源记载，但中国学者对公共事务的主流观点仍受西方公共物品理论的影响，甚至可以说公共物品理论是中国学界关于公共事务概念主流观点的西学渊源。中国学者基于公共物品理论提出了关于公共事务的诸多看法，归纳总结起来大致可以分为以下几种。第一种是将公共事务理解为满足全体社会成员共同需要或绝大多数社会成员需求的活动，也就是说公共事务是与社会共同利益、整体利益相关的各种活动。如王惠岩认为，公共事务是指统治阶级为了控制社会秩序，满足社会成员共同需求和推动社会向前发展所进行的一系列活动。② 周义程认为，公共事务是满足社会全体或部分成员需要，体现他们共同利益并让他们共同受益的事务。③ 持此种观点

---

① ［古希腊］亚里士多德：《政治学》，吴寿彭译，商务印书馆 1983 年版，第 30 页。
② 王惠岩：《公共管理基本问题初探》，《国家行政学院学报》2002 年第 6 期。
③ 周义程：《公共利益、公共事务和公共事业的概念解说》，《南京社会科学》2007 年第 1 期。

的学者将公共事务分为政治性公共事务和社会性公共事务两类：前者是一种与国家政权相关的公共事务，如国防、外交、军队等；后者是一种与社会成员共同利益相关的公共事务，如科学、文化、卫生等。这种观点主要从国家的两大职能，即政治统治职能和社会管理职能的角度理解公共事务，也反映了公共事务具有阶级性和公共性的特点。第二种是从类型学的角度来划分并理解公共事务的含义，并包括了公共服务的设立与开展和公共物品的生产与供给。如王乐夫等按照公共事务涉及区域，将公共事务分为国际和国内公共事务；按照公共事务涉及事务性质，将公共事务分为国家、政府和社会公共事务三种，并指出国家公共事务是与立法和司法相关的事务，政府公共事务是与行政相关的事务，社会公共事务是与社会公共利益相关的事务。① 第三种是把公共事务同公共利益的概念联系起来，认为公共事务就是那些涉及公共利益的事务。如侯保健认为，公共事务是涉及公共利益的活动，这些活动就是提供公共服务或公共物品的活动。事实上，多数学者也是从物品与事务关联性的角度来理解公共事务的。物品按照其属性可以分为纯公共物品、准公共物品和私人物品，与之对应，公共事务也可以分为纯公共事务、准公共事务和私人公共事务，按照其属性不同，可以由不同主体采用不同的方式来提供。第四种则是基于价值性公共事务和工具性公共事务的需求溢出理论来理解公共事务。如刘太刚认为，"公共事务是指公共管理主体所应解决或处理的社会问题和自身管理问题。其中，前者是指个人溢出于其本人及组织的人道需求和适度需求问题，后者则是公共管理主体为解决或处理前述公共问题而产生的管理问题"。②

综上所述，尽管国内外学者对公共事务的概念有着不同的见解，但他们对公共事务概念的理解也有着以下一些共同点：一是公共事务是以实现公共利益或公共需求为目标的事务；二是公共事务是事关公共利益、影响较大的

---

① 王敏、王乐夫：《公共事务的责任分担与利益共享——公共事务管理体制改革与开放的思考》，《学术研究》2001 年第 11 期。
② 刘太刚：《对公共事务概念主流观点的商榷——兼论需求溢出理论的双层公共事务观》，《政治学研究》2016 年第 1 期。

事务；三是公共事务是个人无法解决的事务；四是公共事务内容丰富、覆盖面广；五是公共事务事关社会各个主体。因此，从一般意义上讲，公共事务就是指那些涉及特定区域内社会成员共同利益的各种事务的总和。

二 跨域公共事务

1. 跨域公共事务的内涵

随着社会的不断发展，"公共事务"概念的内涵和外延都在不断发生变化。在步入后工业化和信息化时代之后，社会各主体之间、地区之间的交往日益频繁，联系日益密切，与此同时，原先属于某一行政辖区"内部"的公共问题和公共事务变得越来越"外部化"和"无界化"，跨越地理边界和行政区划的公共问题频繁发生和公共事务日益增多，并朝着多元化、复杂化和规模化方向发展，如跨越行政区划的公共危机问题、生态环境保护问题、基础设施建设问题、食品药品安全问题、基本公共服务供给问题等。跨域性公共事务的日益增多和跨域性公共问题的频繁发生，使当下的政府治理面对的是一个全新的、复杂的行政生态环境。为了增进人们对跨域性公共事务的认识、提高跨域性公共事务的治理效能，学术界在结合公共事务概念与跨域概念的基础上对跨域公共事务的概念进行了界定。

现在一般认为，跨域公共事务主要是指那些需要两个或两个以上的主体（政府为主）联合供给或治理，其消费的外部性一般会溢出一定的地域界限和行政区划的公共事务，其地域范围和受益范围均具有复杂性和模糊性特征。[①] 跨域公共事务是公共事务外在属性和内在属性的演变与延伸，从外在属性来看，跨域公共事务是指公共事务跨越了自然地理边界和超越了行政区划界限，超出了现实中单个主权实体或管理实体的权力范围和管辖范围，从而对该区域内的多个主体发生作用和产生影响的那些事务；从内在属性来看，跨域公共事务与一般意义上的公共事务在内涵上是基本一

---

① 张紧跟：《当代中国地方政府间横向关系的协调研究》，中国社会科学出版社 2006 年版，第 25 页。

致的，它是指行为主体和市场组织觉得没有边际收益和激励动力去解决与处理关乎大多数人利益的问题。从"跨域"的范围划分来看，跨域公共事务也可以相应划分为全球范围内跨国家的"宏观跨域公共事务"、此区域内国家间跨境的"中观跨域公共事务"、民族国家内部的地方"微观跨域公共事务"。本书中所指的跨域公共事务是指民族国家内部，即一国内部的地方"微观跨域公共事务"。

　　虽然跨域公共事务属于公共事务的概念范畴，具有公共事务的一般特征，即非竞争性和非排他性，在治理上容易出现"搭便车"和"集体行动失灵"的困境，潜藏着"公用地悲剧"等。但作为公共事务的一种特殊类型，因其跨越自然地理边界、行政区划界限和超越组织职责权限，又具有自身独有的属性，具体而言有以下几个主要特征。

　　其一，公共性。公共性是在公共领域与私人领域、公共部门与私人部门分化和分立过程中被提出来的，也是人类社会发展演进的结果。在传统农业社会场景下，公私概念只是人的集合状态或规模状况，所指的只是一种个人与集体的相对性。在以工业化和信息化为特征的现代社会中，农业社会原本属于私人或家庭中的事务被逐渐社会化，构成公共事务的诸多要素被有机地结合在一起。这些共同的联系促进事务的公共性不断增长及其领域不断扩大，表现在政府对公共利益的完整性和完全性保障上的责任增加。跨域公共事务作为一种特殊的公共事务，既具有一般性公共事务的公共性特征，又具有自身独有的公共性特征。从对象的角度来看，当两个或两个以上的主体（个人或组织）共同作用于某项特定事务的时候，那么对于这两个或两个以上的主体来说，该项事务就具有公共性。由于不同主体之间价值观念和利益取向不同，他们之间可能是竞争、合作或冲突等诸多形式的关系。从环境的角度来看，尽管两个或两个以上的主体在各自的领域内作用于同一事务，但由于该项事务特定的自然或社会联系，对于这两个或两个以上的主体来说，该事务所处的环境具有重要的公共性。从结果的角度来看，虽然两个或两个以上的主体在特定的时空各自处于不同的状态中，但对于该事务他们都寻求达成未来的共同状态或者追求共同的结果。这个状态或结果不是单个主体就能够实现的，而是需要不同主体之间采取协调性的集体行动，因而不同主体所追求的结果具有强烈的公共性。跨域公共事务的跨界性使其公共性在空间范围、价值理念和实现方式等方面展现出更为复杂化的特征，其公共性的实现需要利益相关者之间的协同合作。

其二，外部性。外部性也称作外部影响、外部效应或溢出效应，指一个人或一群人的决策或行动使另外一个人或一群人受益或受损的情况。经济外部性是指经济主体（包括个人或厂商）的经济活动或行为给他人和社会造成的非市场化的影响，而又不完全承担这些影响所带来的收益或成本。外部性包括正外部性和负外部性两个方面：正外部性是指某一主体的经济活动或行为给其他社会成员带来的好处，他自己却得不到相应的补偿；负外部性也称外部不经济，指的是某一主体的经济活动或行为使其他社会成员受损，他自己却没有承担相应的成本。外部性在现实的经济社会生活中广泛存在，无论是正外部性还是负外部性，都会导致市场经济机制的失灵或社会公共事务治理的失败，影响市场对资源的有效配置和社会对公共事务的有效治理。跨域公共事务作为公共事务的一种，其本身属性及其治理都存在显著的跨行政区外部性。跨行政区外部性一般是指某一行政区政府对跨域公共资源的开发使用或投入各种资源提供跨域公共服务，不仅对本行政辖区产生直接影响，而且产生的后果由区域内其他地方政府和民众共同承担或分享。跨域公共事务的外部性一般划分为负外部性和正外部性。其负外部性是指区域内某一主体对跨域公共资源的开发利用所引发的跨域公共问题而导致区域内其他主体的利益受损；而正外部性是指区域内某一主体投入资源提供跨域公共服务或解决跨域公共问题所带来的收益，区域内其他主体以一种非排他性的方式共享。跨域公共事务由于责任界定的模糊性和受益范围的复杂性，跨域公共事务所产生的外部性难以在各主体间进行明确的利益界定和准确的利益核算。因而，各主体在跨域公共事务治理上往往采取"搭便车"的行为，最终导致跨域公共事务治理的"公用地悲剧"。事实上，正是跨域公共事物的外部性使区域内各主体之间形成利益和命运共同体，任何一个主体所采取的政策和行动都会对跨域公共事务治理产生影响，区域内各主体间需要在全面协商和深度沟通的基础上协作推进跨域公共事务治理。

其三，系统性。"系统"一词来源于古希腊语，是由部分构成整体的意思。今天人们从各种角度研究系统，对系统下的定义不下几十种，如"系统是诸元素及其顺常行为的给定集合"，"系统是有组织的和被组织化的全体"，"系统是有联系的物质和过程的集合"，等等。现在通常把系统定义为：由若干要素以一定结构形式联结构成的具有某种功能的有机整体，包括了系统、要素、结构、功能四个概念，表明了要素与要素、要素与系统、系统与环境三方面的关系。系统理论认为任何系统都具有整体性、关联性、等级结构性、动态平衡性、时序性等基本特征。跨域公共事务由于其跨越了自然地理边界、行政区划界限和组织职责权限，不同地域范围、行政区划、组织之间构成跨域公共事务的要素与要素、要素与系统、系统与环境之间具有更加显著的关联性、系统性和整体性。跨域公共事务是由各种要素组成的一个有机整体，各要素不是孤立存在，也不是机械组合或简单相加，每个要素在系统中都处于一定的位置并起着特定的作用。如果将要素从系统整体中割离出来，它将失去要素的作用，也就无法实现其系统性和整体性功能。跨域公共事务是由要素与要素、要素与系统、系统与环境构成的一个复杂系统，这就决定了任何个人或组织都无法单独有效处理跨域公共事务和解决跨域公共问题。如跨域生态环境是由山、水、林、湖、草等各种自然因素所组成的有机系统，各种因素之间构成一个相互联系、相互影响、相互制约、协调发展的统一整体。如果各种自然因素之间保持正常的能量交换和物质循环，生态系统中的生物及其相关自然因素就能正常存在和发展；否则，就会导致生态环境系统失衡，形成恶劣的生态环境。正如习近平指出："山水林湖田是一个生命共同体，人的命脉在田，田的命脉在水，水的命脉在山，山的命脉在土，土的命脉在树。用途管制和生态修复必须遵循自然规律，如果种树的只管种树、治水的只管治水、护田的单纯护田，很容易顾此失彼，最终造成生态的系统性破坏。"① 跨域公共事务是一个纷繁复杂的系统，牵一发而动全

---

① 《习近平谈治国理政》第2卷，外文出版社2017年版，第85页。

身，其治理决不能"头痛医头，脚痛医脚"，必须坚持整体性治理思维和系统性治理方法，将跨域公共事务治理作为一项系统工程整体推进。

其四，复杂性。20 世纪末霍金（Stephen William Hawking）就曾做出论断："下个世纪将是复杂性的世纪。"① 因为人类社会本身就是一种"复杂的适应性系统"（Complex Adaptive System），是个体的适应性造就了整个社会系统的复杂性。在这个复杂的社会系统中，人类的行为和决策会产生风险这个"副产品"，如亨廷顿（Samuel P. Huntington）强调在社会现代化进程中也孕育着社会动荡。所以对风险的预防与处置就构成社会各主体回应社会复杂性的内生动力，而对复杂性的化约则成为解释各类社会现象与社会活动的基本方法。复杂性已成为现代社会的一个主要特征，人类面临的复杂性和不确定性问题越来越多。复杂性既是客观的又是相对的，客观性指向行动者面向外部环境的复杂多变性，相对性与应对者的能力所及的范围相关，若超出该范围则会导致无所适从。政府治理公共事务面临的复杂性，源自生成公共事务的要素、系统、环境的复杂性。政府治理公共事务的过程就是政府系统内部各相关行动单元"各司其职、各负其责"的行动与相互作用，将外部压力输入变为内部干预输出的过程。科层制的政府系统及其运行是高度结构化的，因而具有相对的稳定性和规律性。跨域公共事务系统是非结构化且动态演变的，故而跨域性公共事务的处理不能按照政府"各司其职、各负其责"的结构化或程序性的过程来处理。面对高度复杂的跨域性公共事务，政府科层制的治理方式将"无所适从"。如果将复杂性的跨域公共事务按照行政区划界限拆解为若干简单部分，交由各行政辖区政府处理，无疑忽视了跨域公共事务的系统性和整体性，可能会使相关地方政府的努力成为徒劳。由于跨域公共事务这一复杂系统具有演化、涌现、自适应性等特征，政府对跨域公共事务各自为政的干预可能受困于反身性效应，令其自身成为问题产生的根源。因而，跨域公共事务的治理应正视其复杂性，重视各个"部分"之间的关系

① Stephen William Hawking，"I Think the Next Century will be the Century of Complexity"，San José Mercury News，Morning Final，January 2000.

结构。通过打开政府"封闭性"的治理结构和打破"碎片化"的治理方式，加强政府间合作来应对跨域公共事务及其治理的复杂性。

2. 跨域公共事务的类型

随着区域一体化进程的加快和城市群的蓬勃发展，跨域性公共事务日益增多且涉及多领域、多主体，呈现出问题纷繁复杂、表现形式各异的局面，故而对跨域性公共事务进行详细的描述和完整的分类就成为一个棘手性问题。如果从问题概念的角度出发，就必须关注：这些事务不解决会使哪些利益受损以及造成怎样的后果。因此，根据跨域性公共事务的基本性质、治理主体、治理不力导致的后果及治理所追求的目标，当前亟须地方政府间开展合作治理的跨域性公共事务主要包括以下五类。

其一，跨域产业结构调整。区域经济一体化是区域一体化的重要内容，而区域内市场一体化是区域经济一体化的基础。区域经济一体化是指区域内两个或两个以上的地区或国家之间，通过建立共同的协调机制，制定统一的经济政策，消除相互之间的行政壁垒，逐步实现区域内资源的优化配置和经济的协调发展，以促进区域经济快速均衡发展。区域内市场一体化是指区域内不同经济主体之间为了获取生产、消费、贸易等利益而推动市场一体化的过程，包括生产要素的供给、产品市场的开发、产业结构的调整和经济政策的协调等。区域内市场一体化即建立区域统一和共同的市场，其内涵可以从多角度做出解释：从资源要素的流动性来看，统一和共同的市场是指各种资源要素在市场上能够自由流动，实现市场对资源的优化配置；从市场体系的构成来看，统一和共同的市场是指区域内市场体系完善，不仅包括各类要素市场，也包括各类商品市场，实现区域内各类市场的协调发展；从经济结构的布局来看，统一和共同的市场是指产业结构和产业布局的合理化，实现区域内经济结构的优化和资源的有效配置；从市场规则的制定来看，统一和共同的市场是指区域内各个地区市场规则的统一，实现按照统一的规则促进市场运行。地方政府在推进区域经济一体化进程中，要促进各种要素和产品的自由流动，不断调整产业结构、优化产业布局，完善市场体系和健全市场机制，保证市场经济竞争的公平、公正，减少各种交易成本，使区域整体经济效益达到最佳。

区域产业结构与产业布局是区域市场一体化的实现形式和区域经济一体化的关键内容。区域产业结构是由区域资源、区域分工和贸易体系共同决定的，产业结构一般而言就是指区域经济中各类产业之间的比例关系和经济联系。产业结构调整是指随着经济发展变化带来社会资源在各产业地区和产业部门之间重新配置的过程，通过产业结构的调整和产业布局的优化，实现各地区、各部门产业之间的相互协调，产业结构从低级形式到高级形式的转化，能够适应市场变化和带来最佳效益的产业结构。区域产业结构调整与政府的作用有着密切的关系，政府的经济职能决定了政府必须在产业结构调整和产业布局优化中发挥重要作用，政府的鼓励和支持直接关系到产业结构的调整与产业布局的优化，政府自身的定位也影响着产业结构调整与产业布局优化的实现。然而，在中国区域经济一体化和市场一体化进程中，由于受行政管理体制条块分割的影响和地方政府追求地方利益最大化的驱动，各区域内部都存在一定程度的产业趋同问题，跨域产业结构调整和产业布局协同面临困境。例如，长三角和珠三角是中国最早推进区域经济一体化的区域，但直到今天仍然面临着产业同构度高、恶性竞争的局面，在三大产业布局中存在第二产业比重偏大、第三产业比重过小的问题。区域内各地区在产业发展上往往自成体系，缺乏合理的分工协作，产业同构现象严重。区域经济一体化进程中不仅面临着产业结构雷同的问题，还面临着产业结构断层的问题。例如，京津冀在区域经济一体化进程中，产业布局呈现出明显的断层问题，北京、天津人多地少，但产业聚集度较高，高精技术产业和服务产业高度集中，河北则是低端制造业集中，高精技术产业和服务产业薄弱，京津冀在推进区域一体化进程中同样需要产业结构的调整和产业布局的优化。在区域经济一体化进程中，产业结构的趋同和产业布局的不合理，导致难以发挥各地比较优势和形成各地相互支撑的格局，降低了区域整体经济效益，最终影响区域经济一体化进程。

产业结构调整是当今各国发展经济的重要课题，产业结构调整和产业布局优化是促进经济社会高质量发展、改善人民物质文化生活的重要途径。跨域产业结构调整与产业布局协同是经济全球化和区域经济一体化进程中，地方政府跨域合作治理的重要领域。良好的跨域产业结构调整与产业布局协同是提高区域经济效益的重要保障，是发挥区域经济规模效应和扩散效应的基础，可以形成合理的产业结构，扩大产业布局的空间范围，促进区域经济高质量发展。《中共中央 国务院关于加快建设全国统一大市场的意见》明确提出要建设高效规范、公平竞争、充分开放的全国统一大市场。加快建设全国统一大市场是畅通国内大循环、促进国内国际双循环的重要基础，是构建新发展格局的坚强支撑和推动经济高质量发展的内在要求。全国统一大市场并不意味着"一刀切"，而是在维护全国统一大市场的前提下，结合区域协调发展和区域重大战略，优先开展区域市场一体化建设。加快区域市场一体化建设和推进区域经济一体化发展，产业结构调整与产业布局优化是重中之重、难中之难，推动区域内地方政府间产业转移对接和产业布局协同，就必须打破地区封锁和破除地方保护，加强地方政府在跨域产业结构调整中的合作。在任何形式的区域经济中，政府始终是一个至关重要的利益主体和影响因素。正如诺贝尔经济学奖获得者诺思（Douglass C. North）所说，政府既是促进经济增长的关键，也是导致经济增长衰退的根源。在跨域产业结构调整中如何破解"行政区经济"难题，突破地方政府各自为政的局限，促进地方政府在区域经济一体化进程中的产业合作与产业协同，仍将是地方政府在区域经济一体化进程中跨域合作治理的重要内容。

其二，跨域基础设施建设。基础设施是国民经济发展的基础和区域一体化的前提，是推动区域经济社会一体化和提高区域竞争力、吸引力的重要因素，也是区域经济结构调整与区域产业布局形成的基本依托，直接关系到区域经济发展及人们日常生活，因而又被称为经济性的基础设施或生产性的基础设施。区域内基础设施的供给状况和层次结构，最终影响到区域一体化的发展进程和区域一体化的发展成效。近十几年来，在党和国家的统一领导、中央政府和地方政府的积极推动下，中国各地区及地区间的基础设施建设都获得了前所未有的发展，基础设施总体规模、等级质量和结构布局不断优化提升，基本上实现了地区间互联互通，有力地推动了区域一体化进程。但由于基础设施建设具有生产周期长、投资规模大及盈利水平低等特点，再加上长期存在的体制障碍、各地的竞争多于合作等因素的影响，地区与地区之间，甚至同一地区内的区县之间、乡镇之间，基础设施建设常常出现"各自为政、画地为牢"的分割局面，造成彼此独立发展、整体协调功能不足，从而成为影响甚至制约区域一体化进程和发展的"瓶颈"。

在中国区域一体化进程中，区域内基础设施建设突出表现为各地在机场、港口、公路建设等方面都以自我为中心和自成体系，缺乏相互配合协调和整体综合规划，区域内基础设施重复建设严重，造成区域公共资源浪费。例如，在长三角区域一体化推进过程中，各地围绕机场建设展开混战，目前长三角地区每万平方千米的机场密度为0.9个，超过美国每万平方千米0.6个的水平，已经成为国际上机场密度最大的地区之一。但是大多数机场由于客流量不足处于亏损运营状态，亟须通过地区间协调与整合来破解难题和谋求发展。区域内基础设施重复建设造成的另一个重要问题是区域内基础设施发展不平衡、网络层次与结构不合理，由于区域基础设施建设缺乏整体性规划与彼次间协调，区域内基础设施的层次与网络结构不合理性非常突出，基础设施重复建设但结构不合理的现象十分普遍，区域内不同运输方式的配套衔接不畅，影响到综合交通运输能力的提高。例如，长三角区域内不仅存在基础设施包括机场和码头等在内的重复建设问题，而且还存在基础设施发展不平衡与结构不合理问题，区域内共享性公共基础设施如公共交通基础设施、通信信息基础设施等公共产品供给不足。在区域基础设施建设上还存在跨域衔接不足，相邻地区或城市行政边界地带，尤其是区域内多个行政辖区交汇的"老少边区"地带，常常会出现"断头路"现象。区域内基础设施重复性建设、发展不平衡和结构不合理等都会引发一系列严重后果，不仅直接影响到地方经济利益，而且会进一步影响到政府间关系发展，致使区域间或地区间的矛盾进一步激化，最终影响到区域一体化进程、阻碍区域一体化实现。

基础设施在经济发展和社会进步中具有重要作用，基础设施的互通互联决定着空间相互作用的深度与广度。[①] 区域基础设施不仅是影响区域经济发

---

① 李小健：《地理经济学》，高等教育出版社1999年版，第45页。

展水平的重要因素，而且是造成地区发展差距的重要因素，在一定程度上制约着生产要素在区域内不同地区间的自由流动，影响产业转移、地区合作等工作的进一步开展。区域内基础设施重复建设、发展不平衡、结构不合理、管理不科学等，影响着区域一体化进程和区域整体竞争力的提升。开展跨域基础设施合作建设不仅可以实现人力、物力、财力等资源上的互补，而且可以有效解决区域内基础设施重复建设、发展不平衡和结构不合理等问题。但是，由于跨域基础设施合作建设尤其是大型跨域基础设施合作建设过程中涉及资金来源、利益分配和成本分担等实质性问题，而目前区域内地区间利益协调机制尚未完全建立起来，所以跨域基础设施建设或多或少还存在不足，总体效果并不理想。因而，在区域协调发展和区域共同富裕的大背景下，加强跨域基础设施合作建设，尤其是数字基础设施建设，解决区域内基础设施重复建设、发展不平衡、结构不合理等问题，推动区域内基础设施互通互联、整体性建设和一体化管理，已经成为当前及今后地方政府间跨域合作的一项重要内容。

其三，跨域生态环境保护。生态环境是指影响人类生存与发展的各种天然的和经过人类改造的自然因素总和。生态环境问题是指构成生态环境的各种要素，诸如大气、河流、土壤、森林、草原、湖泊等任何一方面遭受破坏后，引发生态环境产生不利于人类生存和发展甚至给人类带来难以估量的灾难的各种变化。[①] 生态环境问题并非今天才有，而是人类社会发展到一定阶段产生的。到 20 世纪 60 年代，生态环境问题已成为影响经济社会发展的全球性问题。中国长期以来在以经济建设为中心思想的指导下，经济社会快速发展，取得了举世瞩目的成就，但同时生态环境也遭受重创，面临着生态环境恶化的考验。从党的十六大以来，生态环境保护和生态文明建设一直是国家治理的关键议题。党的十六大提出要提高资源利用效率、改善生态环境和增强可持续发展能力；党的十七大首次提出生态文明，并把生态文明载入党的报告，大力推进生态文明建设；党的十八大不仅将生态文明建设单列论

---

① 刘学：《环境经济理论与实践》，经济科学出版社 2001 年版，第 3 页。

述，而且与政治、经济、社会、文化并列，把生态文明建设纳入"五位一体"总体布局；党的十九大把坚持人与自然和谐共生，保护生态环境和建设生态文明纳入国家发展战略目标，这充分反映了党和国家对生态环境保护和生态文明建设的高度重视和坚定决心。近几年来，在党和国家的坚强领导和有力推动下，中国生态环境保护和生态文明建设取得了显著成效，但面临的形势依然严峻，特别是跨域生态环境保护显得尤为紧迫。

从人类社会发展的历史进程来看，人与自然的关系经历了三种社会形态下的变革，分别为农业社会人与自然相对和谐，工业社会人与自然激烈冲突和后工业社会人与自然调和重塑；[1] 从世界各国生态环境危机发生的具体领域来看，区域一体化和大都市圈发展较快的区域成为生态环境危机发生的"重灾区"，并逐渐演化成"脱域性"的跨域生态环境问题。"中国正进行着人类历史上规模最大的城镇化和工业化进程，正以历史上较脆弱的生态环境承载着最大的环境压力。"[2] 中国区域经济一体化的不断延伸和城市群的持续深入推进，极大地推动了区域经济社会快速发展，但同时也使区域生态环境遭受严重破坏，跨域生态环境问题影响日益凸显。跨域生态环境问题已成为中国生态环境问题的"重灾区"和生态环境治理中的"棘手性问题"。例如，近年来的长江流域水污染问题、京津冀大气污染问题、关中平原大气污染问题、祁连山生态环境问题、黄河流域生态保护问题等跨域性生态环境事件频频发生。无论是流域水污染治理，还是区域大气污染防治，多年来，区域内各主体围绕跨域生态环境保护上演了一场场"恩恩怨怨"的资源争夺和利益争执纠纷战，致使跨域生态环境保护成效并不显著。生态环境是由各种自然因素所构成的一个相互联系、相互作用的有机系统，具有自身先天的系统性和整体性。这种系统性和整体性使生态环境问题在无法得到如外科手术般精准治理的条件下，呈现"连锁反应"或"蝴蝶效应"，形成生态环境风险"脱域"特征，逐渐演化成超越各主体治理意愿和治理能力的跨域性生态

---

① 金太军：《论区域生态治理的中国挑战与西方经验》，《国外社会科学》2015 年第 5 期。

② 世界银行：《2009 年世界发展报告：重塑世界经济地理》，胡光宇等译，清华大学出版社 2009 年版，序Ⅱ。

环境风险。① 传统的各主体基于自身利益和空间范围"单打独斗、各自为政"的"碎片化"环境治理模式，在跨域生态环境问题面前遭遇严重挑战，寻求一种适合跨域生态环境问题的有效治理模式，也就成为社会各主体共同而必要的选择。

生态环境对区域经济社会发展具有极为重要的支撑作用。良好的生态环境会促进区域经济社会发展，而脆弱或恶化的生态环境则会阻碍区域经济社会发展。如何保护区域生态环境和怎样建设区域生态文明，不仅是生态环境保护和生态文明建设的关键，而且是经济绿色高质量发展的关键。事实上，生态环境作为区域发展的基础，早已得到人们的广泛认识和重视。随着区域生态环境的恶化及其带来的影响不断扩散，各地区逐渐认识到生态环境问题不是区部性问题。跨域生态环境问题对人们的影响不会因为地理界线、行政区划和组织边界的划分而失去联系，局部环境污染或生态破坏终将影响到整个区域。政府、市场、社会等主体"各自为政、单打独斗"的治理只能是杯水车薪，其有效治理需要区域内各主体之间的协同合作。近年来，中国无论是在大气污染防治，还是在流域生态保护等方面，都已经加强了地方政府之间、地方政府与其他社会主体之间的合作，区域生态环境得到明显改善。但是，由于跨域生态环境问题自身的复杂性和合作治理体制机制的不完善，跨域生态环境保护仍需求助于法律、制度、规则以及体制机制等，才能实现区域"五位一体"协调"绿色"发展的美好愿望。因而，未来跨域生态环境治理必须要树立系统性意识、坚持整体性思维，大力推进地方政府之间、地方政府与其他社会治理主体之间合作，形成"共建、共治、共享"的区域生态环境保护和区域生态文明建设格局，才能推进中国特色社会主义生态文明建设和实现区域经济社会高质量发展。

其四，跨域公共危机治理。公共危机是指社会偏离正常轨道的过程与非均衡状态，这种状态对社会公共或共同利益构成威胁，需要政府及其他社会

① 金太军、唐玉青：《区域生态府际合作治理困境及其消解》，《南京师大学报》（社会科学版）2011年第5期。

主体采取措施加以治理的事件。自 20 世纪 80 年代以来，人类社会在以全球化、区域化、市场化、工业化和信息化为代表的现代化之路上阔步前进。然而，现代化是一把"双刃剑"，它在改变人类社会生产方式和生活方式，推动人类社会向前发展的同时，也给人类社会带来了巨大的潜在风险，引发了各种各样的治理危机。如今的人类社会在各个方面都处于风险之中，现代社会是一个风险社会。贝克（Ulrich Beck）通过对全球化态势中存在风险和危机的描述与概括，认为风险社会是指在全球化进程中，人类社会生活实践所引发的全球性风险占据主导地位的特定社会发展阶段，在这样的社会里，各种风险给人类的生存和发展带来了严重的威胁。风险社会已成为现代化的一个主要特征。吉登斯（Anthony Giddens）从时间和空间的角度对现代性进行了分析，认为与前现代社会相比，现代社会变迁步伐加快、范围扩大和影响深刻。在现代化的进程中，人们对自然和社会本身的影响加大，致使自然和社会风险增加，使现代社会具有强烈的风险社会特征。全球化背景下，人与人之间的生活与工作联系日益紧密和更加相互依存，从而使现代社会处于一种"牵一发而动全身"的高风险状态。无论是自然原因，还是人为所致，各种公共危机接二连三地爆发，公共危机常态化已经成为一个不争的事实。世界各国政府已经逐渐认识到了公共危机常态化的事实，并开始有针对性地采取措施，展开危机预防和治理行动。

中国社会当前正处在一个从传统社会向现代社会转型的关键时期。尽管中国的现代化之路与西方发达国家的现代化道路有所不同，风险社会的表征也不尽相同，但在风险社会的特征上，中国的公共危机既具有贝壳和吉登斯所描绘的现代风险社会的风险频发和人为风险增加的特征，也同样具有从传统社会到现代社会转型过程中由转型期的阵痛所引发的独有的社会公共危机。在社会转型时期，中国潜在的公共危机显现出更加复杂和多样化的特征，其涉及经济、社会、文化、卫生和生态等诸多领域。公共危机的发生呈现多向性，不再是单向性和线性的；同时，在区域化、工业化、城镇化和信息化的背景下，中国的区域一体化和城镇化程度日益加深，户籍制的改革、交通运输的便利、信息技术的发展使得现代社会更加紧密复杂、联系密切，社会的流动性日益增强，人与人之间、地区与地区之间的联系也逐渐加深，这导致公共危机很容易突破原有地域或行政区划的限制而向外扩散，演变扩散成超越一定行政区或跨越一定地域的跨域性公共危机或全国性公共危机。在现代社会高复杂化与强关联性的综合作用下，公共危机日益凸显其跨域性特征，尤其是公共卫生事件。公共危机不再局限于一定的行政区划或地域范围中，而是往往超出行政区划或地理边界的限制，向爆发源区四周扩散，甚至跨越国界。作为现代社会公共危机的一种典型形式，跨域公共危机是在一定的区域内，通过一定的社会介质产生的或与社会介质相互作用的结果，是一种融合了现代社会公共区域自身的特质，具有区域自身特点的公共危机。① 跨域公共危机给人类经济社会发展带来了巨大的风险，其复杂多变性也给人类治理跨域公共危机提出了更高的要求。

　　中国在多年的公共危机治理实践中，在党的领导、政府和其他社会主体的持续共同努力下，已基本建立了适合中国国情的公共危机应急管理体制机制，在过去的公共危机治理实践中取得了一定的成就。但是，由于科层制的等级限制与行政区划的刚性桎梏，应急联动机制反应不及时和其他社会主体参与不充分等原因，在应对高度复杂性和高度不确定性并呈现出跨域流动性的公共危机事件时，仍显得力不从心。鉴于跨域公共危机的常态化，中国也亟须在以人为本、以法治化为基础的基本框架下，深刻认识和理解中国社会转型时期社会组织结构变革和社会各主体参与危机治理的能力，进一步完善现有跨域公共危机治理模式的系统化和常态化机制。在跨域公共危机治理中，如何促进行政理念的全方位、深层次变革，推动跨域公共危机治理主体由单个行政主体向多个行政主体联动、由政府单一主体向政府与其他社会治理主体联动，重新审视利益链条上的优缺点及优化权责分配模式，加强各主体之间的协同合作；如何超越传统地理区域内行政上的条块分割和组织边界上的行政壁垒，打破政府与政府之间，政府与市场、社会之间的界限，从常态化视角完善现有跨域联动应急体系，构建基于全过程、网络化的跨域公共

---

① 杨光：《区域整合与公共治理》，社会科学文献出版社 2021 年版，第 153 页。

危机联动治理网络，等等。总之，如何进一步优化与构建跨域公共危机治理体系，提高跨域公共危机合作治理能力，实现跨域公共危机治理体系和治理能力现代化，是我们当前迫切需要探索的新问题。

其五，跨域公共服务供给。公共服务是指由政府部门、国有企事业单位和相关中介机构履行法定职责，为公民、法人或其他组织提供帮助或者办理有关事务的行为。公共服务有广义和狭义之分：广义的公共服务是指国家所从事的经济调节、市场监管和社会管理等职能活动，即政府的行政管理行为、维护市场秩序和社会秩序的监管行为，以及影响宏观经济和社会整体的操作性行为，这些政府职能和服务不以直接满足社会公众的需求为目的，特别是市场监管和经济调节更多的是一种市场行为，在区域公共服务一体化中居于次要地位；狭义的公共服务是指能使公民的某种具体的直接需求得到满足的服务，即基本公共服务，是指建立在一定的社会共识基础之上，为维持本国经济可持续发展与社会和谐稳定，保护公民的基本生存权和发展权，实现人的全面发展所需的基本条件，如基础教育、公共卫生、社会保障、基本医疗、就业服务等，这些服务是公民生存、生活和发展所必需的服务，也是社会公众参与政治、经济、社会和文化等活动的基本保障，更是区域公共服务一体化的核心内容。根据国际经验，当一个国家的人均 GDP 处于 1000—8000 美元的发展时期，是一个国家全面系统完善公共服务职能的重要阶段。当人均 GDP 超过 3000 美元的时候，人们对基本公共服务提出了更高的要求。2021 年，中国的 GDP 达到 1143670 亿元，人均 GDP 达到 80976 元，无论是国内生产总值还是人均 GDP，都大大超越了国际经验这一标准。这意味着社会公众对基本公共服务的需求提出了更高的要求，但基本公共服务供给的不平衡、不充分和"碎片化"，依然是困扰中国基本公共服务均等化目标实现的主要难题。

随着中国区域经济的快速发展和一体化趋势的加强，人口跨域流动的频率越来越高，规模越来越大。无论是农村人口向城市的流动，还是不同地区之间的人口流动，人口流动就像"候鸟"迁徙一样，在户籍居住地和工作生活地之间来回流动。与人口高频率、大规模跨域流动相伴随的是，人们对跨域性公共服务需求的急剧增长，为社会公众尤其是跨域流动人口提供跨域性公共服务就成为当前及今后政府履行公共服务职能的一项主要任务。例如，农民工是中国人口跨域流动中规模最大，也是引起全社会较为关注的特殊群体，人口流入地政府要为农民工提供求职服务、子女教育、医疗卫生、养老保险等；而人口流出地政府则需要为外出务工人员提供就业信息，进行就业培训、提供户籍证明，为其办理各项手续，简化行政程序。因而，加强人口流入地政府和人口流出地政府之间的相互协作和工作对接就显得十分紧迫和重要。但中国的公共服务资源分配和服务供给，基本上是以行政区划为单位进行资源分配和服务统筹的。这种以行政区划为单位的公共服务资源分配体制和服务供给体制，在一定范围内效率是较高的，推动了行政辖区公共服务水平的提升，但这种以行政区划为单位的公共服务供给体制，由于受各地经济发展水平、地方政府财政收入、地方行政法规不统一、经济领域的地方保护主义等影响，各行政辖区之间公共服务被人为地分割、难以无缝对接，无法满足跨域流动人口对基本公共服务的需求。例如，医疗保险和社会保障的跨域有效衔接，依然是当前社会公众特别是流动人口社会生活中面临的主要难题。尽管中国已经建立了较为健全的医疗保险制度和世界上覆盖面最广的社会保障体系，但目前中国的医疗保险和社会保障的统筹层级较低，国家只是出台了较为宏观的制度，对于异地看病医疗保险报销和社会保障关系转移等，人口流出地与人口流入地之间政策各异，给社会公众及流动人口的医疗保险异地办结和养老保险的异地转接造成了很大的困难。跨域性公共服务供给的不足及其"碎片化"，不仅难以有效支撑区域一体化进程，还给区域高质量发展带来了一定的障碍。

　　跨域公共服务供给是跨域治理的一项重要内容，其实质是指区域公共服务一体化。区域公共服务一体化是指不同地区之间公共服务的无缝对接，包括城乡之间的无缝对接和不同行政辖区之间的无缝对接，体现为就业、教育、医疗和社会保障等基本公共服务的一体化和均等化，是以促进区域公共服务合作和增加区域公共服务供给为基础，满足社会公众及流动人口对基本公共服务的需求为目的，是保障公民、企业、社会组织基本权利和实现社会公平正义的重要途径。跨域性公共服务供给不足及其"碎片化",成为阻碍区域一体化进程和区域高质量发展的梗阻,不能充分发挥区域公共服务在区域协调和城乡融合中的带动作用。加强跨域性公共服务供给和推进区域公共服务一体化,不仅是优化区域资源配置、驱动资源跨域流动、推动区域高质量发展的必由之路,而且是实现人民至上、以人民为中心发展思想,保障和改善民生、维护社会公平、增进人民福祉,促进经济社会发展,实现广大人民群众共享改革发展成果的重要路径。2020 年 5 月公布的《中共中央 国务院关于新时代加快完善社会主义市场经济体制的意见》进一步提出,"要建立健全统一开放的要素市场,推动公共资源由按城市行政等级配置向按实际服务管理人口规模配置转变"。《京津冀协同发展规划纲要》指出,"促进基本公共服务均等化是有序疏解北京非首都功能的重要前提和京津冀协同发展的本质要求"。这表明中央和地方都将区域公共服务一体化及均等化作为区域协同发展的目标之一,同时它也是实现区域协同发展的持续动力和必要保障。因而,打破地方政府间的行政壁垒和破除地方政府间的条块分割,加强跨域公共服务联合供给和促进区域公共服务一体化,就成为地方政府间跨域公共事务合作治理中的重要一环。各级地方政府在区域一体化进程中,就需要学习和利用现代信息科学技术,借助大数据等数字化手段,搭建网络服务平台,积极推动区域公共服务一体化和均等化。

第二章　地方政府间跨域公共事务合作治理的多元理论

"理论"（Theory）一词源自希腊语"Theoria"。《美国传统英汉双解学习词典》认为，理论"可用于相对广泛的情况下的系统组织的知识，尤其指一系列假设，已被接受的定理以及用于分析、预测或解释自然或专门现象行为的程序规则"。《现代汉语词典》和《中华辞海》都认为，理论是人们在实践中概括抽象出来的关于自然界和社会界知识的有系统的结论。科学的理论对于实践而言具有极其重要的指导作用，而实践反过来又推动着理论的不断完善与发展。由于地方政府在跨域公共事务合作治理中是一个兼具政治性、行政性和经济性三种属性相互统一的组织单位，故而本书尝试运用政治学理论（府际关系理论和政策网络理论）、经济学理论［交易成本理论和博弈论（决策论）］、行政学理论（集体行动理论和整体性治理理论），从多学科视角为对地方政府间跨域公共事务合作治理这一行为现象进行分析、解释和预测提供理论指导。

第一节　政治学理论

一　府际关系理论

1. 府际关系概念的提出

府际关系（Intergovernmental Relations），即政府间关系。作为一个政治学术语，这一概念最早起源于 20 世纪 30 年代的美国。当时的美国正遭遇到资本主义经济史上最持久、最深刻、最严重的周期性经济危机，也是迄今为止人类社会遭遇到的规模最大、历史最长、影响最深刻的一次经济危机。这一次经济危机在美国引发了许多全国性问题，任何单个的州政府或地方政府都无法有效解决这些全国性问题。美国联邦政府为了应对和克服"大萧条"时期的经济和社会恐慌局面，突破了以往政府纵向分权的二元分割管理模式，积极推行各种"新政"措施，实质性地介入地方性公共事务的管理之中，为了避免各州政府或地方政府质疑其破坏政府间纵向分权的宪政框架，提出了自由、进步与主动的政府间关系实务运作观念。

最早明确提出"府际关系"一词的是美国学者克莱德·F. 斯奈德，他于 1937 年发表的《1935—1936 年的乡村和城镇政府》一文中，首次提出了"府际关系"这一名词。然而，他对"府际关系"这一名词并没有做出明确的解释且尚未加以严格的界定。① 此后不久，作为美国政治学与社会学院《年鉴》杂志的一名编辑，W. 布鲁克·格雷夫于 1940 年第 207 期专门以"美利坚合众国的政府间关系"为主题，收录编辑了 25 篇覆盖美国联邦与州、联邦与地方、州与州之间以及地方与地方之间关系的文章，但无论是这些文章的作者还是编辑，都没有认识到界定政府间关系或将它与联邦主义、合作联邦主义区别开来的必要性。

20 世纪 60 年代以来，随着信息技术和交通运输的发展，西方各国的行政生态环境发生了巨大的变化，大都市区的发展及大量跨域性公共事务的涌现，在理论和实践上都进一步推动了对政府间关系问题的关注和研究。一方面是以威尔逊—韦伯范式为基础的传统公共行政强调职责分工和效率至上，政府公共管理以明确的行政边界划分为前提。尽管在政府管理中，这种以行政辖区边界为行政边界的"地盘保护主义"在某些时候既是适合的又是高效率的，但难以对外部行政生态环境变化所引发的经济发展和社会事务做出及时有效的回应，因此要求改变传统公共行政理论视野中

① ［美］克莱德·F. 斯奈德：《1935—1936 年的乡村和城镇政府》，《美国政治科学评论》1937 年第 31 期。

政府行政的边界限制；另一方面是大都市区发展过程中地方政府间区域经济合作的蓬勃发展，这一新型的经济发展方式在实践上有力地推动了政府间关系的发展。正如一些美国学者所言："传统公共行政是建立在指挥统一的假设基础上的，然而 20 世纪 60 年代后，政府管理战略发生了根本变化——在生产公共物品和服务时，政府越来越依赖于多个机构之间、跨政府之间以及公—私—非营利组织之间的伙伴关系——这颠覆了传统理论。"① 而且很多公共事务不再是单一行政辖区政府所能够独自解决的，如公共交通、污水处理、废物排放等就需要多个辖区政府的共同努力和协作行动。这些努力和行动使政府间关系由原来的纵向权力划分和横向职责分工，逐渐演变为一种高度复杂的责任共担和共同解决问题的政府间合作关系。正如保罗·R. 多梅尔所言："许多政策性和行政性的事务今天不只涉及单个社区及其官员，还会导致上下左右纵横交错的官员或政府部门之间正式或非正式关系的复杂网络。"② 在 20 世纪六七十年代，政府间关系这一术语不仅在理论研究上受到高度关注，而且在实践上在联邦、州和地方层级得到广泛推广和应用。到了 20 世纪 80 年代，国内政府间关系已经成为美国政府治理广泛使用和普遍认可的常用概念。

2. 府际关系的内涵与特征

府际关系的表现形式是多种多样的，其内涵也是十分丰富的。国内外学者对此持不同的看法。20 世纪 60 年代后，西方学者逐渐认识到了政府间关系在管理实践中的重要性。美国学者安德森（W. Anderson）首次提出"府际关系"这一概念，并认为府际关系是指"各类的和各级政府机构的一系列重要活动，以及它们之间的相互关系"。③ 不过，安德森主要是从政府公职人员之间的人际关系和人的行为角度看待政府间关系的，其主要内涵是指政府

① Mosher Frederick, "The Changing Responsibilities and Tactics of the Federal Government", *Public Administration Review*, No. 40, 1980.

② Robert S. Erikson, Kent L. Tedin, *American Public Opinion: Its Origins, Content, and Impact*, R. R. Donnelley & Sons at Crawfordsville, 2007, p. 167.

③ W. Anderson, *Intergovernmental Relations in Review*, Minneapolis: University for Minnesota Press, 1960, p. 3.

官员在管理公共事务的日常交往和讨价还价中形成的私人之间的复杂的政府间关系网络体系。此后，R. J. 斯蒂尔曼进一步指出，府际关系是一个比联邦主义涵盖内容更广的概念，联邦主义主要强调联邦与州之间的关系以及各州之间的关系，而府际关系除了包括联邦与州、州与州之间的关系，还包括联邦与地方、州与地方、国家—州—地方之间、地方与地方之间的关系。①随着西方各国政府间日常性公共事务的日益增多，加强政府间纵横向的协调与合作就成为政府间管理的一项重要工作，而政府间管理除了政府间纵向关系，必然包括政府间横向关系。正如美国学者戴维·H. 罗森布鲁姆等所指出的，"联邦主义需要两种类型的协调与合作，其一是联邦政府与州政府之间的合作，其二是各州政府之间的合作"。②尽管西方各国政府在大都市区公共事务治理上采取了各种方式，但这些方式在本质上都离不开政府间纵向和横向关系的协调问题。"现代生活的性质已经使政府间的关系变得越来越重要。那种管理范围应泾渭分明、部门之间须水泼不进的理论在 19 世纪或许还有些意义，而在如今显然已经过时了。"③美国学者狄尔·S. 莱特在考察了美国联邦制中各种政府间关系后，高度概括了美国政府间关系的五个基本特征。其一是范围广。政府间关系包括联邦与州之间、州与州之间、联邦与地方之间、州与地方之间、国家—州—地方之间、地方与地方之间的关系。其二是动态性。政府间关系是以竞争与合作两种形式形成的正式或非正式关系，这种竞合关系随着行政环境和公共事务的变化而变化。其三是人际性。政府间关系是通过政府官员和公务人员之间的日常性接触而形成的人际关系。其四是公务人员的作用日趋重要。公务人员作为公共行政的主要主体，在政府间关系中的作用越来越重要。其五是政策的影响越来越大。与宪法、法律在政府间关系中的作用有所不同，政策在这种新的权力关系和权力结构

---

① ［美］R. J. 斯蒂尔曼：《公共行政学》，李方等译，中国社会科学出版社 1988 年版，第 253 页。

② ［美］戴维·H. 罗森布鲁姆、［美］罗伯特·S. 克拉夫丘克：《公共行政学：管理、政治和法律的途径》，张成福等译，中国人民大学出版社 2002 年版，第 131—132 页。

③ ［加］戴维·卡梅伦：《政府间关系的几种结构》，《国际社会科学杂志》（中文版）2002 年第 1 期。

形成中发挥着越来越重要的作用。①

　　国内对政府间关系全面系统的研究则始于 20 世纪 80 年代，由于改革开放之前中国在经济上实行的是高度集中的计划经济，计划经济体制下政府间关系的注意力主要集中在纵向中央政府与地方政府之间的关系上，而中央政府与地方政府之间的关系在计划经济体制下是一种单向的命令—服从关系，在一定程度上受命令—服从式央地治理模式的影响，各级地方政府严格按照中央政府的指令行事，横向地方政府间很少发生联系。改革开放之后，随着中国行政分权化与经济市场化的发展，政府间关系面临着从服务于计划经济向服务于社会主义市场经济的目标转变。在此背景下，政府间关系逐渐由单一性走向多样性，政府间关系得到发展并进入多个学科的研究视野。林尚立认为政府间关系主要是指"各级政府间和各地区政府间关系，包含纵向的中央政府与地方政府间关系、地方各级政府间关系和横向的各地区政府间关系。虽然政府间关系包括权力关系、职能关系、政策关系、税收关系、预算关系、公共行政关系、法律关系和司法关系等十分广泛的内容，但从决定政府间关系的基本格局和性质的因素来看，政府间关系主要由权力关系、财政关系和公共行政关系三重关系构成"。② 谢庆奎认为政府部门也是十分重要的政府间关系主体，因而应将政府部门之间的关系纳入政府间关系的范畴。他认为政府间关系包括中央政府与地方政府之间、地方政府之间、各地区政府之间的关系，还包括政府部门之间的关系，并进一步指出政府间关系首先是利益关系，然后才是权力关系、财政关系、公共行政关系。③ 杨宏山则从广义和狭义两个方面对政府间关系进行了界定，认为广义的政府间关系不仅包括中央政府与地方政府之间、上下级地方政府之间纵向的网络关系，还包括相互间不具有隶属关系的地方政府之间的横向和斜向关系网络，以及政府内部不同部门和机构之间的分工关系网络；狭义的政府间关系仅指不同层级政

---

　　① ［美］R. J. 斯蒂尔曼：《公共行政学》，李方等译，中国社会科学出版社 1988 年版，第252—254 页。

　　② 林尚立：《国内政府间关系》，浙江人民出版社 1998 年版，第 70—71 页。

　　③ 谢庆奎：《中国政府的府际关系研究》，《北京大学学报》（哲学社会科学版）2000 年第 1 期。

府之间垂直的网络关系。① 陈国权等通过对长江三角洲地方政府间关系的实证研究提出，"政府间关系是指多边多级政府间的利益博弈与权力互动的一种政治经济关系"。② 陈振明在比较林尚立与谢庆奎关于政府间关系理论的基础上，提出政府间关系是指纵向的中央政府与地方政府之间、各级地方政府之间，横向的同级地方政府之间以及不存在行政隶属关系的非同级地方政府之间错综复杂的网络关系。③ 张紧跟认为，"政府间关系是一个主权国家内部多边多级政府之间利益博弈与权力互动的一种利益关系"。④ 政府间关系包括纵向关系与横向关系，主要内容是利益关系，纵向关系与横向关系在现代国家治理中同等重要。同美国政府间关系相比较，就中国政府间关系的特征而言，由于中国是中央集权国家，地方政府必须听命于中央，中央与地方之间实行有限分权，地方政府的权力更多来源于中央政府授权；而美国是联邦主义国家，州和地方政府实行高度自治，州和地方政府的权力来源于宪法，所以中美两国的政府间关系有所区别。因此，中国政府间关系除了具有美国政府间关系五大特征之外，还具有执行性、创新性、协商性等本土化特征。⑤

3. 府际关系理论对地方政府间跨域公共事务合作治理的启示

"在任何一个国家，中央与地方的关系都将直接决定整个国内政府间关系的基本格局。因为中央与地方的关系决定着地方政府在整个国家结构体系中的地位、权力范围和活动方式，从而决定了地方政府体系内部各级政府之间的关系，决定了地方政府之间的关系。"⑥ 改革开放之前，中国在经济上实行的是高度集中的计划经济体制，又称为指令性经济。这种经济体制反映在政治上就是国家权力高度集中于中央，中央政府负责制定国民经济和社会发展计划，地方政府则主要负责执行中央政府的命令和计划。中央与地方的关系是一种命

---

① 杨宏山：《府际关系论》，中国社会科学出版社 2005 年版，第 2 页。

② 陈国权、李院林：《论长江三角洲一体化进程中的地方政府间关系》，《江海学刊》2004 年第 5 期。

③ 陈振明：《公共管理学——一种不同于传统行政学的研究途径》，中国人民大学出版社 2003 年版，第 145 页。

④ 张紧跟：《当代中国政府间关系导论》，社会科学文献出版社 2009 年版，第 10 页。

⑤ 谢庆奎：《中国政府的府际关系研究》，《北京大学学报》（哲学社会科学版）2000 年第 1 期。

⑥ 林尚立：《国内政府间关系》，浙江人民出版社 1998 年版，第 19 页。

令—服从关系，在这种命令—服从式的纵向治理模式下，一方面，地方政府间缺乏合作的内在需求与动力；另一方面，地方政府间缺乏合作的物质基础。因此，在传统的中央高度集权管理体制下，地方政府间关系发展被阻隔不可避免。改革开放之后，中国对原有的高度集中的计划经济体制进行了改革，开始由计划经济逐步转向社会主义市场经济。这一改革转变了中国单一的经济所有制形式，使经济基础发生了重大转变。由于经济体制在整个社会结构体系中具有基础性的地位，经济体制改革在其进程中势必会影响到其他领域的改革，其中对作为社会上层建筑的政治体制的影响尤为明显。随着市场经济的发展及中央与地方纵向权力结构的调整，地方政府在经济社会发展中逐渐被赋予更多的自主权。作为地方利益代表者的地方政府，在经济社会发展中的自主意识逐渐增强。为了追求各自行政辖区利益的最大化，地方政府间不断加强横向经济联系，从而使地方政府间的关系得到不断发展。

地方政府间关系是一个比较复杂的政治关系体系，既包括不同层级具有行政隶属关系的地方政府间纵向关系，也包括同级地方政府间的横向关系，还包括不同级别但又不相互隶属的地方政府间斜向关系。地方政府间关系发展的最初动因是，经济发展和社会问题将它们紧密联系在一起，使它们在许多方面成为利益共同体和命运共同体，彼此之间只有依赖对方的资源和协作才能实现各自的目标，并使各方共同受益。地方政府间关系在实践中主要表现为竞争与合作关系，然而，地方政府在什么时间及哪些领域采取竞争或者合作，主要取决于地方政府对地方利益的权衡。但自20世纪80年代以来，地方政府间伙伴关系的建立已成为世界各国政府改革方案中的共同趋势。经济合作与发展组织（OECD）将这种发展趋势的原因归结为以下几个方面：第一，生态环境保护和经济可持续发展等区域政策问题，需要区域内各地方政府协商讨论和共同处理；第二，由于区域经济发展的不平衡，引发了一系列诸如贫困和失业等社会问题，而这些社会问题的解决需要地方政府间通力合作；第三，在经济全球化和区域一体化进程中，区域内各地方政府间只有进行资源和行动的整合，才能发挥综合性作用，提高区域整体竞争力；第四，尽管地方政府为了提高其治理效能，已经与私营部门或非政府组织建立了伙伴关系，但地方政府间所建立的伙伴关系，仍是其他合作关系所无法替代的机制。①

进入 21 世纪以来，随着中国区域一体化进程的不断加快和城市群的蓬勃发展，跨越了地理边界和行政界限的公共事务日益增多及其影响不断扩散。跨域公共事务的公共性和外溢性及地方政府治理能力和资源的有限性，决定了任何一个地方政府都无法有效处理跨域公共事务和满足社会公众需求，这就需要各地方政府在跨域公共事务治理上抛弃零和博弈思维，开展广泛合作，这是处理跨域公共事务的有效路径。然而，地方政府间跨域公共事务合作治理目标的实现，离不开对地方政府间关系的协调与治理，地方政府间关系的协调与治理需要地方政府和中央政府共同努力。一方面，地方政府间需要通过沟通协商、信息共享、利益协调等机制的建立，自发地协调地方政府间关系，促进地方政府间跨域公共事务合作治理；另一方面，中央政府要通过政策引导、激励约束等途径，引导与规范地方政府间关系，协调与支持地方政府间跨域公共事务合作治理。

二 政策网络理论

1. 政策网络理论的兴起背景

长期以来，西方国家的政治理论研究方法一直采用以划分国家与社会权力边界为主的宏观结构研究方法和以分析个体或组织政治功能为主的微观研究方法。② 在具体的国家政策研究中，这两种分析方法割裂了国家与社会之间的有机联系，不仅难以对政治现实进行合理的解释，而且也难以适应社会发展的要求。自 20 世纪 70 年代以来，西方各国由于各种经济、社会、环境问题的日趋严重与复杂，现代国家的决策范围不断扩大，但仅凭官僚组织自身的知识难以做出合理的决策，也无法独立处理这些复杂的公共事务。随着西方各国经济的迅速发展，各类社会组织日益发展壮大。这些组织生产或掌握着越来越多的社会资源，并开始逐步参与到国家政治生活中，且他们的决

---

① 李珍刚：《论跨国地方政府关系的构建》，《广西民族学院学报》2006 年第 2 期。
② 彭勃：《"政策网络"理论与中国基层政治研究》，《中共浙江省委党校学报》2004 年第 1 期。

策和行动对公共事务的影响越来越大；同时公民社会日趋成熟，使得作为政策受体的社会公众开始要求参与到关乎自身利益的公共事务决策之中，从而维护自身的合法利益。

现代社会中公共事务的日趋多样化和复杂化，不仅使政府决策的范围越来越大，而且对政府的行政效率提出了更高的要求。在这样一个行政生态环境下，政府在面对多样化和复杂化的公共事务时已不堪重负，同时组织的分权化使得政府在政策制定中的主导地位发生动摇，不同的行为主体在政策制定中有着不同的利益诉求，且他们通过自己的行动来影响政府的政策制定，从而使政策倾向于自己的利益。在这种情况下，国家政策主体结构出现"碎片化"（Fragmentation）、部门化（Sectoralization）与分权化（Decentralization）趋势，以及整个社会去中心化（Centerless）的趋势也日益显现。面对这种国家决策及社会发展趋势，西方学者开始思索并接受其他社会主体参与政策过程，特别是在范围与责任日益模糊的政策领域，需要政府、私人部门、非政府组织和公民个体共同参与，进行多元主体间的协商合作，政策网络理论就是在这样的治理环境中兴起的。

政策网络（Policy Network）理论针对传统政治理论研究方法，即以划分国家与社会权力边界为主的宏观统合主义研究方法和以分析个体或组织政治功能为主的微观多元主义研究方法，试图填补两种传统政治理论研究方法之间的空白。政策网络理论是反映变化了的国家与社会关系的政治治理的新形式，主要解决涉及复杂的政治、经济与技术任务，资源相互依赖的各种政策问题。政策网络理论的提出既摆脱了传统政治学"宏大"的理论分析模式，也跳出了行为主义政治学研究对象过于微观的理论困境，成为目前西方政治学和公共政策学研究的重要理论。①

2. 政策网络理论的核心观点

"网络"（Network）一词的本义是"利于接触"（Take Advantage of Contact）。"网络"一词在社会科学领域往往被用于形容和描述不同主体之间的

---

① 任勇：《简说政策网络理论》，《学习时报》2007 年 4 月 14 日。

互动关系。通常来说,网络被用于描述由于政治、经济、社会和文化等原因而将不同主体(组织或个人)连接在一起组合而成的结构。网络可以是紧密的,也可以是松散的,但其主要功能是传递信息和从事集体行动。"政策网络"(Policy Network)一词最早由 Peter J. Katzenstein 于 1978 年提出,随后 R. A. W. Rhodes 等做了进一步阐释。① 如今"网络"一词已经运用于不同的研究领域,如营销网络、政策网络、网络化治理、网格化管理等。尽管网络在这些领域所指的具体内涵有所不同,但它们基本都包含着组织之间平等、交换、合作、依赖等内容。政策网络也同样包含着诸如平等、互动、合作、交换、依赖等基本内容。

政策网络理论作为一种新的政策理论,由于各国政治制度的差异、政府管理方式的不同以及政策实践过程的差别等,政策网络理论在实践中形成了不同的流派。目前,关于政策网络还没有一个相对统一的定义,但综合归纳总结主要学者的观点,关于政策网络的定义主要有四种倾向。其一,政策主体角度,Peter J. Katzenstein 认为,政策网络就是公私行动者之间寻求合作所建立的一种相互依赖的关系;② 乔丹(Grant Jordan)和舒伯特(Klaus Schubert)认为,"政策网络指决策过程中包括来自不同层次与功能领域的政府和社会行动者"。③ 其二,资源依赖角度,David Marsh 和 R. A. W. Rhodes 认为,政策网络是指不同行动者在政策过程中因资源依赖而结成的组织集群;④本森(K. J. Benson)认为,政策网络是指组织因资源依赖而相互结盟,又因资源依赖中断而相互分离。⑤ 其三,国家自主角度,史密斯(Marttin Smith)认

① 杨溢群、卢笛声:《政策网络理论及其在中国之治中的应用》,《社会科学前沿》2020 年第 9 期。

② Peter J. Katzenstein, "Conclusion: Domestic Structures and Strategies of Foreign Economic Policy", *International Organization*, Vol. 31, No. 4, 1977.

③ Grant Jordan, Klaus Schubert, "Preliminary Ordering of Policy Network Labels", *European Journal Political Research*, Vol. 21, 1992, p. 11.

④ David Marsh, R. A. W. Rhodes, *Policy Networks in British Government*, Oxfod: Clarendon Press, 1992, pp. 12-13.

⑤ K. J. Benson, "A Framework for Policy Analysis", in D. L. Rogers, D. Whetten, eds. *Interorganizational Coordination: Theory Research and Implementation*, Iowa State University Press, 1982.

为，政策网络是政府允许更多利益团体参与政策过程的一种协商机制，当政府与利益团体在政策制定过程中相互交换信息时政策网络就形成了。不过，他认为政策网络也是政府借以扩张其社会基础结构权利的工具。[①] 其四，社会治理角度，政策网络是不同主体为实现彼此间共同利益，在平等的基础上进行协商和资源交换的过程，也是一种弥补政府治理失败和市场治理失灵的新型社会治理模式。

虽然学者们对政策网络的观点各异，尚未取得一致的解释，但从系统的观点来看，政策网络是由多种关系连接的政策参与者网络，其目的是参与公共政策的制定。网络理论分析的是一种典型的系统，强调利益相关者之间的结构和相互关系，探讨直接或间接连接的利益相关者之间关系的结构和功能。因此，政策网络就是在公共决策过程中，政府、企业、社会、团体等不同行动者之间，在开放、平等、互利、依赖的基础上，构建制度化的互动关系模式，对各自关心的相关议题进行对话与协商，以追求政策利益的最大化和均衡化。

政策网络理论的核心观点主要包括三个方面的内容。其一，政策网络参与主体多元。政策网络的参与主体包括政府和其他利益相关者，呈现出主体多元化和关系网络化的特征。在公共政策的制定过程中，政府或官员并不是唯一的行动主体，政策网络内的行动者包括行政人员、专家学者、社会组织和社会公众等与该政策有利益关系的个人或组织。其二，政策网络主体间相互依赖。政策网络多元主体间是平等、对话、协商的关系，各主体必须依赖其他主体获得实现自己目标的手段。政策网络中政府与其他行动者之间不是依照政府权威的命令—服从关系来强制、单方面地形成公共政策，而是各主体在地位平等、权力共享、利益共融的基础上，通过对话、谈判、协商、让步的方式来达成政策共识和增进政策认同。其三，政策网络活动受制度制约。政策网络是由具有一定资源和拥有不同利益目标的多元主体组成的网络

---

① Marttin Smith, *Pressure, Power and Policy: State Autonomy and Policy Networks in Britain and the United States*, University of Pittsburgh Press, 1993, pp. 53-54.

结构，因网络中各主体之间的相互依赖、相互作用而形成各种关系和规则。这些关系和规则制约与影响着他们之间的关系，使得没有任何一个主体具备足够驾驭能力来主导其他主体的活动。网络结构中每一个行动者的行为都将成为其他行动者的约束，从而使各主体间资源分配的方式得以形成，并在彼此间相互影响和互动中发生变化。

3. 政策网络理论对地方政府间跨域公共事务合作治理的启示

政策网络理论（Policy Network）自 20 世纪 70 年代末期以来，逐渐开始成为西方各国政策科学研究的重要课题。随着全球化、区域化、知识化和信息化的发展，人类面临的社会公共事务日益增多，社会公共问题频繁发生。这使得公共政策制定环境发生巨大变化，公共政策制定过程日趋复杂，再加上社会组织的成长和公民意识的觉醒，使得现代国家机关在制定和推行公共政策时，越来越难以通过相关部门的动员获取所必需的政策资源，传统上依靠政府机构制定和推行政策的旧范式已经过时。现代国家机关在制定和推行公共政策时，必须吸纳相关利益者共同参与和协调相关利益者的利益，培养各主体共同价值观，整合各主体资源，形成集体行动合力，共同推进公共治理能力提升。政策网络理论基于参与主体经常性的互动和资源的相互依赖，在政治、经济、社会、文化等多维议题上构建起参与者合作行动网络。这既不同于自上而下的治理模式，也不同于自下而上的影响模式，而是一种介于政府和市场之间的独特治理模式，是政府在协调各个政策参与者利益关系的基础上综合做出的政策选择，能够在相互联系和相互依赖的集体行动过程中解决政策问题。既可以避免传统等级制政府行政模式的反功能结果，也可以避免市场竞争机制带来的市场失灵，成为弥补市场失灵和政府失败的有效治理模式。

在地方政府间跨域公共事务合作治理中，跨域公共政策的制定与执行也是地方政府间关系发生和发展的主要平台。政策网络理论作为倡导政府间平等和互动合作关系的分析工具，它是不满足于传统公共组织科层等级制理论的产物。政策网络理论认为，在涉及多个地方政府利益的跨域公共事务政策制定中，地方政府间的关系不应是等级系统，而应该是一个网络系统。这个网络系统由多样化的行动者组成，其中包括各级和各类地方政府，每个地方政府在跨域公共事务治理中都有自己的利益诉求和政策目标。相关地方政府都是跨域公共事务政策制定网络体系中的一个节点，在跨域公共事务政策制定中具有不同的利益偏好和政策目标，分别发挥着不同的政策功能和作用。在地方政府间跨域公共事务合作治理政策制定网络中，并不存在终极垄断性的政策行动者。地方政府间关系的多样性和彼此间的依赖性，淡化了传统政策制定过程中地方政府间关系的等级制色彩。地方政府间关系不再以等级节制的金字塔型结构为基本特征，而是以相互依赖的扁平化网络结构为基本特征。在相互依赖和多向度的地方政府间政策网络中，每个行动者都无法依靠自己的单独行动达到目标，都需要其他行动者的资源支持。为此，在跨域公共事务治理中相关地方政府应通过策略性互动进行政策调适，加强地方政府间的交流与协商，提高地方政府间的相互依赖性，构筑地方政府间信任与合作的基础，尽可能地排除各自目标实现的各种阻碍和制约因素，并争取其他行动者所拥有的资源支持。总之，政策网络理论强调政府间关系，尤其是地方政府间的相互关系，基本目的是通过政策网络促成政府间合作来实现有关各方的共赢，对促进地方政府间跨域公共事务合作治理政策的民主化和科学化，推动地方政府间跨域公共事务合作治理动机的生成和合作网络的形成具有至关重要的作用。

第二节　经济学理论

一　交易成本理论

1. 交易成本理论的阐释

交易成本理论是新制度经济学的一个中心范畴。1934 年，美国学者康芒斯在《制度经济学》中提出交易是制度经济学分析的最小单位。自此，交易这个概念引起人们的广泛关注和兴趣。美国学者科斯作为新制度经济学的创始人，其在 1937 年出版的《企业的性质》一书中，首次提出了交易成本的概念。科斯在 1960 年发表的《社会成本问题》中指出："为了进行市场交易，有必要发现谁希望交易，有必要告诉人们交易的愿望和方式，以及通过讨价还价的谈判缔结契约，督促契约条款的严格履行等，这些工作常常是花费成本的，而任何一定比率的成本都足以使许多在无需成本的价格机制中可以进行的交易化为泡影。"① 按照科斯的解释，交易费用是指企业为获得市场信息、谈判和签订交易契约并在契约实施中监督，以及必要性调解与仲裁所花费的资源成本。威廉姆斯在科斯理论的基础上进一步发展了交易成本理论，他将交易费用分为事前的交易费用和事后的交易费用两部分：事前的交易费用包括起草协议、谈判协议和维护协议的成本，也就是说与市场相关的研究和信息成本、谈判和决策成本、检验和履行成本；事后的交易费用包括当交易偏离了所要求的准则而引起的不适应成本，为了纠正事后的偏离准则而引起的争论成本，以及管理机构解决交易纠纷和保证契约生效的抵押成本等。② 威廉姆斯还从行为主体的经济人本性，即追求自身利益最大化的根本动机和机会主义行为倾向的利己主义；行为主体受到有限理性的限制，即信息复杂性和信息不确定性情况下有限理性目标等方面，分析了交易成本产生的根源。交易成本理论作为新制度经济学的重要组成部分，被广泛应用于解释诸如产权结构、外部性问题、集体行动等诸多领域。

　　交易成本就是在一定的社会关系中，人们自愿交往、彼此合作达成交易所支付的成本。从本质上说，有人类交往互换活动，就会有交易成本，它是人类社会生活中一个不可分割的组成部分。根据人们研究具体问题的不同，交易成本的分类方法有多种。有学者根据一项交易由内外部不同交易方式完成所产生的费用不同，将交易成本划分为内部交易成本和外部交易成本。这种分类研究认为，如果一项交易的外部交易成本大于内部交易成本，则应该选择内部交易的方式来节省费用、降低交易成本，如政府向社会提供公共服务，如果通过政府内部部门、机构之间的合作能够降低交易费用，就应该促进政府内部部门、机构之间的合作完成交易；相反，如果一项交易的内部交

---

　　① ［美］罗纳德·哈里·科斯：《企业、市场与法律》，盛洪等译，上海三联书店1990年版，第91页。
　　② ［美］迈克尔·迪屈奇：《交易成本经济学》，王铁生、葛立成译，经济科学出版社1999年版，第29页。

易成本大于外部交易成本，则应该选择外部交易的方式降低交易成本，如政府向社会提供公共服务，如果通过政府内部部门、机构之间的合作交易费用较高，政府就应该通过市场途径（如外包等）来使交易成本更低。还有一些学者根据交易费用产生的必要性，将交易成本分为必要的交易成本和非必要的交易成本两类：必要的交易成本是制度存在的必要条件之一，如谈判、签约、履约、监督经济绩效等费用；非必要的交易成本是制度中存在的应予以消除的，如由于政府机构臃肿、人员冗余等引起的效率低下产生的交易成本。[①] 既然交易成本普遍存在于人类交往活动中且成为影响人类交往活动的制约性因素，那么如何制定人们交往活动的制度规则或体制机制，增进人们之间的合作，降低交往活动的成本，自然而然就成为社会各主体所追求的共同目标。为此，科斯强调了"产权"在经济活动中的重要地位，他认为明晰产权对减少经济活动中的交易成本具有决定性作用，即如果产权不清晰，不仅交易费用激增，甚至交易无法完成；而产权明晰，即使存在一定的交易成本，市场中的交易主体不仅可以通过交易来解决各种问题，而且可以有效地选择资源配置最佳的交易方式，从而使交易成本最小化，社会福利最大化。据此，政府在经济社会活动中的主要职责就是制定法律法规，进一步明晰公共产权和提供各种公共服务，以增加社会不同主体社会交往的渠道和降低社会交往活动的交易成本。由此可见，在政府、企业、非政府组织和个人等不同主体所进行的经济社会交往活动中，普遍存在着交易成本的问题，特别是在地方政府间跨域公共事务合作治理的交流与互动过程中更加明显地呈现，这就为地方政府间跨域公共事务合作治理提供了新的研究视角和路径。

2. 交易成本理论对地方政府间跨域公共事务合作治理的启示

科斯的交易成本理论开创了"交易成本经济学"和"新制度经济学"等崭新的学科，这一理论对跨域公共事务治理及其组织管理也具有重要的指导意义。地方政府间跨域公共事务合作治理过程中存在着大量交易成本问

① 周春平：《民营经济发展的交易成本约束——兼论交易成本视角的市场经济中政府职能》，《现代经济探讨》2005 年第 6 期。

题。因为各级地方政府作为跨域公共事务治理的行为主体，在合作治理进程中具有经济人有限理性的本性，故而在合作中就会出现各种机会主义行为，这种行为进一步增加了合作中的交易成本。一方面，地方政府间跨域公共事务合作治理的行为，可以视为各地方政府为了各自辖区利益最大化所采取的"交易行为"，存在搜寻信息、缔结合约及监督违约的各种成本。正如汪伟全指出，在地方政府间合作过程中，存在着"搜寻成本、谈判成本、合同成本、履约成本、监督成本和评估成本"。① 就跨域公共事务治理而言，地方政府间若要进行合作，就需要展开对话交流、谈判协商、利益博弈、协调行动等事宜，这一寻求合作的过程存在各种交易成本，包括获取信息、联系对方、确定协商地点、举办协商会议、监督协议履行等过程中所花费的时间、精力、财力等。如果地方政府间对某一跨域公共事务采取协商谈判的预期收益大于为此所付出的交易成本，各地方政府就有积极性进行协商谈判，共同合作处理跨域公共事务和解决跨域公共问题；而如果它的预期收益低于交易成本，任何一个地方政府无论如何也不会主动采取协商谈判的做法去处理跨域公共事务，这样就会造成跨域公共问题的延续与矛盾的激化，最终导致跨域公共事务治理的"公用地悲剧"。另一方面，在地方政府间跨域公共事务合作治理过程中，各地方政府作为所在辖区利益的代表者和相对独立的行为主体，具有一定的自主选择权、独立利益结构和效用目标理性，这就使其具有经济人有限理性的特性和追求自身利益最大化的行为动机。当有"良好的法律和制度保证，经济人追求自身利益最大化的自由行动会无意识地、卓有成效地增进社会的公共利益"。② 而在法律和制度供给不足的情况下，地方政府理性"经济人"的特性则会加剧地方政府间合作中的利益冲突和增加地方政府间合作中的机会主义行为，这又使得地方政府间存在的交易成本增加，进一步阻碍了地方政府间合作的发展。

地方政府间跨域公共事务合作治理中的交易成本是客观存在的，如何降

---

① 汪伟全：《地方政府竞争秩序的治理：基于消极竞争行为的研究》，上海人民出版社 2009 年版，第 247 页。
② 杨春学：《经济人与社会秩序分析》，上海三联书店 1998 年版，第 12 页。

低交易成本、促成合作行为发生，是推动地方政府间跨域公共事务合作治理亟须解决的问题之一。交易成本理论为解决这一问题提供了以下两方面启示。一方面，交易费用经济学指出，为了降低市场主体经济活动的交易成本和预防各种风险的发生，可通过变革治理结构与设计相应机制来解决这一问题。据此，可以根据地方政府间跨域公共事务合作治理中交易费用的产生，即根据地方政府间缔结合约、执行契约和监督违约等行为，将地方政府间跨域公共事务合作治理过程划分为订立合作契约的协商阶段、签订契约的承诺阶段和执行契约的行动阶段，并针对各个阶段可能产生的各种交易费用，分别设计不同的机制进行治理以降低交易成本，保障地方政府间通过合作所获得的收益大于其所付出的交易成本，从而促使地方政府间合作行为的发生和推动地方政府间合作行为的发展。另一方面，针对地方政府间跨域公共事务合作治理中的利益冲突行为和机会主义行为，"如果事前就能设计防范措施，那么，事后的投机行为就难以再对交易造成什么损害了"。因此，在完善地方政府间跨域公共事务合作治理机制过程中，应注重加强制度建设对地方政府的行为选择进行规范与约束，促使地方政府的行为朝增加公共利益的方向努力。

尽管交易成本理论为我们认识和促进地方政府间跨域公共事务合作治理提供了有益的启示，但令人略感遗憾的是在经济社会转型时期，中国政府间关系的协调与治理还缺乏健全的法律依据和治理机制，政府间关系总体上呈现重纵向轻横向、先纵向后横向的运行特征，致使跨域公共事务治理中错综复杂的地方政府间关系缺乏稳定性、持久性和规范性。反过来讲，这在一定程度上又增加了地方政府间跨域公共事务合作治理中进行交流、协商、合作的交易成本。可见，推动地方政府间跨域公共事务合作治理的过程，就是如何最大限度降低地方政府间交易成本的过程。未来增进地方政府间跨域公共事务合作治理中的对话交流与合作程度，构建地方政府间区域利益共同体，提高地方政府间合作治理绩效，就必须健全地方政府间合作制度体系和完善合作治理机制，以降低地方政府间跨域公共事务合作治理的交易成本。

二 博弈理论

1. 博弈论的内容简介

"博弈"一词在英文中用"Game"来表示，意指一种游戏，诸如象棋、桥牌、围棋等，是一种展现人类智慧，运筹争胜的重要方式。博弈论（Game Theory）又称为对策论，是研究个人或组织在一定的环境条件和规则约束下，依靠所掌握的信息，如何在与多人相互作用中做出决策及实现这种决策的均衡问题。也就是说，它关注的主要是一个人或一个组织的选择在受到其他人或组织选择的影响，而且他的选择反过来会影响到其他人或组织选择时的决策及决策均衡问题。博弈的思想古已有之。早在古巴比伦王国时期，就在犹太法典中体现了博弈思想。中国古代的《孙子兵法》不仅是一部军事著作，而且算是最早一部充满博弈思想的博弈论名著。但博弈思想演进发展成为一种比较成熟的理论体系，还得归功于一批经济学者的卓越贡献。1928 年，冯·诺依曼证明了博弈论的基本原理，从而宣告了博弈论的正式诞生。1944 年，冯·诺依曼和摩根斯顿合著的划时代名著《博弈论与经济行为》一书，奠定了这一学科的基础和理论体系。随着博弈理论的不断发展和丰富，博弈论在 20 世纪 80 年代不仅成为经济学研究的重要指导理论，而且因其对合作与竞争行为的解释力也成为其他学科的宠儿，为其他学科研究提供了一种思考框架和分析工具。

博弈论主要包含以下要素。（1）参与者。参与者是指博弈过程中的决策主体，也称为局中人。在一场博弈中，每一个有决策权的参与者都是局中人，一般涉及两个或两个以上的参与者或局中人。博弈过程就是两个或两个以上的决策主体之间相互作用的过程，一方主体在进行决策时要依据对方主体所采取的行动，从而做出相应的对自己最有利的举措，期望通过博弈实现自身利益的最大化。（2）策略。策略是指决策主体在实践活动中相机行事的行动方案。每一个决策主体在博弈中的行动方案并不是一成不变的，而是在博弈的过程中根据对方的决策行为来调整自己的行动方案，这就是一种策略选择。这种策略选择是一种相机行事的动态变化过程。（3）信息。信息是影响博弈主体行为选择的关键变量。在任何具体的博弈过程中，如果博弈双方都能够获取对方的充分信息，将有助于各方做出更加理性的选择策略，从而实现各方共同的最佳利益；相反，在信息缺乏或信息不对称的情况下，一方决策主体就难以了解另一方决策主体的行为状态和策略选择，也难以根据对方的情况做出正确的策略选择，自然就难以实现各方共同的最佳利益。（4）收益。收益是指参与博弈的各决策主体在博弈中得到的期望效用或实际效用。收益是决策主体参与博弈的动机，也是博弈行为的内在动力。正是在各种收益的驱动下，相关主体在经济社会事务活动中才会产生博弈的场域。

依据不同的划分标准，博弈可以分为很多类型。但根据有没有对决策主体的行为形成一种强有力的规范与承诺，博弈可以分为合作博弈（Coop-erative Game）和非合作博弈（Non-cooperative Game）。合作博弈是指决策主体之间达成了一个具有约束力的协议，且有一套强制力的规范措施保证决策主体的承诺必须兑现。非合作博弈是指决策主体之间没有达成一个具有约束力的协议，各决策主体完全自由地根据自己的利益做出决策，决策主体的行为也不受强制力的约束。正是这种理论假设的不同，致使合作博弈与非合作博弈的关注点有所不同。合作博弈强调的是团体理性，以效率、公平、公正为目标；非合作博弈强调的是个人理性、个人最优决策，其结果可能是有效率的，也可能是无效率的。① 博弈论研究的一个重要目标就是如何实现纳什均衡。纳什均衡是博弈论的一个重要概念，也是博弈行为孜孜以求的理想效应。纳什均衡就是合作各方优势策略的组合状态。当博弈的参与者在所有的备选策略中选择了能够给各方带来最大收益的策略时，那么这个策略就被称为优势策略。优势策略能够给博弈者带来比其他任何策略更多的收益或者至少不比其他策略带来的损失大。当博弈各方都选择了优势策略，这些优势策略的组合就构成了优势策略均衡。博弈论所要追求的目标就是博弈各方在博弈过程中，如何实现与保持纳什均衡的稳定性和持续性。

---

① 张维迎：《博弈论与信息经济学》，上海三联书店、上海人民出版社 2004 年版，第 3 页。

2. 博弈论对地方政府间跨域公共事务合作治理的启示

地方政府间跨域公共事务合作治理就是相关地方政府围绕跨域公共事务治理目标、规则、策略及资源等，在一定范围内制定策略以实现它们共同的目标。在跨域公共事务治理中，各级地方政府作为相对独立的利益主体，为实现自身利益的最大化，为推进自身发展所做出的战略抉择、所采取的各种政策措施，必然对其他地方政府所做出的决策和采取的行动产生十分深刻的影响，这是一种典型的政治博弈。这种政治博弈的影响在实践中对推进地方政府间跨域公共事务合作治理具有极其重要的影响，也是研究地方政府间跨域公共事务合作治理问题时不可回避的一个方面。博弈论对于认识地方政府间跨域公共事务合作治理及其走出"囚徒困境"具有重要的启示。

其一，博弈论为地方政府间跨域公共事务合作治理研究提供了一个基本的理论假设前提。博弈论认为，参与博弈的决策主体都是理性经济人，具有追求个人利益最大化的动机。博弈论的这一理论假设为博弈论建立完整的理论体系奠定了坚实的理论基础。这种理性经济人的理论假设具有相当普遍的解释力，为地方政府间跨域公共事务合作治理提供了一个分析视角。地方政府间跨域公共事务合作治理牵涉两个或多个地方政府，各地方政府在跨域公共事务合作治理中都是相对独立的利益主体，都具有追求自身利益最大化的内在冲动。它们所做出的各种保护性与非保护性策略大都是基于理性经济人的选择，且这些选择都是对自身发展最有利的策略。各地方政府在跨域公共事务合作治理中所选择的对自身发展有利的策略，对地方政府间跨域公共事务合作治理及整个区域发展而言并非优势策略。因而，在推动地方政府间跨域公共事务合作治理时就必须考虑到这种情况。博弈论有助于我们认识到，地方政府在跨域公共事务合作治理的策略选择上具有理性经济人特性，其在合作治理中具有追求自身利益最大化的动机，这样就可以在地方政府间跨域公共事务合作治理的制度安排和机制设计时，考虑并满足各地方政府合理的利益诉求并遏制不合理的利益诉求。一旦理顺了地方政府间利益关系，地方政府在跨域公共事务合作治理中的策略选择就容易达成一致，从而为合作治理奠定坚实的基础。

其二，博弈论为地方政府间跨域公共事务合作治理提供了策略选择。博弈可以分为合作博弈和非合作博弈两种类型。合作博弈与非合作博弈之间的主要区别在于人们的行为相互作用时，各方当事人能否达成一个具有约束力的协议。如果有，就是合作博弈；反之，则是非合作博弈。非合作博弈强调的是个人理性和个人最优策略，关注的是合作策略的选择；合作博弈强调共同利益的实现，关注的是合作的公平、公正和效能。这两种博弈形态可为地方政府间跨域公共事务合作治理的策略选择提供理论资源。非合作博弈适用于地方政府间跨域公共事务合作治理的关系建构阶段，在地方政府间跨域公共事务合作治理的关系建构初期，并非所有的地方政府都愿意参与跨域公共事务治理。即使各地方政府都愿意参与跨域公共事务治理，在制定策略及策略选择时也往往追求自身利益的最大化。但这并不意味着各地方政府做出的策略就是一成不变的，而是地方政府间在相互博弈的过程中根据对方的决策行为来调整自己的策略方案，甚至在策略选择与行动方案上达成共识。因此，在地方政府间跨域公共事务合作治理中要健全对话协商机制，促进地方政府间对话与交流、谈判与协商，并相互考虑对方的合理诉求，构建地方政府间跨域公共事务治理合作伙伴关系。合作博弈则适用于地方政府间跨域公共事务合作治理伙伴关系建立后的阶段。尽管地方政府间在跨域公共事务治理上达成了合作共识和成为了合作伙伴，但这并不意味着每一个地方政府在跨域公共事务合作治理过程中都能够信守承诺、克己奉公，不排除一些地方政府违背承诺和追逐私利的可能，进而导致一些地方政府退出合作契约，甚至造成合作难以持续。因此，在地方政府间跨域公共事务合作治理中要完善合作规则和激励机制，确保地方政府间跨域公共事务合作治理的公平正义，这是保障合作行为稳定性和持续性的重要条件。

其三，博弈论为地方政府间跨域公共事务合作治理提供了明确的目标导向。博弈论把纳什均衡作为博弈的目标导向和最终结果。纳什均衡又称为非合作博弈均衡，是指在一个具体的博弈过程中，无论对方的策略选择如何，当事人一方都会选择某个确定的策略，该策略被称为支配性策略。如果任意一方参与者在其他所有参与者策略确定的情况下，其选择的策略是最优的，那么这个组合就被定义为纳什均衡。换句话说，如果在一个策略组合上，当所有其他人都不改变策略时，没有人会改变自己的策略，任何参与人单独改变策略都不会得到好处，则该策略组合就是一个纳什均衡。这为地方政府间跨域公共事务合作治理提供了努力的方向。地方政府间跨域公共事务合作治理是一个多主体参与博弈的过程，各地方政府在跨域公共事务治理上都有自己的利益诉求和策略选择。地方政府在跨域公共事务合作治理中的策略选择，既要能够发挥相互支撑作用，又要能够发挥相互制约作用。各地方政府在跨域公共事务合作治理中选择自身最优策略的同时，也要为其他地方政府优势策略选择铺桥搭路，或者地方政府在跨域公共事务合作治理的策略组合上要形成相互制约，迫使任何一个地方政府都无法单独改变合作策略，使其单方面任意改变合作策略的行为受到惩戒，最终确保地方政府间跨域公共事务合作治理达到均衡。总之，地方政府间跨域公共事务合作治理就是在推动各地方政府做出优势策略的基础上实现区域共同利益，这也是地方政府间跨域公共事务合作治理的目标所在和期望结果。

第三节　行政学理论

一　集体行动理论

1. 集体行动的困境

在集体行动理论产生之前，传统的利益集团理论认为，一个具有共同利益的群体，一定会为实现这个共同利益采取集体行动，即群体成员会为了维护群体利益协同合作并采取一致行动。正如单独的个人往往被认为是为他们个人的利益而行事，有共同利益的个人所组成的群体被认为是为他们共同的利益行事。[①] 自 20 世纪 60 年代公共选择理论兴起以来，主张用经济学分析方法来研究公共决策问题（集体行动问题），旨在将市场制度中的人类行为与政治制度中的政府行为纳入同一分析轨道，从而修正传统经济学把政治制

---

① ［美］曼瑟·奥尔森：《集体行动的逻辑》，陈郁等译，上海人民出版社1995年版，第1页。

度置于经济分析之外的理论缺陷。公共选择理论自产生以来就以"经济人"作为人行为选择的基本假定，没有个体理性的所谓公共利益是不存在的，集体行动中的个体也是追求自我利益最大化的。奥尔森运用经济学的个体理性假设来分析现实生活中的集体行动，他发现现实生活中的情况远非人们想象的那样，在一个具有共同利益的集体中，个体的行为选择并非总是考虑集体共同利益，而是每个个体往往从自身利益出发进行理性选择，结果是常常对集体共同利益造成损害，即个体的理性往往导致集体的非理性，这说明个体理性不是实现集体理性的充分条件。① 所谓理性是"假定单个经济单位在形成预期时使用了一切相关的、可获得的信息，并且能够对这些信息进行客观理智的整理"。由此可见，"经济人"的理性选择行为是在一定的约束条件下追求自身利益最大化。而集体理性是指某一个集体中的大部分成员在"共同理念"的指引下和"共同利益"的驱动下，通过谈判协商达成一致目标和采取共同行动以追求公共利益的最大化，而且集体行动的过程存在潜在的收益，集体利益实现的过程也是个体利益实现的过程，集体中的所有成员都能够共同分享集体行动所带来的收益。显然，在集体行动中只有当个体理性与集体理性保持一致时，才能实现集体共同利益的最大化，但这需要利益共同体中的每一个成员，都能够按照集体共同制定的规则采取统一的集体行动。②

但现实中在诸多需要由群体成员共同采取行动以实现集体利益的事务中，群体成员采取统一行动以实现集体利益的最大化还面临各种各样的困境。古希腊哲学家亚里士多德曾指出："凡是属于最多数人的公共事物常常是最少受人照顾的事物，人们关怀着自己的所有，而忽视公共事物；对于公共的一切，他至多只留心到其中对他个人多少有些相关的事物。"③ 按照奥尔森"集体行动逻辑理论"，人总是寻求追求自我利益最大化与成本最小化的

---

① ［美］曼瑟·奥尔森：《集体行动的逻辑》，陈郁等译，上海人民出版社 1995 年版，第 2—3 页。

② 陶希东：《中国跨界区域管理：理论与实践探索》，上海社会科学院出版社 2010 年版，第 77 页。

③ ［古希腊］亚里士多德：《政治学》，吴寿彭译，商务印书馆 1965 年版，第 48 页。

理性人，集体行动中的个体之所以难以达成共同的目标和采取共同的行动，主要原因在于理性的个体在实现集体目标和共同利益时往往具有"搭便车"的行为取向，有共同利益的个体所组成的集团并不意味着能够采取共同的行动增进那些共同利益。他认为在集体行动中，除非参与集体行动的人数很少，或者存在强制性的或者其他特殊手段迫使每一个人按照他们共同的利益行动，否则，寻求自我利益最大化的个人不会主动采取行动实现集体的共同利益。换句话说，即使一个集体中所有的个人都是有理性的和寻求自我利益的，他们采取的共同行动实现了他们共同的目标或利益后都能获益，他们依然不会主动自愿地采取行动以实现共同的或集体的利益。[①] 在奥尔森看来，集体共同利益同公共物品具有类似的属性，任何公共物品都具有供应的相连性与排他的不可能性两个特性。公共物品的这两个属性决定了集体成员在公共物品的供给和消费上都存在"搭便车"的动机，即使个人不为公共物品生产和供应分担任何成本，自己也能享受公共物品带来的收益，因为公共物品排他的不可能性难以将不承担成本的消费者排除在外。[②] 现实生活中的"事不关己、高高挂起""各人自扫门前雪、休管他人瓦上霜""两个和尚抬水吃、三个和尚没水吃"等都是集体行动困境的现实写照。

2. 集体行动的路径选择

在集体活动中，个体普遍存在利己主义倾向和"搭便车"动机，致使集体行动经常陷入困境，最终造成集体的共同目标难以达成和共同利益无法实现。那么，如何才能走出集体行动的困境，促进集体共同目标的达成和共同利益的实现呢？主要有以下几种路径可供选择。[③] 其一，独立型的第三方控制路径。美国学者霍布斯认为，如果采取先发制人的武力——非合作方式，永远无法走出集体行动的困境；如果想走出集体行动的困境，应采取一种优良和文明的第三方控制。这里所指的第三方包括国家、权威仲裁机构、个人、传统、习

① ［美］曼瑟尔·奥尔森：《集体行动的逻辑》，陈郁等译，上海人民出版社 1995 年版，第 2 页。
② 陈潭：《集体行动的困境：理论阐释与实证分析——非合作博弈下的公共管理危机及其克服》，《中国软科学》2003 年第 9 期。
③ 陈毅：《走出集体行动困境的四种路径》，《长白学刊》2007 年第 1 期。

俗和惯例等。尽管霍布斯主张并强调了依赖强制力在突破集体行动困境中的必要性，但这种强制力不是来自集体内部而是来自第三方。这一解决集体行动困境的方案是建立在第三方执行者具有完全理性的假设基础之上的，但人们对第三方是否能完全做到理性及这一解决集体行动困境的方案存在疑虑。其二，"私利即公益"的市场化路径。这是以亚当·斯密为代表的一大批古典自由经济主义学派提出的解决路径，他们基于对公共概念的理解，认为通过市场力量，只有个人利益的最大化才能极大地促进公共利益。个人选择的自主作用和自由化倾向不仅有利于个人利益的发展，而且还有利于公共物品与社会福利的增长。也就是说，只有国家使市场和经济自由更为便利，私人利益得到保证时，公共利益的保证才具备条件。但实际上市场并不能完全有效地引发公共与私人利益的汇集，也就是说，促进私人利益的发展并不能自发地实现公共利益。更为重要的是，单靠市场的力量并不能推动一个自发秩序的形成，"私利即公益"的市场化路径在解决集体行动困境时也存在"市场失灵"风险。其三，自治的自主治理路径。这是美国政治学家埃莉诺·奥斯特罗姆提出的解决路径，他认为"利维坦和私有化，都不是解决公共池塘资源的灵丹妙药"，① "人类社会大量的公共池塘资源问题在事实上不是依赖国家也不是通过市场来解决的，人类社会中的自我组织和自治，实际上是更为有效的管理公共事务的制度安排"。② 其四，网络与契约的社会资本路径。美国哈佛大学教授罗伯特·普特南从社会组织和契约关系中寻求旨在解决集体行动困境的社会资本路径。他主张将诚实、信任、互惠和责任等社会资本要素引入集体行动中，发挥社会资本要素对僵化的正式制度的修正，从而改善集体行动的内外部环境，作为一种蕴藏于社会网络关系和社会组织中的无形资产，社会资本可以带来有形的社会效益，从而走出集体行动的困境。

3. 集体行动理论对地方政府间跨域公共事务合作治理的启示

地方政府间跨域公共事务合作治理是一个典型的集体行动。集体行动理

---

① ［美］埃莉诺·奥斯特罗姆：《公共事物的治理之道》，余逊达等译，上海三联书店2000年版，第3页。

② 毛寿龙：《政治社会学》，中国社会科学出版社2001年版，第358页。

论不仅能够对跨域公共事务治理中地方政府的行为逻辑做出合理的解释，而且能够为地方政府间跨域公共事务合作治理走出集体行动的困境提供理论指导。在地方政府间跨域公共事务合作治理中，各相关地方政府在制定决策或采取行动时，都在不同程度上具有理性经济人属性，其行动目的存在追求地方利益最大化或使地方满足程度最大化的基本动机。于是，各地方政府在跨域公共事务合作治理中普遍存在着"搭便车"心态，每个地方政府都寄希望于他人来处理跨域公共事务或治理跨域公共问题，而自己可以分享相关治理成果或获取相关收益。地方政府间无序的利益博弈和利益冲突的紧张关系，致使地方政府间跨域公共事务合作治理这一集体行动陷入困境之中，正如美国大学教授 Richard C. Feiock 指出，当某一行政辖区政府做出的决策对其他辖区政府造成不良影响时，集体行动困境便会产生，即区域范围内各地方政府间彼此会产生分歧，导致合作行动无法实现。① 在跨域公共事务治理中集体行动困境分为三种，分别是水平合作困境、垂直合作困境以及功能性合作困境。当一项跨域公共事务具有较强的外部性特征时，区域内地方政府间常常会出现水平合作困境；而当一项政策目标需要不同层级政府合力共同实现时，地方政府作为本行政区域行政权力的行使者和行政责任的承担者，在将成本利益理性算计后往往会存在垂直合作困境；功能性合作困境指的是政府主体特定功能的分裂和政策领域的重重阻碍。地方政府间跨域公共事务合作治理的集体行动困境，最终往往造成跨域公共服务或公共产品供给短缺、跨域公共资源利用无度、跨域公共危机治理不力、跨域公共政策执行失范等不良后果。由于各自行政单元利益的驱动，谋取跨界区域利益最大化的集体行动更加困难，矛盾更加突出，公共资源悲剧的情节更加严重。

地方政府间跨域公共事务合作治理，实质上就是选择什么样的制度方案，有效防治单个成员地方政府自发的自利行为，从而造成对整个区域内集体不利甚至极其有害的结果，即处理个体理性选择与集体非理性选择之间的

---

① Richard C. Feiock, "The Institutional Collective Action Framework", *The Policy Studies Journal*, Vol. 41, No. 3, 2013, pp. 397-425.

关系，也就是说，如何实现个体理性与集体理性的统一，从而实现区域整体利益的最大化。针对奥尔森提出的集体行动困境，不同的学者从不同的角度提出了走出集体行动困境的路径，如林毅夫指出，集体行动的人数越少时集体行动的目标越容易实现，因为集体行动规模越小，成员之间的关系更加密切和目标差异越小;[①] 美国政治学家阿克塞尔罗德提出通过增强长期的、未来的激励对人们的影响，对背叛者的惩戒、关心他人利益、识别合作意义、增进合作技巧等措施来激励人们长期合作;[②] 制度主义则强调制度建设对促进人们建立共同认知、培养共同愿景，形成共同价值的重要意义，强调通过选择性激励制度的建设来激发人们在共同行动中的合作意识和增进合作行为;社会资本理论则主张通过塑造共同的文化和价值体系，在地方政府间合作治理中形成正式规范和非正式规范，不断维系与发展互惠互利的良好的合作关系。集体行动理论为我们正确认识地方政府间跨域公共事务合作治理及如何走出这一集体行动困境提供了方向性指导思路。

二　整体性治理理论

1. 整体性治理理论的缘起

整体性治理作为一种解决复杂性社会问题的新型治理范式，是对传统公共行政和新公共管理运动为政府治理带来的分裂化和"碎片化"等结构性困境的反思与超越。长期以来，政府间的"碎片化"是困扰政府整体效能发挥和影响政府整体治理绩效的一个重要性体制问题。以威尔逊的政治与行政二分法、韦伯的官僚制为基石的传统公共行政强调政府间的层级节制及部门间的职责分工，忽视了协调与合作，同时对效率的过分追求却忽视了价值的规范，致使传统公共行政在实践过程中墨守成规、体制僵化、组织体系松散以及忽视公共利益等，导致政府间缺乏协调，本位主义盛行。政府间组织关系

---

① 林毅夫:《自力更生、经济转型与新古典经济学的反思》,《经济研究》2002 年第 12 期。

② [美]罗伯特·阿克塞尔罗德:《合作的进化》,吴坚忠译,上海人民出版社 2007 年版,第 36 页。

呈现"碎片化"状态，"韦伯式问题"实则导向碎裂化问题。① 新公共管理运动是对传统公共行政的反思与革新，主张采取私人部门先进的技术、管理方法和经验，将市场竞争机制引入公共部门，试图打破传统公共行政组织体制僵化、机构臃肿、人浮于事、缺乏竞争等导致行政效率低下的弊端。然而，以市场竞争和管理主义为革新理念的新公共管理运动，在改革实践中往往不自觉地受制于短期市场价值与经营绩效而全然不知，忽视了公共部门和私人部门的差异。其采取的竞争性、分权化、分散化等改革措施，在某种程度上进一步加剧了政府间"碎片化"状况，造成政府组织间及部门间的"碎片化"问题，导致公共行政的公共性的流失。这种对市场效率和竞争的过分盲崇，忽视了公私领域的差异和界限，引发了一系列协调与整合难题，"竞争性政府"的打造使政府组织反而更趋向于功能分化与专业分工，并有不断加剧组织功能裂解的治理趋势。

虽然传统公共行政以专业分工、功能分割为特征，新公共管理以市场竞争、管理主义为特征的政府"碎片化"治理，曾迎合了工业化时代效率至上的价值追求，且在实践中取得了一定的成效。但其共同的缺陷恰恰是未能将政府间的"碎片化"诊断为政府的主要弊病，因而在治理实践中也导致了诸多流弊的产生。人类社会步入后工业化和信息化社会之后，伴随着全球化、区域化、工业化和信息化的发展，社会公共事务变得纷繁复杂和多种多样，我们进入一个高度复杂和高度不确定的风险社会。传统公共行政层级节制、职责分工的科层式治理和新公共管理分权化、分散化的竞争性治理，造成政府间缺乏深入的沟通与交流、有效的协调与合作，导致政府在管理实践中出现诸多"碎片化"问题，无法有效应对与解决后工业化和信息化社会出现的一系列棘手性社会问题。经济学影响下的个体主义思维日渐式微，人们更加注重社会治理中多元主体之间的合作，强调加强政府之间、部门之间的协调与合作来避免政策目标冲突、行动过程不统一等导致的行政效率低下的问题，强调通过资源整合来提升政府整体治理能力，汲取了社会资本理论、组

---

① 韩保中：《全观型治理之研究》，《公共行政学报》2009 年第 31 期。

织网络理论及多中心治理理论等合作精髓的整体主义思维得到了复兴。世界银行在 1989 年首次提出"治理"一词，标志着一种新型政府治理方式变革开启。在行政环境内外部各种因素的共同作用下，一场政府治理方式变革运动在西方发达国家逐渐拉开帷幕，这场治理方式的变革旨在解决政府组织体系松散、功能裂解、管理分割等"碎片化"问题。不同的国家对此次治理方式的变革冠以不同的名称，美国称其为协作性管理、网络化治理，英国称其为协同型政府，澳大利亚则称其为整体性政府，而英国学者佩里·希克斯最早将其称为整体性治理或整体性政府。

2. 整体性治理理论的核心内容

整体性治理（Holistic Governance）作为一种解决社会棘手性问题的治理方式，主要是针对政府管理实践过程中日益严重的"碎片化"状况，整体主义的对立面是"碎片化"。因而，整体性治理"并不是一组协调一致的理念和方法，最好把它看成一个伞概念，是希望解决公共部门和公共服务中日益严重的'碎片化'问题以及加强协调的一系列相关措施"。① 整体性治理理论的主要内容包括以下三个方面。

其一，整体理念。在传统公共行政"内向性"和新公共管理"竞争性"理念的影响下，地方政府认为自己是独立的利益主体，视辖区地方利益的表达、维护和实现为根本，在社会管理中强调地方利益、遵从本位主义，忽视整体利益、缺乏合作理念，从而造成地方政府管理实践中价值理念的"碎片化"。与传统公共行政和新公共管理影响下，地方政府追求自我利益的价值理念不同，"整体性治理以整体价值作为基本的价值追求，强调政府整体效果的最优和公共利益的整体最佳"。② 整体性治理在治理理念上以公共利益为导向，以追求责任感为归属，将公共利益而非政府及部门利益作为社会公共问题治理的首要选项，强调对社会公众负责。正如整体性治理理论的提出者

---

① ［挪］Tom Christensen 等：《后新公共管理改革——作为一种新趋势的整体政府》，《中国行政管理》2006 年第 9 期。

② 王佃利、吕俊平：《整体性政府与大部门体制：行政改革的理念辨析》，《中国行政管理》2010 年第 1 期。

希克斯反复强调的，责任是由诚实、效率和有效性三方共同构成的，并可以从管理层次、法律层次和宪法层次来寻求责任的实现。① 通过整体性价值理念及责任的确立为高度复杂且高度分散的治理机构和治理层次寻求共同的目标，在肯定效率的同时，强调更加关注社会公平与正义。同时，整体性治理在价值理念的实现上，不仅重视工具理性，而且更加关注价值理性，认为只有工具理性和价值理性二者的有效结合，才能使政府职能重新回归社会服务，为社会提供低成本和高质量的公共服务。

其二，协调机制。传统公共行政强调以分工和专业化为指导，其目的是满足工业革命时期经济社会发展对政府效率的要求。可以说，适度的分工和专业化有利于提高政府工作效率，但随着政府内外部分工越来越细化，产生了部门林立、机构臃肿、职责交叉，政府协调成本、社会交易费用增加等弊端，反而降低了行政效率、增加了行政成本。于是新公共管理将竞争机制引入政府管理中，试图通过加强政府之间、部门及机构之间的竞争来提高行政效率、降低行政成本。但竞争性治理在实践中导致了地方主义、本位主义，造成整体效能低下和无人对整体负责。因而，无论是传统公共行政的分割治理，还是新公共管理的竞争治理，都不可避免地带来组织协调问题。可以说，人类社会自从出现分工以后，协调一直是人们关注的问题，也是公共行政领域中永恒的研究主题。整体性治理理论涵盖的"协调是指在认知、信息和决策方面相互介入和参与的必要性，并非定义不准确的行动"。整体性治理所倡导的协调是对人类社会发展过程中协调一词内涵的深化与发展，包含了极其丰富的内容，不仅倡导政府组织内部部门、机构之间的协调，而且倡导政府组织之间、政府组织与外部环境之间的协调。就内容而言，包括价值协同、政策协同、利益协调、资源共享以及诱导与动员协调。整体性治理所提倡的各种协调机制的功能与作用的发挥，能够有效化解政府间矛盾、缓解政府间冲突，在行动者当中塑造和强化一个共同目标，协商制定一个共同方

---

① Perri 6 et al., *Towards Holistic Governance: The New Reform Agenda*, New York: Palgrave, 2002, p.128.

案，以增强集体行动的能力，最终达到协同增效的目的。

其三，组织整合。无论是传统公共行政的分工治理，还是新公共管理的竞争治理，其共同的弊端是造成政府组织结构的"碎片化"。政府组织结构的"碎片化"造成政府业务流程破碎、组织功能僵化和资源难以共享，导致政府本位主义和部门主义盛行，社会服务意识薄弱和整体治理效能低下。整体性治理针对政府管理实践中存在的"碎片化"问题，主张通过对政府组织内部相互独立的各个部门、机构及各种行政资源要素的整合，政府与社会、市场的整合来实现公共治理的目标。整合作为整体性治理的核心内涵，就政府自身而言，其内容包括组织结构、权力、资源、服务等方面的整合。组织结构整合包括纵向和横向两个层面，纵向整合主要是在政府上下级之间进行，横向整合主要是在政府部门及机构之间进行，通过纵横向的整合实现组织结构由金字塔型的等级结构向网络状的组织结构转变；权力整合是以问题为导向，围绕问题对分散于政府之间、部门之间以及机构之间的权力进行整合，解决政府管理实践中权力分散带来的权责冲突问题，权力整合要通过政府职能的调整、转变与合并来进行；资源整合是对分散于政府、部门、机构之间的各种资源要素进行有效整合，形成跨组织和跨部门的以资源交换共享为特征的运行机制；服务整合就是通过对服务内容和服务提供途径的整合，为社会公众提供便捷、高效、一体化的服务，形成高效运行的政府一体化服务体系。总之，整体性治理的整合就是通过对政府结构、权力及资源要素等方面的整合，打破政府及部门之间相互封锁、各自为政的局面，实现跨地区、跨层次、跨部门的网络化协同和无缝隙衔接，从而提高政府整体性治理水平和治理能力。

3. 整体性治理理论对地方政府间跨域公共事务合作治理的启示

整体性治理作为一种政府治理模式的转型升级，是对传统公共行政"封闭性"治理和新公共管理"竞争性"治理实践过程中，造成严重"碎片化"问题的一种战略回应，是传统合作论和整体主义思维方式的一种复兴，[1]

---

① 高建华：《区域公共管理视域下的整体性治理：跨界治理的一个分析框架》，《中国行政管理》2010 年第 11 期。

被视为"后公共管理"时代政府改革的趋势。其价值在于针对政府管理实践中分割化和"碎片化"问题，提出通过整合和协调等手段架构起新的政府运作机制与治理模式予以应对，这种以整合和协调为核心的治理方式为地方政府间跨域公共事务合作治理提供了重要启示。

首先，地方政府间跨域公共事务合作治理需要建构整体思维。整体性治理在某种意义上是对传统公共行政和新公共管理的反思与重构，是由个体主义思维转向整体主义思维的蜕变过程，也是对政府管理实践中"碎片化"问题的有力回应。作为公共治理客体的社会公共事务，随着人类社会的发展经历了一个由少到多、由简单到复杂的演变过程。可以说在传统的农业社会，甚至工业社会环境下，社会公共事务不仅数量少，而且性质相对简单，地方政府传统的基于行政区划的内向性、封闭性和竞争性的个体主义治理思维，能够相对效率较高地处理本行政辖区内部的公共事务。但人类社会步入后工业社会和信息化时代之后，随着全球化、区域化、市场化和信息化的发展，人类面临的社会公共事务不仅数量急剧增长，而且性质复杂多变，大量跨越行政区划边界和超越行政组织功能界限的跨域性公共事务涌现。跨域公共事务将所在区域内的地方政府紧密地联系在一起，成为一个利益共同体和命运共同体。由于公共事务的性质发生了变化，因而公共事务治理的思维也要转变，这就意味着地方政府在跨域公共事务治理上要转变思维，由个体主义思维转向整体主义思维，运用整体主义思维认识和思考跨域公共事务治理。

其次，地方政府间跨域公共事务合作治理需要树立共同理念。整体性治理以整体价值作为基本的价值追求，强调政府整体效果的最优和公共利益的整体最佳，将处理社会公共事务和满足社会公众需求作为核心任务，主张通过建立政府纵横向协调的运行机制，综合运用现代管理方法和技术，构建协调一致、便捷高效的政府管理模式，更好地履行社会管理职能和公共服务职能，为社会公众提供无缝隙而非分离的整体性服务，从而提高政府的整体治理效能和实现社会公共利益的最大化。然而，地方政府在传统公共行政"内向性"和新公共管理"竞争性"理念的影响下，认为地方政府是独立的利益主体，视辖区地方利益的表达、维护和实现为根本。各地方政府在跨域公共事务合作治理中强调地方利益、遵从本位主义，忽视整体利益、缺乏合作理念，从而造成地方政府间跨域公共事务合作治理中价值理念的"碎片化"，进而导致政策的相互冲突和行动的各自为政，难以提高政府整体性治理效能和实现社会公共利益最大化。因而，地方政府在跨域公共事务合作治理中必须摒弃"内向性行政"和"竞争性行政"理念，跳出行政区划的圈子、破除利益导向的竞争思维，以政府整体治理效能和社会公共利益为价值导向，在对话与协商的过程中彼此调适自己的观点和立场、消弭差距和对立，确立以"共生共存、合作共赢"的聚合性共同体发展为目标的价值定位和治理理念。

最后，地方政府间跨域公共事务合作治理需要完善协调机制。整体性治理的核心思想是通过整合和协调机制的建立来解决地方政府管理中的"碎片化"问题，这一思想同样适用于地方政府间跨域公共事务的合作治理。其一，协调机制是地方政府间跨域公共事务合作治理的有效手段。要实现跨域公共事务的有效治理，就必须打破地方政府间的行政封锁和行政壁垒，通过协调机制化解地方政府间跨域公共事务合作治理中的矛盾与冲突，使地方政府达成一致目标和共同愿景，实现跨域公共事务治理的协调统一。其二，整合机制是地方政府间跨域公共事务合作治理的技术路径。跨域公共事务成因的复杂性和治理的高难度，地方政府间治理能力和资源禀赋的差异，需要整合地方政府拥有的各种资源要素，解决跨域公共事务治理中资源要素投入的"碎片化"问题。增强跨域公共事务治理资源的协同与聚合效应，就成为提高跨域公共事务治理效能的有效技术路径。其三，信任机制是地方政府间跨域公共事务合作治理的潜在动力。信任是一种心理预期，即对暂时无法确定的或不知行为者的行动条件下，选择相信该行动者可能的未来行动。信任是协同合作的支撑点，它使合作者之间产生安全感。作为一种社会资本，在跨域公共事务治理中构建地方政府间信任机制是非常必要和十分关键的，它能够促进地方政府间跨域公共事务合作治理的稳定性和持续性。

第三章　地方政府间跨域公共事务合作治理的生成逻辑

政府治理形态由于受特定的政治、经济、社会、文化、科技等行政生态因素的影响，政府管理社会公共事务的方式和解决社会公共问题的方式迥然有别，由此生成前后各异的政府治理形态或模式。政府治理形态或模式变迁的目的在于开创符合时代发展所需的公平、效率和效能的治理模式，从而促进经济社会不断向前发展。在当下全球化、区域化、市场化、信息化等复杂行政生态环境下，随着大量跨域公共事务的不断涌现和跨域公共问题的频繁发生及其影响的不断扩散，地方政府间合作已经成为一种崭新的社会公共事务治理新形态。作为社会公共事务治理的关键主体，地方政府缘何要在跨域公共事务治理中加强合作，探寻地方政府间跨域公共事务合作治理的生成逻辑，对提高地方政府间跨域公共事务合作治理认识，推动地方政府间跨域公共事务合作治理就显得尤为重要。

第一节　地方政府间跨域公共事务合作治理的机理

一　突破行政分割困境的客观要求

地方政府间行政分割的困境源于行政区划的刚性约束。行政区划是一个与行政区密切相关的概念，是行政区存在的基本前提。自人类社会有了国家和政府以来，就有了基于领土面积、自然环境、历史传统、军事防御、经济发展、文化状态、民族构成、人口分布、国家发展等诸多要素，将国家领土面积进行合理的分区分级的行政区域划分。行政区域划分是国家的一种有意识行为，是主权国家根据政治、经济和社会发展需要，为了加强国家政权建设和提高政府管理效能，对其领土进行分区分级划分的一种制度性安排活动。行政区域不仅仅具有自然地理空间范围之含义，更重要的是一个政治、经济、社会和文化的综合体。行政区域一般相对稳定且具有明确的界限，一经划定便具有权威性的法律地位。主权国家按照行政区域划分设置各级地方政府并明确其管辖地域范围，各级地方政府则负责管理本行政区域范围内的公共事务，由此出现了地方政府以行政区划为刚性约束的行政区行政活动。行政区域具有法定的行政界限和明确的行政空间，是地方政府开展行政活动的载体和依托。从人类社会发展的历史来看，行政区域的划分作为一种国家行为和政府管理活动并不是从来就有的事情，"行政区划是生产力发展到一定阶段的产物，是随着地缘关系逐渐取代血缘关系而产生的一种上层建筑。也就是说，行政区划是在国家出现以后，由国家对所属臣民不再按血缘关系，而是按地缘关系进行分区分级的统治与管理形成的一种国家制度"。① 由此可见，人类社会自从有了行政区域划分就有了依据行政区划刚性约束的行政活动。从世界各国政府的行政实践来看，行政区行政一直以来是政府进行统治和管理的一种重要治理形态或模式。国家要实现有效的统治和管理，就必须依据行政区域划分设置一定数量的地域性政府来履行直接的治理职责。"从雅典民主共和国的自治区和古埃及村社组成的州到今天丰富多彩的行政区类型，行政区划无论其外表还是内涵都已发生了巨大的变化，但按地区分级划分其国民这一本质特性始终没变。"②

　　中国现行的行政管理体制就是以行政区划为依据并按照科层制的纵向层级节制与横向职责分工建立起来的行政区行政管理体制，其最显著的特征就是各级地方政府的职责权限被限定在所在的行政区域边界内。各级地方政府在社会公共事务管理上实行的是以行政区划为主的管理体制，这导致地方政

---

① 刘君德：《中国行政区划的理论与实践》，华东师范大学出版社1996年版，第54页。
② 刘君德等：《中外行政区划比较研究》，华东师范大学出版社2002年版，第15页。

府在社会公共事务治理上实行行政区行政。所谓"行政区行政",主要是指一个国家内部的地方政府基于行政区划约束对社会公共事务进行管理,① 也即在社会公共事务治理上奉行以行政区划为原则的属地治理。从政府治理的社会背景来看,行政区行政是一种与农业社会和工业社会相适应的政府管理模式,适应了农业社会和工业社会对政府管理的基本诉求,是封闭社会和自发秩序的产物。由于在传统的相对封闭的农业社会甚或工业社会背景下,社会公共事务相对简单和社会公共问题并不复杂,大多数社会公共问题和大部分社会公共事务产生于单位行政辖区内部,地方政府基于行政区划的行政区行政或属地治理,就能够有效地处理各自行政辖区范围内的社会公共事务、解决社会公共问题,因而无须寻求其他政府或社会主体的协同与合作。地方政府在社会公共事务治理上以行政区划为原则的行政区行政,通过单位行政区域范围的划分使地方政府间在社会公共事务治理上的职责权限较为清晰,使得各级地方政府对各自行政辖区范围内的社会公共事务担当主要的管理角色和发挥强势的管理作用,对处理地方政府行政辖区范围内的社会公共事务通常是可行的,可以提高地方政府本辖区社会公共事务治理效率。但是这种以行政区划为依据的行政方式或政府治理模式,人为地切割了政府治理空间和限定了政府行政权力边界,地方政府权力所及的社会公共事务通常是其行政管辖范围内的社会公共事务。也就是说,地方政府权力行使的法律效力范围和承担责任的空间范围仅仅限于单位行政辖区内部,对其他无行政隶属关系的行政区内部的社会公共事务或者行政区与行政区之间的社会公共事务无权干涉,也无须承担过多的责任。这种行政区行政或属地治理模式,具有"内向性行政"和"封闭性行政"的特点,"内向性行政"和"封闭性行政"从根本上讲就是"画地为牢"和"各自为政",导致地方政府的注意力主要集中于行政辖区内部的社会公共事务上,甚少关注乃至忽视了行政辖区之间的社会公共事务或跨域性公共事务。

---

① 杨爱平、陈瑞莲:《从"行政区行政行政"到"区域公共管理"——政府治理形态嬗变的一种比较分析》,《江西社会科学》2004 年第 11 期。

人类社会步入后工业社会和信息化社会之后，随着全球化、市场化、区域化和信息化的发展，传统单位行政辖区范围内的大量社会公共问题开始向毗邻区域"外溢"和"渗透"的现象已经呈现出迅速蔓延的趋势，原来属于某一行政辖区内部的社会公共事务已经"无界化"和"跨域化"的态势愈加明显。大量跨域公共问题的频繁发生和人们对跨域公共服务需求的不断增强，已大大超出了地方政府传统的以行政区划为边界的单边行政能力的域限，而且跨域公共事务的公共性和外部性模糊了地方政府间的权责边界，超出了各级地方政府行政管辖权的范围。地方政府间以行政区划为原则的自我封闭和相互分离的行政区行政或属地治理模式，越来越难以适应后工业化和信息化社会高度复杂性与高度不确定性的社会环境特点，也无法有效应对跨域公共事务及对公众的需求做出快速、及时的反应。① 正如皮埃尔·卡蓝默等所说："眼下的治理与科学生产体系一样，基于分割、隔离、区别。职权要分隔，每一级的治理都以排他的方式行使其职权。领域要分割，每个领域都由一个部门机构负责。行动者分割，每个人，特别是公共行政者，都有自身的责任领域。对明晰的追求，出发点是好的，即需要区分权力、明确责任，但当问题相互关联时，当任何问题都不能脱离其他问题而被单独处理时，这种明晰就成了效率的障碍。"②因而，地方政府对社会公共事务进行治理时应充分考虑社会公共事务的性质，视具体的行政生态环境情况选择恰当的治理方式，而不是简单机械地照搬原有的治理方式。地方政府以行政区划为原则的行政区行政或属地治理模式是农业社会和工业社会的一种政府治理形态，只适合于行政辖区范围内的社会公共事务，或者说对治理行政辖区范围内的社会公共事务是有效的。但跨域公共事务是人类社会进入后工业社会和信息化社会后开始大量涌现出来的新问题，它突破了行政区划界限、超越了单个地方政府的管理权限。在这种复杂的行政生态环境下，如果地方政府在跨域公共事务治理上仍然沿用以行政区划为原则的行政区行政或采取以职

<hr/>

① 谭海波、蔡立辉：《论"碎片化"政府管理模式及其改革路径》，《社会科学》2010年第8期。
② ［法］皮埃尔·卡蓝默等：《破碎的民主：试论治理的革命》，高凌瀚译，生活·读书·新知三联书店2005年版，第10页。

责分工、各司其职等为特征的属地治理模式，其结果只能是这种"分割型"与"封闭型"的行政区行政模式与跨域公共事务的"衍生与扩散机理错配"，① 最终导致跨域公共事务治理的时常失灵和"公用地悲剧"的频繁发生。显然，地方政府以行政区划为依据的行政区行政或属地治理模式，无法适应跨域公共事务基本性质，难以实现跨域公共事务治理目标，甚至是引发和加剧跨域公共问题的重要诱因。跨域公共事务治理要充分考虑跨域公共事务的系统性、复杂性和整体性等特性，突破行政分割困境、打破属地治理原则，加强地方政府在跨域公共事务治理上的协同合作，这是有效治理跨域公共事务的重要途径。

二 应对治理负外部性的必然选择

从经济学的角度来看，外部性的概念是由经济学家马歇尔和庇古在 20世纪初提出的，外部性理论是经济学术语。外部性也称作外部影响、溢出效应或外部经济、外部效应，指一个人或一群人的决策和行动使另外一个人或一群人受损或受益的情况。经济外部性是指一个经济主体的行为对另一个经济主体的福利所产生的效果，而这种效果并没有从货币或市场交易中反映出来，是一种经济力量对另一种经济力量的非市场性影响。② 换句话说，外部性是指生产某一产品和消费某一产品使该产品的生产者和消费者之外的第三者意外得益或受损。外部性可分为正外部性和负外部性：正外部性是指某一主体的经济活动或行为给其他社会成员带来的好处，他自己却得不到相应的补偿；负外部性也称外部不经济，指的是某一主体的经济活动或行为使其他社会成员受损，他自己却没有承担相应的成本。外部性概念的界定问题仍然是一个难题，一些经济学家把外部性概念看作经济学中最难捉摸的概念之一。外部性问题不仅广泛存在于经济及社会各个领域，而且外部性问题已经不再局限于企业与企业之间、生产者与消费者之间的纠纷，而是扩展到了政

---

① 施从美、沈承诚：《区域生态治理中的府际关系研究》，广东人民出版社 2011 年版，第 74 页。

② [美] 保罗·萨缪尔森、[美] 威廉·诺德豪斯：《经济学》，萧琛主译，人民邮电出版社 2008 年版。

府之间、地区之间、国家之间的大问题，即外部性的空间范围在不断扩大及
其影响日益加深，如气候变暖、生态破坏、资源枯竭、环境污染等问题，都
已经威胁到所在问题区域当前及今后经济社会的可持续发展。经济领域的外
部性问题会影响市场对资源要素的优化配置，导致市场机制失灵；社会领域
的外部性问题会影响社会各主体对公共事务的有效治理，导致社会公共事务
治理失败。当外部效应出现时，一般无法通过市场机制的自发调节作用以达
到社会资源的有效配置和社会公共事务的有效治理目标。外部效应既然无法
通过市场机制解决，政府就应负起这个责任。政府可以通过补贴、直接由公
共部门生产来推进外部正效应的产出，或者通过直接管制来限制外部负效应
的产出，或采取各种协调方式使负外部效应内部化。

　　跨域公共事务因其具有显著的"跨界"特征，其治理具有较强的外部
性。跨域公共事务治理的外部性表现为跨行政区的外部性。所谓跨行政区外
部性，一般是指某一行政区政府对跨域公共资源的开发利用或投入各种资源
提供跨域公共产品（服务），不仅对本行政辖区产生直接的影响，而且产生
的后果由区域内的其他地方政府和民众共同承担或分享。无论是跨域性公共
产品，还是跨域性公共服务，其消费一般都会溢出某一行政辖区的界限，与
此毗邻的其他行政辖区也会因此受益或受损，或者说整个区域都会受益或受
损。跨域公共事务治理的外部性也可以分为正外部性和负外部性两个方面：
正外部性是指区域内的某一地方政府投入各种资源治理跨域公共事务或提供
跨域公共产品（服务）所带来的收益，区域内其他地方政府和民众以一种非
排他性的方式共享，如跨界道路桥梁建设，当某一地区的政府投资建设一条
跨越另一地区的道路桥梁时，该地区政府花费了大量的人力、物力和财力等
资源，换来了交通及出行的便利，其他地区的政府无形当中均能分享该道路
桥梁带来的收益，却不用为之付费；其负外部性是指区域内某一地方政府对
跨域公共资源的过度开发使用，引发跨域公共问题所带来的损害，导致区域
内其他地方政府和民众的利益受损，如流域水资源开发利用，当上游某一地
区过度使用流域水资源或将废水排放于该流域，则会引发流域周边及下游地
区水资源短缺及水质下降，进而给周边及下游地区人民群众的生产生活造成

损失，但上游地区并不能给周边及下游地区给予过多补偿。由于跨域公共事务治理具有外部性问题，往往造成地方政府在跨域公共事务治理中成本与收益的非对称性，使得治理跨域公共事务的地方政府难以排除其他地方政府坐享其治理跨域公共事务所带来的收益，而开发利用跨域公共资源的地方政府对其破坏跨域公共资源的行为并不承担大部分成本。这样就加剧了地方政府在跨域公共事务治理上的自利性，缺乏提供跨域公共服务和治理跨域公共问题的动机。各个地方政府作为理性"经济人"，在跨域公共事务治理上为了获取更多的收益和付出更少的成本，往往容易出现"搭便车"行为，难以形成理性集体行动，导致跨域公共产品（服务）供给不足和跨域公共问题得不到有效解决，最终酿成跨域公共事务治理的"公用地悲剧"。

跨域公共事务治理具有较强的外部性，这容易导致各地方政府在跨域公共事务治理上出现机会主义和"搭便车"行为，以及由此引发的"过度使用""拥挤效应""公用地悲剧"等跨域性公共问题。这些公共问题通常表现为各式各样的潜在的跨域性公共危机，只有借助适合的"气候"条件才会演化成为现实的跨域性公共问题。而这一适合的"气候"条件往往是，各个地方政府对各自开发使用跨域公共资源所产生的负外部性，采取放松管理、任其扩散等地方保护主义的策略选择，或各地方政府对跨域公共事务采取视而不见、坐视不管的无为治理策略。由于跨域公共事务治理议题超出了任何单一行政辖区政府的管辖范围、跨域公共事务治理收益与治理成本的非对称性，各地方政府在跨域公共事务治理上往往采取地方保护主义策略、选择机会主义行为，都试图控制自己在跨域公共事务治理上的"溢出效应"。对于自身开发利用跨域公共资源所产生的负外部性力求外在化，而对自身治理跨域公共事务所产生的正外部性则力求内在化。把一切治理跨域公共事务对其他地方政府有利的行为，即使是治理跨域公共事务对自己有利的行为也宁愿选择不做。可见，地方政府在跨域公共事务治理上"各自为政、画地为牢"的治理方式，使得地方政府间在跨域公共事务治理上难以实现有效合作，非但不能有效解决跨域公共事务治理的负外部性问题，相反还是跨域公共事务治理负外部性生成及扩散的重要原因。事实上，地方政府在跨域公共事务治理上是一种"一荣俱荣、一损俱损"的利益和命运共同体，任何一个地方政府所采取的政策和行动都会对其他地区产生影响，区域内地方政府间需要在全面协商和深度沟通的基础上推进跨域公共事务合作治理。地方政府间跨域公共事务合作治理能够通过治理成本收益内在化的办法解决负外部性难题，因为在合作治理中每一个地方政府不仅能够分享跨域公共事务治理所带来的收益，而且需要承担自己在跨域公共事务治理策略上制定不善所造成的损失。因而，努力减少跨域公共事务治理的负外部性，就成为地方政府在跨域公共事务合作治理中的理性选择。

三　增进地方共同利益的重要举措

跨域公共事务属于一种特殊的公共物品。根据萨缪尔森对公共物品的经典定义，公共物品是指能为绝大多数人共同消费或享用的产品或服务。公共物品具有消费或使用上的非竞争性和受益上的非排他性两个基本特征：非竞争性是指一部分人对某一产品的消费或服务的享用不会影响另外一些人对该产品的消费或服务的享用，一些人从这一产品或服务中受益不会影响其他人从这一产品或服务中受益，受益对象之间不存在明显的利益冲突；非排他性是指某一产品或服务在消费过程中所产生的利益不能为某个人或某些人所专有，要将一些人排斥在产品的消费或服务的享用过程之外，不让他们消费该产品或享受该服务是不可能的或者需要较高的成本才能将他们排除在外。传统的公共物品生产和供给大都是以行政区划为原则，由某一行政辖区的政府承担主要责任，而随着地区之间交往的日益频繁和联系的日益密切，公共物品的需求和供给都已经呈现出范围不断扩大和跨越边界的特征，一些公共物品逐渐突破自然地理边界、跨域行政区划界限，超越行政组织权限。作为一种特殊的公共物品，跨域性的存在是跨域公共事务区别于传统公共事务（公共物品）的本质特征。这使得跨域公共事务除了具有传统公共物品的非排他性和非竞争性两个基本特征之外，还具有体现自身跨域特征的供给主体的复杂性、外部效应的溢出性、空间范围的关联性、地理环境的依赖性、生产供给的合作性等典型特点。跨域公共事务的非排他性、非竞争性、整体性、外部性、公共性等特征，决定了地方政府传统的以行政区划为原则的公共物品生产与供给的属地治理方式，已经难以满足人民群众对跨域性公共物品日益增长的需求或对跨域性公共事务有效治理的要求，急需我们在实践中探索一种更为适合的跨域性公共物品的供给与治理模式，以此来满足人们对跨域性公共物品日益增长的需求，增进人们在跨域性公共事务治理上的共同利益。

但回到跨域公共事务治理的实践中，我们常常面临地方政府属地管理责任与跨域公共事务整体性的矛盾。跨域公共事务的整体性、公共性、外部性等特征，要求区域内的地方政府在跨域公共事务治理中有所作为。作为公共利益代表者与回应者的各级地方政府，在跨域公共事务治理上如何促进公共利益的最大化，让区域内的各地方政府和人民群众共同享有跨域公共事务治理所带来的福祉，实现跨域公共事务治理整体利益最大化，这应该是地方政府在跨域公共事务治理上所追求的终极目标。然而，传统以行政区划为原则的公共事务治理，强调以行政区域为基本单位、以属地治理为基本治理方式，是一种职责分工、业务分割、功能分化的"碎片化"政府公共事务管理模式。地方政府这种传统的以行政区划为原则的公共事务属地治理模式，在跨域公共事务治理上，由于行政管辖区域与跨域公共事务范围并不兼容，地方政府只能着眼于本行政辖区的公共事务治理手段，无法有效应对整体性的跨域公共事务治理问题，也难以实现跨域公共事务治理共同利益的最大化。作为经济理性与公共理性矛盾统一体的地方政府，[①] 在跨域公共事务治理上是一个复杂的利益综合体。各地方政府在跨域公共事务治理上不仅要考虑跨域公共事务治理对区域共同利益的影响，还要考虑跨域公共事务治理对地方自身利益的影响，区域共同利益与地方自身利益在跨域公共事务治理中时常发生碰撞与冲突。跨域公共事务行政管理体制的分割，不仅造成地方政府在跨域公共事务治理上整体利益的分割，致使地方政府在跨域公共事务治理价值取向上，往往以追求本辖区地方利益最大化为主要价值诉求，缺乏对跨域

---

① 汪伟全：《地方政府竞争秩序的治理：基于消极竞争行为的研究》，上海人民出版社 2009 年版，第 83 页。

公共事务治理共同利益的安排；而且造成跨域公共事务治理行政规制的断裂，难以对地方政府在跨域公共事务治理上不顾共同利益而追求地方利益最大化的行为进行约束。行政规制的断裂使地方政府在跨域公共事务治理中以共同利益为立足点和评判标志的公共理性难以实现，区域整体利益的切割使地方政府在跨域公共事务治理中追求地方利益的经济理性更加显著。再加上在"预算外收入"财政压力和"晋升锦标赛"激励模式的影响下，① 作为理性"经济人"的地方政府在跨域公共事务治理中往往重点考虑地方利益的得失，而对区域共同利益不甚关注。作为跨域公共事务治理相关利益者的地方政府，在缺乏共同规则与共同利益的情况下，在跨域公共事务治理中竞相追求地方利益最大化的行为，并不必然带来跨域公共事务治理共同利益的最大化；相反，追求地方利益最大化的行为，往往导致跨域公共事务治理共同利益无法实现。

从跨域性公共物品的角度来看，跨域公共事务的整体性和治理效益的公共性，使相关利益群体在跨域公共事务治理上是"利益共同体"和"命运共同体"，具有"一损俱损、一荣俱荣"关系。区域内所有个体和组织都与跨域公共事务有着密不可分的关系和存在着共同利益，大家要么一起享受因共同治理跨域公共事务所获得的共同福利，要么一并承担跨域公共事务治理失灵所带来的恶果，没有任何个体和组织能够置身于跨域公共事务治理失灵所带来的利益损失之外。这就要求相关利益群体为了共同利益，在跨域公共事务治理上采取共同行动，尤其是作为社会公共利益代表者的各级地方政府，在推进跨域公共事务治理和维护区域共同利益中扮演着重要角色，承担着重要职责，理应发挥其在跨域公共事务治理中的独特作用，积极进行跨域公共事务治理，为增进跨域公共事务治理地方共同利益努力，为满足人民群众对跨域公共服务的需求有所担当作为。然而，现实情况是一些地方政府在跨域公共事务治理上意愿不强、动力不足，并没有像人们所期望的那样积极实施跨域公共事务治理和维护区域共同利益。人们对地方政府在跨域公共事

① 周黎安：《中国地方官员的晋升锦标赛模式研究》，《经济研究》2007 年第 7 期。

务治理中承担角色的理想设计与地方政府在跨域公共事务治理中的实际作用之间出现了极大的反差，民众对地方政府在跨域公共事务治理中发挥主导作用和维护公共利益的美好愿望，在严峻的现实面前一次次落空。究其原因在于，行政分割体制下地方政府在跨域公共事务治理中的个体理性与集体理性难以统一。跨域公共事务治理的整体性和公共性，要求相关地方政府采取共同行动、加强集体协作。从集体理性的层面来讲，跨域公共事务治理要求相关地方政府为实现共同利益付出各自的努力。但从个体理性的角度来讲，由于跨域公共事务治理在效果上具有公共性和正外部性等特征，理性的个体往往不愿意为了集体共同的利益而付出更多的努力或者牺牲个体利益。这就导致地方政府在跨域公共事务治理中往往以行政辖区利益的最大化为目标，不甚关注乃至忽视地方共同利益。如何促进地方政府在跨域公共事务治理中个体理性与集体理性的统一，走出集体行动的困境，实现地方政府跨域公共事务治理共同利益的最大化，合作治理无疑给我们提供了一条最佳的路径选择。地方政府间跨域公共事务合作治理以追求共同体共同利益为目标，通过统一的合作规则和合作机制等跨行政区的强制力，规范与约束地方政府在跨域公共事务治理中追求自身利益的经济理性，强化地方政府为实现区域共同利益的公共理性，有助于促进个体理性与集体理性或经济理性与公共理性的融合与统一，有利于增进地方政府在跨域公共事务治理上共同利益的实现。

四　提升政府治理绩效的重要途径

"绩效"的英文单词是"Performance"，原意为表演、表现。简单而言，绩效就是一个主体在某件事情上的表现。"绩效"在《现代汉语词典》里的定义是"成绩"或"成效"。"成绩"是指工作或学习上的收获，强调对工作或学习结果的主观评价；"成效"是指功效或效果，强调工作或学习所造成的客观后果及影响。"绩效"则是"成效""成绩"二者的综合。英文"Performance"和"Achievement"都有"成绩"和"成效"的含义，前者是外延较为广泛的基本概念，后者侧重于依靠努力和技巧所取得的成效。相对而言，用"Performance"一词指代"绩效"的概念较为合理，其在英文中的含义是履行、执行、表现、行为、完成等，引申为作为、成就、成果、业绩等。从普遍意义上来说，绩效是对组织的成效与效果的全面、系统的表征，它通常与质量、效果、权责等概念密切相关。绩效是一个与效率有联系又有区别的概念，是一个包括效率但又比效率更为广泛的概念。尼古拉斯·亨利认为，"效率是指以最少的可得资源来完成一项工作任务，追求投入与产出之比的最大化；而有效性则是注重实现所预想的结果"。① 政府治理绩效与政府行政效率一样，讲求行政组织和行政人员在行政活动中所获得的各种直接的和间接的、有形的和无形的、定性的和定量的行政效果同所消耗的人力、物力、财力、时间等因素之间的比率关系，力求以最少的行政消耗获得最大的行政效果。② 但政府治理绩效又不能简单地等同于政府行政效率，二者存在以下区别：其一，效率是传统公共行政的核心命题，是政府如何管理好自身内部的机制，绩效不仅注重政府管理的内部机制，更关注政府之间、政府与社会之间的关系，以社会公众的满意度作为最终标准；其二，效率讲求投入与产出的比例关系，具有明显的速度、经济等数量特征，绩效不仅要求数量指标，而且更加重视公共服务水平和质量；其三，效率本源是一个经济学上的概念，经济学意义上的效率注重节约成本，追求低投入、高产出，绩效不单单是一个经济范畴，它还具有公平、正义等伦理和政治意义。由此可见，效率是一个单向度的概念，而绩效是一个综合性的范畴。政府治理绩效可以定义为政府在履行公共责任的过程中，在讲求内部管理与外部效应、数量与质量、经济因素与政治因素、效率与公平、刚性规范与柔性机制相统一的基础上，使公共利益的产出最大化。正如美国行政学家英格拉姆所指出的那样："有许多理由说明为什么政府不同于私营部门。最重要的一条是，对许多公共组织来说，效率不是所追求的唯一目的。比如在世界上许多国家中，公共组织'是最后的依靠'。它们正是通过不把效率置于至高无上的地

---

① ［美］尼古拉斯·亨利：《公共行政与公共事务》，孙迎春译，中国人民大学出版社 2002 年版，第 284 页。

② 卓越：《公共部门绩效评估》，中国人民大学出版社 2011 年版，第 3 页。

位来立足于社会。"①

　　自从公共行政学诞生以来，政府治理绩效就一直成为公共行政学关注的一个重要议题。无论是传统公共行政和新公共管理，还是新公共服务和整体性治理等行政理论，都将政府治理绩效作为衡量政府治理能力的一个重要方面，提升政府治理绩效就成为推进政府治理能力现代化的着力点。面对日益增多的跨域公共事务和频繁发生的跨域公共问题，如何提升政府处理跨域公共事务和解决跨域公共问题的绩效，促进社会公共利益的最大化，就成为各级政府推进政府治理能力现代化的应有之义。然而，跨域公共事务的整体性与行政区划分割的矛盾，使得地方政府在跨域公共事务治理上常常遵循以行政区划为原则的属地治理。这种"各自为政、单打独斗"的属地治理模式，往往造成地方政府在跨域公共事务治理上"碎片化"问题的产生。属地治理模式下地方政府在跨域公共事务治理中的"碎片化"主要表现为，地方政府在跨域公共事务治理政策制定上"各自为政"，各地方政府围绕自己的价值偏好和利益需求制定政策，不同地区在跨域公共事务治理上的政策标准不同和政策内容相互冲突，难以实现政令统一；在跨域公共事务治理资源投入上"画地为牢"，重视本行政辖区公共事务治理，将各种治理资源集中投入本行政辖区公共事务治理上，而对本行政辖区以外的公共事务视而不见，治理资源投入分散化导致资金、信息、技术等资源无法整合和有效利用，难以实现治理资源的协同与聚合效应；在跨域公共事务管理上"力不从心"，由于跨域公共事务治理上行政权力分散，各地方政府只有本辖区公共事务的管辖权，对不具有行政隶属关系的其他行政辖区的公共事务却无能为力，地方政府在跨域公共事务治理上管理分割与服务裂解，难以为社会公众提供整体性的公共服务。地方政府在跨域公共事务治理上以行政区划为原则的属地治理模式，不仅造成各种治理资源要素投入的"碎片化"，难以实现地方政府间治理资源的交流与共享、互补与整合，致使治理资源的协同与聚合效应无法

---

　　① 国家行政学院国际合作交流部编译：《西方国家行政改革述评》，国家行政学院出版社 2004 年版，第 63 页。

实现，降低了治理资源投入的规模效应；而且行动过程中政出多门、政令不一，缺乏统一指挥、协同合作，如在流域生态环境治理、大气污染防治中，上游治理、下游污染，一方治理，另一方却无动于衷，此种现象在跨域公共事务治理中时常出现。地方政府在跨域公共事务治理上这种"各自为政、单打独斗"的属地治理模式，无疑增加了地方政府跨域公共事务治理成本，降低了地方政府跨域公共事务治理绩效。

　　跨域公共事务的整体性和关联性使所在区域内的地方政府彼此之间存在相同的利害关系，不同程度上都深受其影响，且成因的复杂性增加了其治理的不确定性和风险性，治理难度的加大需要各种治理资源要素的投入，而地方政府间的治理能力及资源禀赋差异是客观存在的，这就决定了地方政府基于行政区划的跨域公共事务"分割型"和"闭合型"治理只能是杯水车薪，无法从根本上处理跨域公共事务和解决跨域公共问题。不仅不可避免地陷入治理低效能困境，而且难以实现区域共同利益。跨域公共事务涉及区域内每一个地方政府，其自身的整体性与关联性和治理的复杂性与系统性，决定了任何一个地方政府仅凭自身的能力都无法处理复杂多变的跨域公共事务。正如习近平总书记指出的那样，"生态治理，人人有责"，"在生态环境保护上，一定要树立大局观、长远观、整体观，不能因小失大、顾此失彼、寅吃卯粮、急功近利"。① 在共同的生态环境问题面前，各地关起门来搞环保很难独善其身。同样，在诸多跨域性公共事务面前，区域内地方政府间不仅是利益共同体，而且是命运共同体，在治理上要树立"开放型"和"合作型"的治理理念，加强地方政府间在跨域公共事务治理上的携手合作和统一行动，促进地方政府在跨域公共事务治理上各种治理资源要素的协同有序运作，才会使集体功效大于各个部分效用的总和。② 因而，要破解地方政府跨域公共事务治理低效能问题，就要加强地方政府在跨域公共事务治理上的协同合作。地方政府间跨域公共事务合作治理不仅是一种治理资源的整合，而

---

① 《习近平谈治国理政》第 2 卷，外文出版社 2017 年版，第 209 页。
② ［德］赫尔曼·哈肯：《大自然成功的奥秘：协同学》，凌复华译，上海译文出版社 2018 年版。

且是一种组织结构上的协同，更是一种制度功能上的合作。① 只有积极推动地方政府在跨域公共事务治理中政策、资源、管理和服务的协同合作，才能降低地方政府跨域公共事务治理成本，提高地方政府跨域公共事务治理绩效。

第二节　地方政府间跨域公共事务合作治理的动因

一　中央政府的政策引导

中央政府与地方政府相对，是一个活动范围基于全国的行政机关，它是指在全国范围内总揽国家政务的机关和负责管理国家各部门的机关。世界各国的中央政府有不同的名称，如内阁、部长会议、国务委员会、政务院、国务院、联邦执行委员会等。无论是单一制国家，还是联邦制国家，中央政府处于最高也是最核心的地位，国家与社会发展的主要权力均掌握在中央政府手中。中央政府通常负责全国性事务，如起草国家宪法和适应全国的法律，负责国防、外交及代表本国和其他国家签署条约等。中国是目前世界上最大的单一制国家，中央政府（国务院）处于政府层级体系的最高层级和核心地位，在整个国家经济社会事务管理中，拥有资源配置的绝对性权力，具有领导上的绝对性权威，它代表全国民众对国家经济发展和社会公共事务进行管理，其目的在于推进国民经济的可持续发展和促进社会公共利益的最大化。中央政府与地方政府在国民经济发展和社会公共事务治理上的目标是一致的，它们之间的区别主要在于职能定位不同。中央政府的发展战略与政策措施是全局性的，维护的是国家整体利益，这就决定了它的职能定位是为全国经济社会发展构建基础性的、全局性的制度与条件；而地方政府作为中央政府政令的执行机关，它既要贯彻落实中央政府关于经济社会发展的宏观意图，又要积极采取措施促进地方经济社会发展。因而，地方政府的职能定位是在执行中央政府宏观发展目标的基础上，为地方经济发展和社会进步提供

---

① 方雷：《地方政府间跨区域合作治理的行政制度供给》，《理论探讨》2014年第1期。

公共服务，既是对中央政府职能的承接，又是对中央政府职能的延伸。地方政府的履职状况不仅关系到中央政府的政策意图能否实现，而且关系到社会的和谐稳定和国家的长治久安。

中央与地方的关系是整体与部分的关系，在一个国家的政治和行政体系中居于十分重要的地位，不仅是一个历史范畴，也是一个社会现实，是任何一个国家都必须面对的问题。这种关系在实际政治生活中主要表现为中央政府与地方政府的关系，亦即中央政府与地方政府之间彼此职责权限的划分，它构成了政府内部的纵向权力结构，是国家行政管理的一个基本的和主要的方面。任何国家都必须处理好中央与地方的关系，这不仅是因为中央与地方的关系是任何一个国家经济社会发展的核心问题，国家经济社会的发展需要地方政府对中央政府宏观经济社会发展战略实施的配合与支持，或者说地方政府经济社会发展目标与中央政府经济社会发展目标尽可能一致，只有地方政府发展目标与中央政府发展目标一致时，整个国家的经济社会才能协调发展；更为重要的是，中央政府与地方政府之间的关系直接影响到国家进步、民族团结、经济可持续发展和社会繁荣稳定，关系着和谐社会的建设与实现。中国是一个地域辽阔和人口众多的超大型社会，各地区经济社会发展还不均衡，这就需要充分发挥中央政府权威统筹协调全国经济社会发展，同时地区差异多样性的特点也需要赋予地方应有的自主权和创造性，从而使中央政府和地方政府两方面的积极性都得到充分发挥。中华人民共和国成立以来就高度重视中央政府与地方政府的关系，毛泽东在《论十大关系》中指出："应当在巩固中央统一领导的前提下，扩大一点地方的权力，给地方更多的独立性，让地方办更多的事。这对我们建设强大的社会主义国家比较有利。"① 尽管中华人民共和国成立以来，随着中国经济社会的发展变化，中央政府与地方政府的关系处于不断的变化调整中，但中央始终根据中央与地方利益关系的变化引导地方政府的职能取向，促使地方政府职能在遵从中央宏观发展目标基础上理性归位。

———————————

① 《毛泽东选集》第5卷，人民出版社1977年版，第275页。

　　跨域公共事务治理只有在整体性治理框架下，充分调动地方政府在跨域公共事务治理上的积极性和主动性，跨域公共事务治理才有可能取得预期成效。中央政府的宏观调控政策和统筹协调政策在社会主义现代化建设中发挥着不可或缺的作用，针对中国区域间的差别和区域格局的动态变化，中央政府出台的关于跨域公共事务治理的各种政策，能够对地方政府的行为选择起到激励与约束作用，引导地方政府在跨域公共事务治理上积极展开合作。改革开放四十多年以来，在分权化和市场化改革不断促进地方政府间横向关系发展及地方政府间跨域公共事务合作治理的同时，中央政府也通过各种政策来努力推动地方政府间横向关系发展及地方政府间跨域公共事务合作治理。1980 年，国务院发布了《推动经济联合的暂行规定》，提出了"扬长避短，发挥优势，保护竞争，促进合作"的方针，从此拉开了中国地方政府间横向经济合作的序幕。1992 年党的十四大报告提出，"各地区都要从国家整体利益出发，树立全局观念，不应追求自成体系，竭力避免不合理的重复引进，积极促进合理交换和联合协作，形成地区之间互惠互利的经济循环格局"。2003 年提出的科学发展观，将统筹区域协调发展作为五大统筹之一，作为地方政府之间合作发展的宏观指导方针。2005 年，在科学发展观的指导下，国家"十一五"规划纲要对促进区域协调发展做了全面阐释，提出要根据资源环境承载能力、发展基础和潜力，按照发挥比较优势、加强薄弱环节、促进公共服务均等化的要求，推动东中西部地区协作，缩小区域发展差距。2008 年，《珠江三角洲地区改革发展规划纲要》等明确提出要加强区域协调发展、共同发展。党的十八大以来，面对经济增长放缓、资源约束趋紧、环境污染加剧、跨域公共问题频发等严峻形势，中央政府先后出台了一系列政策，引导地方政府在跨域公共事务治理上加强合作。2014 年，中央提出京津冀协同发展战略，协同发展成为京津冀三省市区域合作的新理念。2013 年的《大气污染防治行动计划》和 2018 年的《打赢蓝天保卫战三年行动计划》着力强调地方政府间跨区域大气污染联防联治。2015 年的《长江中下游城市群发展规划》和 2021 年的《黄河流域生态保护和高质量发展规划纲要》都提出要建设跨区域生态文明建设联动机制，加强生态环境保护合作共治。2018

年，《中共中央 国务院关于建立更加有效的区域协调发展新机制的意见》明确提出，建立健全区域合作机制、区域利益补偿等机制，推动地方间跨域公共事务合作治理。中国的制度优势之一在于"坚持全国一盘棋，调动各方面的积极性，集中力量办大事的显著优势"，这也是中国与西方国家区域协同治理的本质差异。跨域公共事务不仅仅是一个地方治理的问题，而且是关系到国家治理的重大议题。中央政府针对我国经济社会发展过程中出现的跨域性公共事务，充分发挥宏观调控和统筹协调职能，先后出台了一系列政策，引导地方政府在经济发展、基础设施、生态环保、公共服务、应急管理等跨域性公共事务治理中加强合作。目前，地方政府间合作已从相邻区域演变为向跨地域合作，从单一领域合作向全面合作发展，中央政府的政策权威和引导功能，在地方政府合作初期或合作动力不足的情况下，成为促进地方政府间跨域公共事务合作治理的重要外推动力。

二　地方政府的利益驱动

政府利益问题是公共管理学界长期以来争论不休的话题和持续深入研究的领域。关于政府利益的概念界定，可谓仁者见仁、智者见智，不同的学者持有不同的观点。学者们对政府利益的界定主要有以下五种不同理解。第一种观点从政府的宗旨出发，认为政府利益就是社会公共利益。政府的宗旨是全心全意为人民服务，为广大人民群众谋幸福、谋福利就是政府的基本职责。政府是为维护和实现社会公共利益而设立的机构，其根本的价值取向就是维护和促进社会公共利益最大化，让广大人民群众能够共同分享经济社会发展所取得的成果，促进社会全面发展和共同富裕。第二种观点从政府理性"经济人"属性出发，认为政府利益就是指政府自身的利益。持这种观点的学者大都受到公共选择理论的影响，公共选择理论认为"经济市场"中的人和"政治市场"中的人一样，都是追求自身利益最大化的理性"经济人"。作为市场中的个体，有着追求自身利益最大化的动机；同样，作为政治舞台上个体，也存在追求自身利益和谋求自身发展的动机。政府自身利益通常包括政府组织、政府部门和政府官员三个层次的利益，并认为既存在合理的政府利益，也存在过度膨胀的政府利益。第三种观点认为政府及其工作人员具有二重性，一方面他们代表着社会公共利益，另一方面又具有部门利益和个人利益。正如卢梭认为，"政府中的每个成员都首先是他自己本人，然后才是行政官员，再然后才是公民；而这种级差是与社会秩序所要求的级差直接相反的"。① 卢梭的这段话，实际上是指政府有着自利性倾向，客观上存在以权谋私的动机。第四种观点认为，尽管政府行政人员具有理性"经济人"追求私利的动机，但政府作为一个行政机关始终代表着社会公共利益，政府与行政人员之间不能画等号。第五种观点认为政府利益与社会性质相关，资本主义国家的政府拥有独立于社会公共利益的自身特殊利益，而社会主义国家的政府利益就是社会公共利益。总体来说，以上关于政府利益的理解都有其存在的理论基础和依据，每一种理解都存在其合理性。从政府与社会的关系来看，政府与社会公众之间是一种委托—代理关系，作为代理人的政府是社会公众的代言人，按照人民的意愿实现公共利益是政府的根本价值和主要职责，但作为代理人的政府在行使公共权力的过程中也存在谋取私利的可能，从而偏离了公共利益。所以，政府利益是指其在维护和实现公共利益的本质要求中，政府及其行政人员在行政活动过程中表现出来的正当或非正当的利益。

地方政府是中央政府设置的管辖部分地域范围内社会公共事务的行政组织，拥有一定的管理地方社会公共事务的自主权，在国家政权体系中占有重要地位，在社会经济活动中起着举足轻重的作用，其治理的好坏直接关系到整个国家的稳定、繁荣和发展。地方政府的产生虽然基于公共利益或公众福利，但当地方政府一旦获得某种程度的独立性和拥有一定的自主权，就成为经济社会发展中一个相对独立的行为主体。地方政府所代表的利益不仅仅是地方利益，还有地方政府自身的利益。所以，地方政府利益是指地方政府在发展地方经济和管理社会公共事务时，由于担任角色的多重性，在行使公共权力的过程中所表现出来的多元化利益需求。就地方政

① ［法］卢梭：《社会契约论》，何兆武译，商务印书馆1996年版，第83页。

府的利益主体而言，包括地方政府组织利益、地方政府部门利益和地方政府官员利益；就地方政府的利益内容而言，包括政治利益、经济利益和文化利益等。地方政府的利益是公共性与自利性的统一。根据公共选择理论理性"经济人"的假设，地方政府具有自利性，"如果把参与市场关系的个人当作效用最大化者，那么，当个人在非市场内行事时，似乎没有理由假定个人的动机发生了变化。至少存在一个有力的假设，即当人由市场中的买者或卖者转变为政治过程中的投票人、纳税人、政治家或官员时，他的品行不会发生变化"。① 从地方政府的"自利性"角度来看，无论地方政府间是竞争还是合作，其行为最终都是受利益驱动的。谢庆奎教授指出，各级地方政府都存在着"利他"和"利己"的双重动机。"利他"就是实现社会公共利益的最大化，"利己"就是追求地方自身利益的最大化。② 在市场化改革之前，中国地方政府是中央在当地履行各种行政职能的代理者，地方政府没有较多的自主权和过多的利益诉求。在经济市场化和行政分权化改革的背景下，地方政府在利益群体中具有多重身份和地位，它不仅是中央政府在本行政辖区的"代理人"，同时还是地方利益的代表者和自身利益的追求者。地方政府存在实现地方利益、自身利益、区域利益乃至全国共同利益的多重动机，在多重利益动机的驱使下，地方政府间在地方经济发展和社会公共事务治理中展开激烈的竞合博弈。地方政府间的竞合关系实质上就是利益关系，无论是地方政府间的竞争，还是地方政府间的合作，最终目的是实现双方或多方各自利益。利益的实现是以合作为前提的，而利益的分配又需要通过竞争来达到平衡。因此，地方政府间的竞合实际上是以合作为目的和宗旨，以竞争为动力和手段，使各地方政府达到"双赢"或"多赢"的最终目标。③

"每一个既定社会的经济关系首先表现为利益"，④ 人们在社会生活中

① [美] 詹姆斯·M. 布坎南：《宪法经济学》，唐寿宁译，《经济学动态》1992 年第 4 期。
② 谢庆奎：《中国政府府际关系研究》，《北京大学学报》（社会科学版）2000 年第 1 期。
③ 祝小宁、刘畅：《地方政府间竞合的利益关系分析》，《中国行政管理》2005 年第 6 期。
④ 《马克思恩格斯选集》第 3 卷，人民出版社 2012 年版，第 258 页。

选择竞争还是合作都是受到利益的驱动，竞争源于利益的对立，而合作则在于谋求共同利益的需要。利益是地方政府行为选择的逻辑起点，也是推动地方政府走向合作的根本动因，还是地方政府间关系的集中体现。地方政府在跨域公共事务合作治理的利益群体中，具有国家利益的代表者、区域利益的促进者、地方利益的代表者、政府部门和官员利益的承载者等多重利益角色。作为一个特殊的组织，必然追求组织自身及其成员的利益。地方政府作为利益主体，不仅与行政辖区外的地方政府间形成横向利益关系，还在行政辖区内与其他利益主体发生纵向关系。这些利益主体间相互影响、相互作用、相互制约，形成了一个错综复杂的立体网络式的利益关系体系。① 按照系统论的分析方法，在地方政府间跨域公共事务合作治理中，地方政府的利益系统整体上由外部地方政府间利益子系统和内部行政辖区各主体间利益子系统构成，每一个地方政府都同时处于内部和外部的利益子系统中。其中，外部地方政府间利益子系统主要体现的利益诉求包括：合作成员政府共同争取中央对跨域公共事务治理上的政策照顾和财政支持、共同优化区域产业结构与推动区域经济发展以提高区域竞争力、联手提供跨域公共产品和服务以满足人民的需求、携手应对跨域公共危机和解决跨域公共问题以维护区域安全等；内部行政辖区各主体间利益子系统则主要体现为政府部门的行政利益、政府官员的绩效利益、辖区企业的经济利益和辖区居民的生活福祉等；内外部双重利益系统最终体现为地方政府的政治利益、经济利益、社会利益及生态利益等。② 地方政府在跨域公共事务合作治理中，其基本准则是最大限度地实现"自我利益"，但"自我利益"的实现是以共同利益的实现为基础的，共同利益是推动地方政府参与跨域公共事务治理的内驱动力。尽管地方政府在跨域公共事务治理上的利益诉求呈现多元化，但任何一个地方政府的利益实现，都要借助区域

---

① 谷松：《区域合作中的地方府际间利益解读及协调对策》，《廊坊师范学院学报》（社会科学版）2012 年第 6 期。

② 谷松：《建构与融合：区域一体化进程中地方政府间的利益关系协调》，《行政论坛》2014年第 2 期。

内其他地方政府的力量，以应对跨域公共事务治理带来的各种挑战，获得共同利益的增值。地方政府间跨域公共事务合作治理中的利益矛盾和利益冲突，整体上是可以协调的、非对抗性的，单个地方政府的利益实现离不开对其他地方政府的依赖，对共同利益的认知和各自利益的需求，催生了地方政府间跨域公共事务合作治理的意愿。

三 地方政府间的资源互赖性

跨域公共事务的整体性、公共性、外部性、复杂性等特征，决定了跨域公共事务治理是一项复杂、艰巨、需要长期推进的系统工程。治理的复杂性、艰巨性和长期性，决定了其治理需要大量的人力、物力、资金和技术等资源的支撑。而现实中各主体资源禀赋和治理能力差异是客观存在的事实，无论是政府还是企业、社会组织和公众，没有任何一个主体拥有充足的治理资源和十足的治理能力，能够单独完成跨域公共事务治理这项复杂系统的艰巨工程。任何行政目标的实现，不仅取决于各级政府的行为与努力，还受制于其他社会主体的行为与支持。地方政府间跨域公共事务合作治理的目的在于趋利避害、共通互补、合作共赢，这就需要把资源与要素的匹配性作为客观基本条件。① 这种匹配性不仅是指地方政府间在跨域公共事务治理上具有天然的联系（包括但不限于地理位置及空间范围），而且是指地方政府间在跨域公共事务治理上具有资源与能力的相互依赖性。具体而言，参与跨域公共事务治理的各地方政府，因跨域公共事务的整体性、公共性、外部性等，而将不同行政辖区的地方政府锁定在某一跨域公共事务系统之中，使之在跨域公共事务治理上成为利益和命运共同体。这决定了它们既能够分享到跨域公共事务治理所带来的收益，又必须共同应对跨域公共事务治理面临的难题。这种跨越自然地理边界和行政区划界限的社会公共事务，将不同级别、不同行政区域、拥有不同资源禀赋、治理能力各异的行政区政府"捆绑"在一起，跨域公共事务所及范围内的所有地方政府在治理理念、治理政策、治

---

① 潘小娟等：《地方政府合作》，人民出版社 2016 年版，第 147 页。

理方式、治理能力和治理效果等方面的相互联系和依赖程度密切，从而形成相互依赖的格局。人们在社会活动中存在彼此相互依赖的关系，且人在社会活动中只有与他人结成各种社会关系，借助他人的力量才能获得或满足自身生存和发展的各种所需。地方政府在跨域公共事务治理上也如同单个的人一样，各地方政府在跨域公共事务治理上有着各自的需求，但仅凭自己的力量不能使所有的需求得到满足，相互依赖的本性使地方政府间跨域公共事务合作治理成为现实。

　　资源依赖理论（Resource Dependence Theory）充分说明了地方政府在跨域公共事务治理上的相互依赖关系。作为组织理论的重要流派之一，该理论发端于 20 世纪 40 年代，70 年代以后得以广泛应用于有关组织关系问题的研究中。该理论最为经典的代表作是由杰弗里·菲佛和杰勒尔德·R. 萨兰基克于 1978 年完成的《组织的外部控制：对组织资源依赖的分析》一书。该理论认为，资源是任何组织生存和发展的基础，但资源的稀缺性特质决定了任何一个组织无法生产和拥有自身发展所需的全部资源，因此任何组织的生存和发展都必须依附于一定的环境并从周围环境中汲取所需的资源。当组织拥有的资源有限且无法实现自给自足时，组织就必须与外部环境中关键资源要素的拥有者，通过交换、引进、合作等方式汲取组织生存和发展所需的各种资源，从而形成不同组织之间、不同主体之间资源相互依赖的关系网络。这种组织资源上的相互依赖关系推动着组织之间寻求相互支持、资源共享和彼此借力，最终实现资源互惠共享和资源有效利用，实现组织利益最大化。可以说，正是组织资源的有限性与组织间的互赖性，从根本上激发组织合作意愿的产生，推动组织合作愿望的实现。具体来看，资源依赖理论包含以下四个逐步递进的理论命题：一是组织面临的首要问题是生存问题，组织的生存离不开各种资源；二是任何组织所拥有的资源都是有限的，组织的生存与发展必须通过与外界的交换才能获得其所需的各种资源；三是资源的稀缺性使得组织与其所处的外部环境必须产生互动，资源的稀缺性及重要性决定了组织对外部环境的依赖程度；四是组织的生存与一个组织能否控制其与其他组织的能力有关，组织可以与其他组织建立合作联盟关系，也可以通过一些战略措施改变外部环境或对外部环境进行控制。① 由此可见，没有任何一个组织能够在资源稀缺性这一社会现实情境下，实现自身生存和发展所需资源的自给自足，组织间必须通过交换与合作获取各自生存和发展所需的资源。从这个意义上来说，组织间的互动是组织为了获取各自所需的资源而进行的合纵联盟过程。

　　按照资源依赖理论，日益复杂的跨域公共事务和频繁发生的跨域公共问题与地方政府资源禀赋和治理能力有限之间的张力，决定了任何一个地方政府都没有充足的治理资源和十足的治理能力，能够单独应对跨域公共事务治理这一棘手性社会问题。区域内单一地方政府为了实现跨域公共事务治理目标，需要借助其他地方政府的资源和力量，通过与其他地方政府交换和共享各种治理资源，共同应对跨域公共事务治理资源匮乏和治理能力不足问题。这就需要各级地方政府在跨域公共事务治理上建立并维护稳定的地方政府间关系，与其他地方政府保持良好的合作伙伴关系，通过制度设计与机制安排建立地方政府间资源共享机制，实现人力、物力、财力、信息和技术等各种资源要素的交换与共享，才能增强资源聚合效应和提升综合治理能力。没有任何一个政府拥有充分的权威、资源和能力去实现政策意图，政府运行目标的实现需要依赖政府间及政府与外部主体间的协同合作，通过资源互补与共享促进目标的实现。面对跨域公共事务和跨域公共问题，每个地方政府在实现跨域治理意图的过程中都无法拥有充分的权威、资源和能力，这就需要加强地方政府在跨域公共事务治理上的协同与合作，通过资源的交换和共享来聚合各地方政府分散的资源和力量，合作处理跨域公共事务和共同解决跨域公共问题。具体而言，由于跨域公共事务具有整体性、公共性、关联性和外部性等特征，任何一个单一地方政府的行动策略或行为选择都无法改变跨域公共事务的现状。也就是说，跨域公共事务的有效治理取决于各地方政府采取共同的策略和行动。只有各地方政府在跨域公共事务治理上"同频共振"，

---

　　① ［美］杰弗里·菲佛、［美］杰勒尔德·R.萨兰基克：《组织的外部控制：对组织资源依赖的分析》，闫蕊译，东方出版社 2006 年版，第 34 页。

才能实现跨域公共事务治理的美好愿望。如果地方政府在跨域公共事务治理上"各自为政、单打独斗",跨域公共事务治理的美好愿望只能成为"水中月、镜中花"。在资源日趋紧张的现代社会,各级地方政府拥有的资源也是十分有限的,甚至某些资源是短缺的,如大部分地方政府财政资源日益紧缺,地方政府在跨域公共事务治理上基于资源短缺和能力不足形成的相互依赖关系,成为驱动地方政府间跨域公共事务合作治理需求产生的基础性条件。

四 跨域治理的内生需求

在全球化、区域化、工业化和城市化的背景下,跨域公共事务治理具有全球范围内的普遍性,人们对跨域公共事务治理方式的探索经历了一个不断试错和创新的过程。19 世纪末 20 世纪初,美国芝加哥大学的欧内斯特·伯吉斯、切斯特·马赛克和维多克·琼斯等学者共同主张通过对大都市区内的地方政府单位进行整合,设立统一的大都市区政府来解决大都市区内地方政府治理的"碎片化"问题。这被称为传统区域主义理论,又被称为"巨人政府论"。传统区域主义认为在大都市区内,政府管理权限和管理边界的交叉重叠造成职责不清,导致大都市区内出现大量的"碎片化"问题。这种"碎片化"不仅在数量上表现为大都市区内存在较多的地方政府,而且在功能上表现为这些地方政府的管理职责彼此交叉重叠,致使在公共计划中缺乏协调,在公共行动中缺乏统一。大都市区内的地方政府在本位主义、利益及成本的驱使下,在大都市区公共事务治理上常常采取"搭便车"等消极治理态度,造成大量跨越地方政府管辖边界的公共事务无法有效处理。大都市区的政治发展已滞后于经济和社会的发展,地方政府权力分割的状态造成大都市区的隔离和分割,损害了经济和社会发展所取得的成就,阻碍了大都市区自我能力的实现。因此,为了解决大都市区治理存在的"碎片化"问题,通过整个行政区划的调整与地方政府体制的改革,组建一个权力更为集中的大一统的大都市区政府,把各个地方自治单位重组进更大的行政单位——"巨人政府"中,以应对大都市区政治上的不一致,使整个区域在一个行政主体的管理下实现良好的发展。但大都市行政模式下传统的政府职能仍由大都市区内的地方政府履行，大都市区政府只是一个权力和职能有限的区域性政府机构，而非改革者所想象的单一制政府。罗伯特·比什（Robert Bish）和文森特·奥斯特罗姆（Vincent Ostrom）指出："美国地方政府的巴尔干化在很大程度上是一种错觉，这种错觉是由辖区的交叠和权威的分割等同于混乱这一思维方式造成的。政府机构的联邦制必然要出现辖区的重叠，权力的划分必然要导致权威的分割。"[1] 实际上，随着大都市区的不断发展和跨域公共事务的日益增多，大都市区行政不但未能解决大都市区政治上和治理上的"碎片化"问题，相反还带来了政府规模庞大、行政机构臃肿、行政效率低下和忽视公民需求偏好等问题。

公共选择理论在 20 世纪中叶的异军突起，反映了西方国家战后以民主管理和地方自治为基础的分散化特征（包括权力的分散化、居住地的分散化和工作机会的分散化等），其主张的"多中心结构"为大都市区跨域公共事务的"多中心治理"模式提供了支持。公共选择理论认为，随着大都市区数量的增加和规模的扩大，大都市区在带来经济效益的同时，也面临着诸多跨区域、跨部门的棘手性问题，这些棘手性问题仅凭一个"巨人政府"是难以有效解决的。如果多中心治理者之间维持一定的竞争，通过市场机制及相关制度安排则更有利于解决这些棘手性问题。奥斯特罗姆等在《大都市区的政府组织：理论质疑》一文中，鲜明地支持大都市区政府的多中心特征，认为大都市区内多个地方政府的运行并不是杂乱无章的；相反，地方政府间由于相互竞争的关系而构成了一个相互依赖的关联体，地方政府在跨域公共事务的治理上会彼此考虑，达成各种协作性的承诺和协议性的可能，或者尝试建立解决这些冲突的集中机制。大都市区内的地方政府能够以相互协作的集中方式运作，使得地方政府间相互作用的行为变得协调和可预期。[2] 罗伯特·

---

① Robert Bish, Vincent Ostrom, *Understanding Urban Government: Metropolitan Reform Reconsidered*, Washington, D. C.: American Enterprse Institute for Public Research, 1973.

② V. Ostrom, M. Tiebout, R. Warren, "The Organization of Government in Metropolitan Areas: A Theoretical Inquiry", *The American Political Science Review*, Vol. 55, No. 3, 1961, pp. 831-842.

比什和文森特·奥斯特罗姆在《理解城市政府：大都市区改革的再思考》一书中进一步指出，考虑到政府在公共服务供给方面存在的垄断性、缺乏降低成本的内驱动力和运作过程的有效性等问题，大都市区政治上的"碎片化"有利于地方政府间的竞争，能够减少公共垄断的副作用、激发出更多的责任和效率，由多重辖区构成的公共经济会比单一地区垄断组织构成的公共经济更有效率和责任心。[①] 简而言之，公共选择学派在大都市区治理上强调个人主义的重要性，主张通过市场竞争机制对跨域公共事务进行安排，认为无须改变大都市区内地方政府分散化的现状，政治上的"碎片化"能够为公民提供更有效率、更有针对性的公共服务，以"分权和竞争"为特征的多中心竞争治理是跨域公共事务治理的有效模式。然而，公共选择学派过于强调地方政府的个性化和选择性服务的观点也遭到质疑，其主张的多中心竞争治理在实践中造成大量"碎片化"问题的产生。

20 世纪 90 年代以来，随着经济全球化、区域一体化和城镇区域化的发展，大都市区逐渐成为各国富有实力的地域空间组织形式和推动区域经济社会一体化发展的重要途径，但同时大都市区内的基础设施建设、公共服务供给、生态环境保护、社会公平正义等问题进一步凸显。传统区域主义理论下的大都市区行政和公共选择理论下的多中心竞争治理，都难以有效解决大都市区发展进程中出现的一系列跨域性问题。如何构建大都市区有效的协调发展机制，以实现经济、社会、服务及生态环境的协调和可持续发展，提升区域在全球的影响力和竞争力，便成为各国政府致力解决的共性问题。正是在这一现实背景下，新区域主义作为一种新的大都市区治理思路被提了出来，并成为经济学家、行政学家及社会学家共同关注的话题。尽管不同学科领域下的新区域主义理论观点各异，但该理论的共同之处在于以区域复兴为视角、以提高竞争力为目标，更加注重治理的过程，强调全面协调发展和各主体间协作治理。在新区域主义看来，区域一体化是一个包括政治、经济、社

---

① Bobert Bish, Vicent Ostrom, *Understanding Urban Government: Metropolitan Reform Reconsidered*, Washington, D. C.: American Enterprise Institute for Public Policy Reserch, 1973.

会、文化和生态等多维度的统一，为了实现这一目标，区域内的政府组织、私营部门、非政府组织和社会公众都是区域公共事务治理的主体，而且为了实现各主体的自我利益和共同利益，各主体之间需要在权力共享和利益共融的基础上进行合作。新区域主义建立在"治理"的基础上来寻求处理跨域公共事务的方式，既是对传统区域主义政府单一治理主体能力不足及效率低下的超越，也是对公共选择理论多中心竞争治理的"碎片化"及忽视社会整体利益的创新。新区域主义倡导在跨域公共事务治理上多元主体间进行合作，使得各主体的权利得到充分和合理的体现，集社会各主体的智慧和力量共同推进跨域公共事务治理，注重提升治理能力、强调治理过程优化、构建跨部门合作网络等，从而增强跨域治理能力，展现出一种全新的跨域公共事务治理安排。在新区域主义理论的影响下，加强地方政府间的协调与合作已经成为跨域治理的主要途径之一，也成为当前公共行政学研究的热点。"在今天，我们尚无法精确地划分政府间的权力和责任的范围，我们需要责任的分担。政治学家告诉我们，我们已经生活在了一个政府'合作的联邦主义'（Cooperative Federalism）时代。"① "当代社会形成了一种氛围，其中集体行动被看作高质量生活所必须的机制。"② 我们生活在一个激变的时代，跨域公共事务的日趋复杂和跨域公共问题的频繁发生，使地方政府间的关系日益密切，相互依赖不断增长。各级地方政府作为跨域公共事务治理的关键主体，加强地方政府间合作就成为跨域治理的内生需求。

第三节 地方政府间跨域公共事务合作治理的价值

一 促进区域资源配置的合理化

资源是指一个国家或一定地区内拥有的物力、财力、人力等各种物质要素的总称。资源可以分为自然资源和社会资源两大类，前者包括阳光、空

---

① 孙柏瑛：《当代地方治理：面向21世纪的挑战》，中国人民大学出版社2004年版，第72页。
② ［美］B. 盖伊·彼得斯：《官僚政治》，聂露、李姿姿译，中国人民大学出版社2006年版，第17页。

气、水、土地、森林、矿产等资源，后者包括人力资源、信息资源以及经过劳动创造的各种物质资源。"劳动和土地，是财富两个原始的形成要素"，"劳动和自然界在一起它才是一切财富的源泉，自然界为劳动提供材料，劳动把材料转变为财富"。① 可见，资源的来源及其组成不仅包括各种客观存在的自然资源，也包括人类劳动的经济、技术、社会等因素，还包括人才、信息、知识等资源。换句话说，资源就是指自然界和人类社会中一切可以用以创造物质财富和精神财富的、具有一定量的积累的客观存在形态，如土地资源、矿产资源、森林资源、海洋资源、石油资源、人力资源、信息资源等。各种资源是人类赖以生存和发展的基础，也是各地区发展不可或缺的基础。资源在区域经济社会发展中的重要性不言而喻，其功能作用主要体现在以下几个方面。第一，资源是各区域经济社会发展的基础，各地区拥有资源的数量、质量、分布及开发利用条件等，决定着区域类型的划分，也决定着各区域经济发展方向的选择。第二，资源对于各区域产业选择与产业发展，尤其是对区域产业结构调整和资源型产业的发展，有着重要甚至决定性的影响。第三，资源的空间配置过程，无论是土地、煤炭、石油、水电等自然资源的空间配置，还是产业转移、人口流动、信息流通、知识共享等人类创造资源的空间配置，不仅是市场行为，还是政府行为，既是调整政府间关系的重要方面，亦是政府间关系发展的重要内容，并对政府间关系及区域发展格局有着重要的影响。第四，自然资源与生态环境问题密切相关，生态环境问题的发生在一定程度上源于自然资源开发利用中的不当行为。自然资源的勘探、开发、利用和保护，与生态文明建设、生态环境保护与生态环境修复一道，构成区域经济持续绿色高质量发展的内容。② 第五，区域经济社会一体化的快速发展所引发的大量跨域公共问题，其治理需要各种资源的高效配置和有效整合。资源在区域经济社会发展中的重要性已经被广泛认知。尽管随着人类社会的进步、科学技术的发展、产业结构的调整等，区域经济社会发展对

① 《马克思恩格斯选集》第 4 卷，人民出版社 1995 年版，第 373 页。
② 陆大道等：《中国区域发展的理论与实践》，科学出版社 2003 年版，第 135 页。

资源的依赖性，特别是对自然资源的依赖性似乎有所降低，但任何一个地区现有的产业基础、经济发展、公共事务治理等都摆脱不了资源赋存的烙印，资源的稀缺性及部分资源的不可再生性、资源供给总量的日益短缺和资源消耗总量的不断增多，对地区、区域、国家乃至全球经济社会发展的制约作用也开始逐步凸显。

中国疆域面积辽阔、资源总量较大，自然资源丰富、资源类型齐全，但人口众多、人均资源量低，资源分布不平衡、各地区资源禀赋差异显著。从区域的角度来讲，地区资源分布不平衡是资源分布格局的最大特点。中国各种资源的分布整体上呈现出西多东少的格局。例如，水资源集中分布在西南地区，70%以上的水能资源也分布在西南地区；各种矿产资源大部分也分布在西部地区，其中煤炭资源的分布是西多东少、北丰南贫，主要集中在中西部的山西、内蒙古、陕西、宁夏等地区，特大型煤矿也主要集中在中西部地区，东中西部地区相比较而言，东部地区属于缺煤地区；天然气的分布也主要集中在西部地区，现有天然气探明地质储量中，东部地区占10%左右（主要分布在福建和广东），中部地区占4%左右（主要分布在山西和内蒙古），西部地区占80%左右（主要分布在陕西、新疆和青海），其中塔里木盆地天然气储量高达8.4万亿立方米，约占全国陆地天然气资源总量的1/4；电力资源结构也不尽合理，由于太阳能发电、风能发电、核电在我国的电力资源结构中占比相对偏小，电源主要以水电和火电为主，但水电和火电分布也不均衡，火电主要分布在东北部及西部地区，而水电主要分布于中部和西南地区。[①] 仅从以上几个方面就可以看出我国资源分布在地域上的非均衡性，同时与资源分布的地域不均衡相伴随的还有资源需求的地域不均衡和资源开发利用效率的地域不均衡，从而出现资源分布及需求的空间错位问题。资源分布及需求的空间错位主要表现为以下两个方面。一方面是资源赋存与需求空间错位，西部地区资源相对比较丰富，但产业发展比较迟滞，经济发展相对落后，对各种资源的需求及消耗量少；东部地区资源匮乏，但产业体系发

① 刘玉、冯健：《区域公共政策》，中国人民大学出版社2005年版，第189—192页。

达，城市化水平较高，对资源的需求量较大。另一方面是资源赋存与利用效率的空间错位，西部地区资源丰富，但人口稀少，经济发展相对落后，对各种资源的利用效率不高，资源优势并未转换成经济发展优势；东部地区虽然资源相对匮乏，但技术水平发达，经济实力雄厚，对资源利用的效率较高。现阶段各种资源问题及资源供需矛盾非常突出，这种资源分布的地域不均及供需矛盾不仅制约着各地区经济社会的发展，还引发了地方政府间跨地区的资源争夺，影响着跨域公共事务的有效治理和区域经济一体化发展。

跨域治理与区域发展的关键问题之一，就是能否实现各地区间各类资源的优化配置，并持续提升地区间资源整合与共享的能力。无论是从公平视角还是效率视角，研究跨域治理与区域发展问题，都离不开地区间资源的合理配置和有效整合。资源配置是指资源的稀缺性和分布的不均衡，决定了任何一个社会都必须通过一定的方式把有限的资源合理地分配到国家各个地区和社会各个领域中去，以实现资源的最佳利用，即用最少的资源耗费，获取最佳的经济效益和社会效益。资源配置合理与否对一个国家的经济繁荣和社会发展有着极其重要的影响。一般来说，资源如果能够得到相对合理的配置，经济发展充满活力，公共事务治理效能较高；否则，经济发展就会受到阻碍，公共事务治理效能低下。在社会化大生产条件下，资源配置主要有市场配置（市场调节）和计划配置（政府调节）两种方式：市场配置是指在以市场机制组织社会生产的体系中，通过价格、供求、竞争等机制的诱导作用，促进资源及生产要素在地区和部门间流动，实现资源在地区和部门间的合理配置；计划配置是指政府根据经济和社会发展目标，通过编制各种计划，人为地对资源的流动进行间接干预，促进资源在地区和部门间的合理配置。在市场经济体制下，尽管市场机制在资源配置中发挥着决定性的作用，但市场配置资源客观上存在不足，不可能使资源配置尽善尽美。这就需要充分发挥政府在资源配置中的调节作用，以弥补市场资源配置的不足。但中国地方政府间在跨域公共事务治理和区域一体化进程中还存在着激烈的竞争，致使地方政府在资源配置过程中存在"条""块"分割的"碎片化"问题。这种资源配置的"条""块"分割造成了跨域公共事务治理资源的低效配置，阻碍了区域经济一体化的发展，导致无法产生"集中力量干大事"的资源聚集效应以及规模经济效应。资源的优化配置与整合共享不仅是有效开展跨域公共事务治理的基础和前提，而且是推动区域经济一体化的基础和前提。在区域经济发展和公共事务治理过程中，能否有效地整合各地资源，不断优化和提升区域资源配置水平，成为区域发展和区域治理的关键，也是区域发展目标的集中体现。为了推动跨域公共事务的有效治理和区域经济一体化的快速发展，各级地方政府在资源配置中应打破"条""块"分割的局面，加强地方政府间在资源配置过程中的"纵向"与"横向"协调，从整个区域发展的视角出发来开展资源配置，从而提升资源配置的效率。积极推动区域内地方政府间跨域公共事务合作治理，不仅能够有效突破跨域治理行政区资源的瓶颈约束，打破跨域治理资源配置的行政区界限，整合各行政区资源和提高资源利用效率，而且能够促进各种资源要素在更大范围内的自由流动和合理配置，不断拓展各行政区跨地区利用资源和市场的空间，可以促进各种资源要素的跨行政区自由流动和实现各区域资源配置的合理化。

二　推动区域全面协调均衡发展

区域协调发展是缩小地区发展差距、推动经济持续发展、维护社会公平正义、促进国家治理现代化的重要抓手和关键支撑。从现实来看，任何一个国家在现代化进程中都面临着地区间发展不协调和不平衡问题，可以说不平衡是绝对的，平衡是相对的。因而，世界上绝大多数国家致力于将推动区域协调均衡发展作为实现国家治理现代化的一项重要战略任务。中国疆域面积辽阔，各地区地理条件、自然环境、资源禀赋、基础设施、产业结构、风俗文化以及政策条件等方面具有较大差异，从而造成了地区间发展的不平衡和不充分问题。区域协调发展是中国在总结了 1949—1978 年实施的以突出公平为特点的区域均衡发展战略和 1978—1995 年实施的突出以效率为特点的区域非均衡发展战略两者得失后提出的新的区域经济社会发展战略。① 所谓

---

①　王琴梅：《区域协调发展内涵解析》，《甘肃社会科学》2007 年第 6 期。

区域协调发展，一般是指把地区间经济社会发展差距控制在合理的限度内，充分发挥各地区的发展优势和潜力，在发展中建立良好的区际关系，从而推动经济社会的稳定与均衡、可持续与高质量发展。其理论内涵主要包括以下四个方面：一是地区间基本公共服务，包括教育科技、劳动就业、社会保障、医疗卫生、公共文化、公共安全等要实现基本均等或适度均衡，这是各地区经济社会发展的基础，也是每个公民应当享有的基本权利，不能因地区差别和人群不同而有显著的差异；二是地区间市场的一体化，即打破地区间的地方保护和市场分割，按照市场经济发展的内在规律，建立规则统一、机制健全、价格合理、公平竞争的全国统一的生产、消费、服务和贸易等大市场，促进商品资源要素在更大范围内畅通流动，这是推动区域协调发展的关键；三是促进地区间发展机会的均等，包括基础设施、城市建设、资源开发、企业进驻、投资落户、就业创业、乡村振兴等方面的机会均等，消除各地区间的利益冲突，在发挥各地区比较优势的同时促进机会均等；四是实现地区间人口、资源与环境的均衡发展，中国是一个领土面积广大、资源分布不均、生态环境差异十分显著的国家，在推进区域协调发展战略过程中，要以习近平生态文明思想为指导，必须以保护生态环境为基础，在经济社会发展中实现人与自然的和谐共生。推动区域全面协调均衡发展将成为中国当前及今后促进国家治理现代化的一项宏大而又艰巨的系统工程，需要审时度势、统筹兼顾，促进各地区间互联互通，以便实现区域全面协调均衡发展。

改革开放四十多年来，中国经济和社会发展取得了举世瞩目的成就，经济发展水平和人民生活质量大幅提高，并于 2010 年成为世界第二大经济体。在此期间，中国区域发展战略从区域非均衡发展战略逐渐转向区域协调发展战略，区域协调发展在 20 世纪 90 年代中期开始从理念构想逐步走向实践探索。从 1999 年开始，除了继续实施东部沿海地区率先实现现代化基本战略，中央政府还先后实施了西部大开发、振兴东北老工业基地和促进中部地区崛起等区域重大发展战略，确立了以东部、中部、西部和东北地区"四大板块"为基础的区域发展总体战略。党的十六届三中全会通过的《关于完善社会主义市场经济体制若干问题的决定》提出，"坚持以人为本，树立全面、协调、可持续的发展观，促进经济社会和人的全面发展"。明确了"五个统筹"的新发展方针，即统筹城乡发展、统筹区域发展、统筹经济社会发展、统筹人与自然和谐发展、统筹国内发展与对外开放。党的十七大报告再次强调要坚持科学发展观，不断缩小地区发展差距，促进基本公共服务均等化，引导生产要素跨区域合理流动，全面统筹协调经济社会可持续发展。党的十八大以来，随着国内外发展环境和发展条件的变化，中央政府在继续实施区域发展总体战略和主体功能区战略的同时，又先后实施了京津冀协同发展、长江经济带发展、粤港澳大湾区建设、长三角区域一体化、黄河流域生态保护和高质量发展等区域重大战略，逐步确立了新时代区域协调发展的"四梁八柱"。经过长期的探索和不断努力，区域全面协调均衡发展取得了显著的成就，地区和城乡之间的发展差距不断缩小，基本公共服务进一步均等化，区域性贫困得到解决和区域生态环境得到明显改善等，有效遏制了地区间进一步分化，防止了地区间的恶性竞争，形成了地区间协同均衡发展的格局。但中国东部、中部、西部和东北地区"四大板块"之间发展还不平衡和不充分，地区经济增长与公共服务水平呈现出由东向西、由南向北递减的格局。以地区生产总值和医疗卫生事业发展为例，就地区生产总值而言，如 2019年，中国东部地区生产总值约为 51.12 万亿元，中部地区生产总值约为21.87 万亿元，西部地区生产总值约为 20.52 万亿元，东北地区生产总值约为 5.02 万亿元，其中中部和西部地区的人均国内生产总值是东部地区的60% 左右，而东北地区的人均国内生产总值只有东部地区的 50%，[1] 地区间经济发展差距依然存在；就医疗卫生而言，如 2017 年，全国每千人医疗卫生技术人员东部地区为 7.17 人、中部地区为 5.89 人、西部地区为 6.52 人、东北地区为 6.30 人，其中东部地区是中部地区的 1.22 倍、西部地区的 1.1倍和东北地区的 1.14 倍，[2] 基本公共服务均等化还任重道远。地区间发展不

① 孙久文：《区域协调发展与全面建成小康社会和全面建设社会主义现代化国家》，《党的文献》2021 年第 1 期。

② 任维德：《新时代区域协调发展战略中的地方政府合作研究》，《中国延安干部学院学报》2019 年第 5 期。

平衡不充分是当代中国经济社会发展面临的主要问题，直接关系到小康社会的高质量发展和中华民族伟大复兴的实现。

党的十九大报告指出，经过全国人民长期坚持不懈的努力奋斗，中国特色社会主义进入新时代，我国社会主要矛盾已经转化为人民日益增长的美好生活需要和不平衡不充分的发展之间的矛盾，并首次以党的文献形式正式提出"实施区域协调发展战略"。根据党的十九大报告关于区域协调发展战略的布局，区域协调发展的总体目标就是要推进东部、中部、西部和东北地区"四大板块"之间经济社会的协调发展以及城乡之间的均衡发展；社会目标就是要实现全国各地区间基本公共服务均等化，提高经济发展水平较低地区基本公共服务均等化水平，形成基本公共服务均等化的长效机制；经济目标就是要转变经济发展方式，推动经济高质量发展，构建以国内大循环为主体、国内国际双循环相互促进的新发展格局和形成全国统一大市场；生态目标就是加大生态环境保护与修复，协调人与自然的关系，推动绿色创新发展，实现人与自然和谐共处。区域协调发展战略的实施及其目标的实现，需要"有效市场"和"有为政府"两者共同发力，在充分发挥市场在资源配置中决定性作用的基础上，既要发挥中央政府的宏观调控和统筹协调作用，又要加强地方政府间的协同合作，更好地发挥地方政府在推进区域协调发展中的作用。因为在区域协调发展中，地方政府行为选择的影响无疑是巨大的。具体而言：宏观方面，地方政府间的不当竞争行为不仅不能抑制地区间发展差距，反而会加大地区间发展差距；中观方面，地方政府的行为选择会影响到资源要素的空间合理流动；微观方面，地方政府的制度安排会影响地区间的产业结构和产业转移。区域协调发展离不开地方政府在经济发展、市场监管、社会管理和公共服务中的协同合作。地方政府在产业结构调整、基础设施建设、公共服务供给、生态环境保护等跨域性公共事务领域的合作，无疑是推动区域协调发展的重要方面和关键突破口，是破解地区间发展不平衡不充分的重要途径。通过地方政府间跨域公共事务合作治理的实践探索和经验积累，不断深化地方政府间合作行政理念，完善合作体制机制，有利于促进地方政府在区域协调发展中的全面合作，推动区域全面协调均衡发展目标的实现。

三　推进区域基本公共服务一体化

区域基本公共服务一体化是政府分配资源的一项重要公共政策，它不仅是社会公平正义的重要内容，也是维护社会公平正义的重要手段，直接关系到社会公众的生存发展、社会地位和政治权利，政府应该提供一体化的基本公共服务以满足社会的发展需要和人们的发展需求。约翰·罗尔斯的"公平正义理论"认为，社会制度的首要价值是促进社会正义，而"正义的首要问题是社会的基本结构，即用来分配公民的基本权利和义务"。[①] 在区域基本公共服务一体化上，制度首先要能够体现社会公平这一价值取向，能够让绝大多数人实现最大的幸福，如果社会出现不平等，就必须把它控制在一定的范围内，使社会利益分配做到最小受惠者得到最大利益。区域基本公共服务一体化是社会公平和社会正义在公共服务领域的具体实践，是一场根本性的制度变革和制度创新，是为实现基本公共服务在人群间和地区间均等化而设计的关于公共服务供给的一系列制度或规则体系，[②] 需要通过一系列的制度安排和制度创新来实现。一方面是要加强地区间基本公共服务标准和制度的衔接，提升地区间跨域公共服务的互通互联水平和获取的便利化程度，为社会公众提供无缝隙一体化的公共服务；另一方面是要促进资源要素的空间合理流动和优化配置，注重公共服务资源的外部性与效应导向人口空间聚集，为区域经济社会一体化高质量发展提供保障。区域基本公共服务一体化实质上就是要打破区域内公共服务供给的行政界限与行政壁垒，促进区域内公共服务资源的合理流动与优化配置，加强区域内公共服务供给的均等与整合，为区域内不同群体和不同社会阶层，不论出身、年龄、性别、职业、收入、受教育水平和户籍所在地等，提供公平享有教育就业、医疗卫生和社会保障等资源的条件与机会，从而赋予社会公众基本的生存和发展条件，为其参与政

---

① ［美］约翰·罗尔斯：《正义论》，何怀宏等译，中国社会科学出版社1988年版，第1—3页。

② 上海财经大学上海发展研究院主编：《2019上海城市经济与管理发展报告——长三角一体化再出发》，格致出版社2019年版，第173页。

治、经济、社会、文化活动等创造均等机会并提供保障，使其能为达到自己的发展目标而努力，从而促进区域经济社会一体化和高质量发展目标的实现。

区域基本公共服务一体化既符合现代社会发展的客观规律要求，也是区域一体化发展的重要内容。首先，区域基本公共服务一体化是社会发展到特定阶段的客观要求。当前中国社会发展正处于由工业社会转向后工业社会阶段，随着户籍制度的改革、区域一体化的不断加强、城市群的迅猛发展、城镇化的基本实现和交通运输的便捷等，各地区间人口流动的频率越来越高，规模越来越大，高频率和大规模的人口流动催生了人们越来越多的跨域性公共服务需求。传统的地方政府基于行政区划的基本公共服务"碎片化"供给，难以满足流动人口对跨域性基本公共服务的需求。解决流动人口的跨域性基本公共服务需求，迫切需要中央有关部门加强统筹协调和促进地方政府间合作，增进制度供给和完善合作机制，消除各地区间相互掣肘的制度冲突，推动区域基本公共服务一体化以满足流动人口需求和社会发展要求。其次，区域基本公共服务一体化是区域经济社会一体化的现实要求。随着中国区域经济社会一体化的不断发展，相邻地区间的经济社会联系不断加强，形成了诸多涵盖整个区域的公共事务与公共利益。这些区域性的公共事务与公共利益超出了单个政府的职责权限和治理能力，需要区域内相关政府共同面对，如异地就学、异地就医、异地交保等跨域性公共议题。同时，区域经济社会一体化的过程就是资源、产品、要素和服务一体化的过程，根据国外区域经济社会一体化发展规律，产品要素市场和劳动力市场的一体化与公共服务一体化密切相关。① 区域基本公共服务一体化能够促进区域内劳动力自由流动和生产要素聚集，实现各种资源要素的优势互补，从而促进区域经济一体化的有效发展。最后，区域基本公共服务一体化是改善保障民生的重要手段。区域经济发展的成果要最终体现在能够满足人民群众日益增长的美好生

---

① 〔德〕迪特·卡塞尔、〔德〕保罗·J. J. 维尔芬斯主编：《欧洲区域一体化：理论纲领、实践转换与存在的问题》，许宽华等译，武汉大学出版社 2007 年版，第 8—9 页。

活需求上，美好生活的需求与教育、就业、医疗、卫生和养老等基本民生问题密切相关。区域基本公共服务一体化是区域经济发展成果更公平地惠及全体人民与最大程度地改善民生的重要手段，能够有效解决公共服务的城乡差距和地区差距问题，改善和保障基本民生问题。总之，推进区域基本公共服务一体化，不仅是现代社会发展的客观要求，而且是现代区域公共治理的一个重要内容。

2018 年 12 月，中共中央办公厅、国务院办公厅印发了《关于建立健全基本公共服务标准体系的指导意见》，要求各地区各部门结合实际认真贯彻落实。该指导意见指出，在地方普遍建立健全基本公共服务标准体系，实现基本公共服务均等化，是新时代提高保障和改善民生水平、推进国家治理体系和治理能力现代化的必然要求，它对于不断满足人民日益增长的美好生活需要、不断促进社会公平正义、不断增进全体人民在共建共享发展中的获得感，具有极其重要的意义。2019 年 12 月，中共中央、国务院印发了《长江三角洲区域一体化发展规划纲要》，明确提出长三角一体化到 2025 年取得实质性进展，其中在加快公共服务便利共享中提出，推进公共服务标准化便利化，共享高品质教育医疗资源，推动文化旅游合作发展和共建包容的社会环境。可见，区域基本公共服务均等化和一体化成为推进国家治理现代化和区域治理现代化的重要内容。但区域基本公共服务一体化进程在实践中仍面临着一系列难题和挑战，既有自然禀赋、技术因素、发展水平等结构性障碍，同时也存在制度、体制、机制等制度性障碍，这两类因素相互影响制约着区域基本公共服务一体化进程。① 结构性因素导致各地区基本公共服务现实需求的差异性，对基本公共服务的目标定位各有侧重。制度性因素对区域基本公共服务一体化的影响更为复杂：一方面，地方政府在基本公共服务供给上存在着寻求行政辖区边界内利益最大化和成本最小化的"理性"，基本公共服务资源配置以行政辖区利益最大化为取向，而非考虑区域整体利益；另一

---

① 陈雯、孙伟、袁丰：《长江三角洲区域一体化空间——合作、分工与差异》，商务印书馆2018 年版，第 23—25 页。

方面，地方政府在基本公共服务供给上的各自为政，造成标准差异、制度分割，利益协调机制不完善、共享机制不健全等阻碍了基本公共服务便利共享的实现。区域基本公共服务一体化的关键在于地方政府间区域内公共服务的标准互认、政策协同、制度衔接、互通互联和便利共享，这就要求加强地方政府在区域基本公共服务一体化进程中的合作。区域基本公共服务一体化是地方政府间跨域公共事务合作治理的重要内容。地方政府间跨域公共事务合作治理，尤其是在跨域教育、就业、医疗、养老等公共事务上的合作，为实现区域基本公共服务一体化目标提供了一个有效的视角和途径。随着地方政府间跨域公共事务合作范围的扩展和联系的加强，基本公共服务一体化在区域范围内的实现有了现实基础，更有利于区域基本公共服务均等化和一体化目标的实现。

四　实现区域共同发展与共同富裕

"治国之道，富民为始。"共同富裕是社会主义的本质特征，也是中国共产党人长期以来坚持不懈的价值追求。中华人民共和国成立以来，历届国家主要领导人和领导集体把马克思主义共同富裕理论与中国社会实践相结合，在中国特色社会主义现代化建设中不断丰富发展共同富裕理论和探索共同富裕道路，对共同富裕的认识理解不断深化和实现道路积累经验，成为确立实现共同富裕战略目标的理论前提和实践基础。党的十八大以来，以习近平同志为核心的党中央把握发展阶段新变化，带领全国人民坚定不移地走共同发展道路，把实现全体人民共同富裕摆在更加重要的位置，脱贫攻坚任务取得了全面胜利，小康社会如期全面建成，为促进共同富裕创造了良好的条件。习近平总书记指出："共同富裕是社会主义的本质要求，是人民群众的共同期盼。我们推动经济社会发展，归根结底是要实现全体人民共同富裕。"①2020年10月，党的十九届五中全会提出到2035年基本实现社会主义现代化的远景目标中，就包括"全体人民共同富裕取得更为明显的实质性进展"。

① 习近平：《推动形成优势互补高质量发展的区域经济布局》，《求是》2019年第24期。

2021 年 8 月，习近平总书记在中央财经委员会第十次会议上指出，"共同富裕是社会主义的本质要求，是中国式现代化的重要特征，要坚持以人民为中心的发展思想，在高质量发展中促进共同富裕"。① "共同富裕具有鲜明的时代特征和中国特色，是全体人民通过辛勤劳动和相互帮助，普遍达到生活富裕富足、精神自信自强、环境宜居宜业、社会和谐和睦、公共服务普及普惠，实现人的全面发展和社会全面进步，共享改革发展成果和幸福美好生活。"② 共同富裕是全体人民的共同富裕，由全体人民共同参与和享有，不是少数人的富裕，也不是整齐划一的平均主义；共同富裕是人民群众物质生活和精神生活的共同富裕，是建立在物质生活富裕的基础上，民主政治的进步、经济水平的提高、精神生活的丰富、文明素质的提高和生态环境良好的全方位富裕；共同富裕是分阶段的共同富裕，不是同步富裕，需要全国人民共同努力做大"蛋糕"，然后切好"蛋糕"，是公平和效率的统一。促进全体人民共同富裕是一项长期艰巨的任务，不仅要全面把握新时代共同富裕的科学内涵，而且要正确认识共同富裕的理论逻辑，这样才能脚踏实地、久久为功，不断朝着共同富裕这个目标积极努力奋斗。

　　共同富裕是马克思主义的根本目标和社会主义的本质要求，是中国共产党矢志不渝的奋斗目标和中国式现代化的重要特征。其一，共同富裕是马克思主义的根本目标。马克思主义的人类解放学说是在对人类社会生产力与生产关系、经济基础与上层建筑矛盾运动内在规律的全面深刻分析的基础上，创立的无产阶级解放、实现人的自由全面发展的学说，其目的是消灭私有制、消灭剥削和消除两极分化，实现经济发展和社会财富增长，建立社会主义和实现共同富裕。马克思恩格斯指出，奴隶社会、封建社会和资本主义社会都是以私有制和阶级对抗为基础的社会，社会财富集中在少数人手中，绝大多数人受贫困，而"无产阶级的运动是绝大多数人的运动，为绝大多数人

---

① 《在高质量发展中促进共同富裕　统筹做好重大金融风险防范化解工作》，《人民日报》2021 年 8 月 18 日第 1 版。

② 《中共中央 国务院关于支持浙江高质量发展建设共同富裕示范区的意见》，《人民日报》2021 年 6 月 11 日第 9 版。

谋利益的独立的运动"，① 未来社会 "生产将以所有人富裕为目标，所有人共同享受大家创造出来的福利"，② 可见共同富裕是马克思主义的根本目标。其二，共同富裕是社会主义的本质要求。人类社会的基本矛盾是生产力与生产关系、经济基础与上层建筑之间的矛盾，这一基本矛盾支配着人类社会的发展进程。资本主义社会的生产社会化与资本主义生产资料私有制之间，这一固有且难以调和的矛盾，决定了资本主义社会无法实现共同富裕，也宣告了资本主义最终走向灭亡。社会主义实行生产资料公有制，共同富裕是社会主义的本质要求。社会主义的本质是解放生产力、发展生产力，消灭剥削、消除两极分化，最终达到共同富裕。社会主义制度的本质要求就是实现共同富裕，共同富裕体现了社会主义制度的优越性，这也是与资本主义制度相区别的主要标志。其三，共同富裕是中国共产党的根本价值追求。中国共产党是伟大的马克思主义政党，中国共产党自诞生之日起就高举马克思主义伟大旗帜，把实现共产主义作为自己的远大理想，把为中国人民谋幸福、为中华民族谋复兴确立为自己的初心使命，团结带领全国各族人民为创造美好生活、实现共同富裕而不懈努力奋斗。新民主主义革命时期，以土地革命或土地改革的方式使人人拥有土地，切实践行了共同富裕的思想；社会主义革命和建设时期，实行集体经济所有制，构建了共同富裕的制度化基础；改革开放和社会主义现代化建设时期，在社会主义市场经济改革中坚持先富与后富相结合的共同富裕思想，探寻解决共同富裕问题；社会主义新时代将共同富裕作为中国特色社会主义的根本原则，提出通过初次分配、再次分配和三次分配相结合的方式推进共同富裕。党的奋斗历程和实践经验告诉我们，实现共同富裕是我们党矢志不渝的奋斗目标。其四，共同富裕是中国式现代化的重要特征。中国式现代化具有不同于西方现代化的特征和模式，中国式现代化是对西方现代化道路的超越与创新。实现共同富裕是全面建成社会主义现代化强国的重要标志。习近平总书记指出："共同富裕是社会主义的本质要

---

① 《马克思恩格斯选集》第 1 卷，人民出版社 1995 年版，第 283 页。
② 《马克思恩格斯文集》第 1 卷，人民出版社 2009 年版，第 689 页。

求，是中国式现代化的重要特征。"① 中国式现代化是以人民为中心、追求社会公平、统筹推进"五位一体"、协调推进"四个全面"、推动高质量发展和实现全体人民共同富裕的现代化，促进人的全面发展和社会共同富裕是中国式现代化的重要特征。总之，推进实现全体人民共同富裕，不仅符合马克思主义的理论逻辑和社会发展的历史逻辑，也符合当前中国特色社会主义发展阶段的现实逻辑，是新时代中国特色社会主义发展的内在要求。

全体人民共同富裕离不开区域共同发展与共同富裕，区域共同发展与共同富裕是全体人民共同富裕的必然要求和重要途径。习近平总书记明确提出，"要增强区域发展的平衡性，实施区域重大战略和区域协调发展战略"，② 实现全体人民共同富裕需要构建协调发展的区域格局。缩小区域之间、城乡之间发展差距，解决好区域之间、城乡之间发展不平衡不充分问题，促进区域之间、城乡之间共同发展与共同繁荣，是实现全体人民共同富裕不可或缺的重要方向和途径。一方面，区域共同发展与共同富裕是走向全体人民共同富裕的条件和要求。共同富裕就是全体人民都要富裕起来，而全体人民居住生活在国家各个区域、城镇和乡村。实现全体人民共同富裕就必然要求区域城乡的共同发展与共同繁荣。当然，区域城乡的共同发展与共同繁荣也不是没有差异的，任何时候区域之间、城乡之间的发展水平和居民富裕程度都会存在一定的差异。实现全体人民共同富裕就是要尽可能地缩小区域之间和城乡之间的发展差距，把这种差距控制在合理的可接受的区间内。另一方面，区域共同发展与共同富裕是强化全体人民共同富裕的基础支撑。实现全体人民共同富裕的前提是要把社会财富这块"蛋糕"做大做好，然后通过合理的制度安排把"蛋糕"切好分好。这就要求各地区都能够获得绿色可持续的高质量发展，避免地区及城乡之间的发展差距不断扩大。但地区间发展不平衡不充分抑制了区域共同发展与共同富裕目标的实现。近20年来，中国地区经济发展绝对差距在扩大，横向差距仍然较大。"2000—2019年，

① 习近平：《扎实推进共同富裕》，《求实》2021年第20期。
② 习近平：《扎实推进共同富裕》，《求实》2021年第20期。

东部地区人均 GDP 从高于全国平均水平 3523 元，提高到高于全国 23480 元；中部地区人均 GDP 从低于全国平均水平 2317 元，扩大到低于全国 12164 元；西部地区人均 GDP 从低于全国 3268 元，扩大到低于全国 17150 元；东北地区人均 GDP 从高于全国 1187 元，转向到低于全国 24338 元。"① 地区间经济发展不平衡不充分不仅影响着区域共同发展与共同富裕，而且影响着全体人民共同富裕。实现区域共同发展与共同富裕就要解决地区间发展不平衡不充分问题。地方政府在区域经济社会一体化发展中起着非常重要的作用，区域整体、绿色、创新、可持续和高质量发展，互通互联和统一市场的实现都离不开地方政府间的合作。地方政府在产业转移、基础设施建设、公共服务一体化、生态环境保护和公共危机治理等跨域性公共事务领域的全面合作，能够促进地方政府间人力、物力、财力、技术和信息等资源的互补和帮扶，不断缩小区域发展差距和提升区域发展平衡性，有利于实现区域共同发展与共同富裕目标，从而为全体人民共同富裕奠定坚实基础。

---

① 陈耀：《提升区域发展平衡性协调性是实现共同富裕的重要途径》，《区域经济评论》2022年第 2 期。

第四章　地方政府间跨域公共事务合作治理的约束机理

　　跨域公共事务超出了单一地方政府的治理能力和管理权限，促使地方政府转变行政理念与突破行政边界，从相互竞争的分割状态转向相互协同的合作状态。目前地方政府就跨域公共事务治理在诸多领域展开了跨界合作，并取得了明显的成效、积累了实践经验。但在地方政府间跨域公共事务合作治理过程中，仍存在着议而不决、决而不行、行而不果等合作难题，"搭便车"和"公用地悲剧"等不良现象时有发生，致使合作过程中矛盾冲突和利益纠纷不断，严重影响着地方政府间跨域公共事务合作治理的效能。故而，基于地方政府在跨域公共事务治理中的政治性、经济性和行政性等属性特征，从政治学、经济学和行政学等不同学科视角出发，探究地方政府间跨域公共事务合作治理的约束机理，有助于有针对性地构建与完善地方政府间跨域公共事务合作治理体系，从而推动地方政府间跨域公共事务合作治理体系和合作治理能力的现代化。

第一节　政治学视角

一　横向阻隔且竞争的府际关系

　　跨域公共事务的特征决定了其治理过程的复杂性，涉及多元的政府层级主体以及纵横向的权力运行机制。府际关系作为跨域治理体系的载体，在推进跨域治理体系现代化中，府际关系尤其是地方政府间关系越来越重要。在中国现有政治体制下，跨域公共事务治理中的地方政府间纵横向关系，在性质上与中国中央与地方、地方与地方政府间关系具有高度相似性。因而，通过分析中国中央与地方、地方政府之间纵横向关系的演进，透视跨域公共事务治理中地方政府间关系的实质及其对地方政府间跨域公共事务合作治理的影响。

1. 横向阻隔（强）与间接竞争（弱）

中华人民共和国成立到 1978 年改革开放之前，中国在政治上选择了中央高度集权政治体制，经济上实行计划经济体制。政治上中央高度集权体制反映在政府间关系上，则是上级政府对下级政府实行严格的政治控制，中央政府与地方政府之间、上下级地方政府之间，形成了严格的等级层次和垂直领导格局，各项计划、政策、决定、命令、任务的下达和实施，都是按照自上而下的等级层次开展和进行。计划经济体制大框架下，全社会所有的经济活动都被纳入中央政府统一计划和集中指挥，各级政府间的经济关系也是在集中统一的计划内开展经济活动，中央政府就经济发展的各项事务制订全国统一性计划，各级地方政府按照中央政府统一计划要求，逐级分别制订各地经济发展计划，并负责执行和贯彻落实。在这种政治和经济体制下，地方政府没有较多的自主权，未形成独立的经济利益。政府管理体制中最明显的特征是中央统一命令与地方绝对服从，中央政府掌管行政权和经济权，权力和资源自上而下单向运行，地方政府则按照中央政府行政管理和经济发展要求设置对应机构完成中央下达的任务。作为中央政府代理人的地方政府为中央各职能部门形成的"条条"所肢解，地方政府几乎没有权力和事务与其他地方政府发生横向联系，把主要精力集中放在完成中央及上级政府下达的任务和协调本级政府各部门关系上。地方政府最大的政治利益就是服从中央政府命令，最大的经济利益就是争取上级资源。在条块分割体制中，地方政府间联系比较薄弱，横向关系几乎阻隔，条块分割使地方政府的管理地位被削弱和政府内部各职能部门之间的关系被阻隔，地方政府间协调与合作的基础也就变得十分薄弱和缺乏进行横向联系的动力。① 地方政府间也没有现代意

---

① 林尚立：《国内政府间关系》，浙江人民出版社 1998 年版，第 315 页。

上所说的竞争，只有名义上的竞争。这种竞争是指在全国范围内开展的社会主义劳动竞赛，其目的是向中央政府争取地方发展所需的资金和政策资源，以建立地方产业体系。由于地方政府间没有发生直接联系，因而可以说这种竞争是一种间接竞争，同时在中央政府及上级政府的主导下，这一时期地方政府间也存在少量合作。

在"条块分割"的计划经济管理体制下，地方政府间形成横向阻隔与间接竞争的府际关系，主要原因如下。（1）在中央高度集权的政治和经济体制下，由于中央政府掌管着经济社会发展的一切事务，地方政府在经济社会发展中缺乏自主权和独立性，既没有独立的经济利益，也没有相应可控制的社会资源，只能完全服从中央政府的计划安排和执行中央政府的政策命令，消极被动地等待中央政府的"给予"。地方政府的管理地位萎缩和利益表达被压制，这就使地方政府间发展横向关系的基础薄弱，合作动机和利益需求缺乏，合作理念难以树立和合作机制难以形成。（2）中央各职能部门为了便于加强对地方的管理，要求各级地方政府依据中央的职能部门设置对应的地方机构，而地方政府为了便于向中央各部门争取所需资源，也愿意设置与中央各部门相对应的机构。这样，地方政府实际上被"条条专政"肢解，地方政府内部各机构之间缺乏沟通与协调，难以形成地方发展统一规划和整体行动，地方政府间横向关系也就无从谈起。（3）中央政府控制着经济社会发展所需的人力资源、物质资源、财力资源等绝大部分资源，而地方政府掌握的资源十分有限，且资源分配方式是自上而下的垂直分配，无法横向及自由流动，这就使地方政府间缺乏联系与合作的物质基础和合作领域。（4）"均衡配置与均衡发展"原则要求各地区自成体系、自给自足，各产业部门应有尽有、"五脏俱全"，小而全的工业体系切断了地方政府间的横向联系需求，地方政府间只存在向上争取中央政府资源的间接竞争。①

在政治与经济高度集权的传统体制下，尽管地方政府间在资源禀赋、生产要素、市场需求、区位条件、外部环境等方面均存在明显差异，这在客观

---

①　张紧跟：《当代中国政府间关系导论》，社会科学文献出版社 2009 年版，第 133—134 页。

上为地方政府间发展横向经济联系和合作提供服务奠定了基础，但在传统"条块分割"体制的作用下，地方政府缺乏一定的自主权和独立的利益主体地位。区域内地方政府间在纵向和横向两个方面也呈现出不同的关系，具有纵向隶属关系的地方政府间具有比较密切的经济社会联系，各地方政府严格按照下级政府服从上级政府的要求，下级地方政府服从上级地方政府下达的经济社会发展指令和政策，配合上级地方政府完成经济社会发展的各项指标任务。这种上下级地方政府间在经济社会发展中的合作是一种被动式的合作，是一种上级压力推动下的外源式合作，上级地方政府无法充分调动下级地方政府在经济社会发展中与上级地方政府合作的积极性，一旦上级压力减弱，合作效率也会随之衰减。而区域内无行政隶属关系、地域毗邻的地方政府之间，由于地方经济发展由中央政府和上级地方政府统筹规划，地方公共产品和公共服务供给由各地方政府统包统揽、独自负责，没有突破行政管理辖区范围；同时，地区之间、人们之间的交往并不密切，使得跨域性公共服务需求相对较少，地方政府各部门、机构根据计划统一管理地方事务，使得公共问题也没有充分外溢，地方政府间也就难以因为发展地方经济和管理社会公共事务而产生横向联系。

总之，在传统的中央高度集权管理体制下和行政组织纵向分工原则下，地方政府间一方面缺乏合作的需求与动力，另一方缺乏合作的物质基础，区域内地方政府间关系呈现纵向垂直领导和横向阻隔的特征，地域毗邻的各地方政府主要受上级政府的领导，相互之间则处于各自以行政区划为界的相互隔离与分割状态。这对跨域性公共事务治理而言，难以形成地方政府间协同合作的整体性治理机制。

2. 横向阻隔（弱）与同质竞争（强）

20世纪70年代末到21世纪初，中国在经济、政治和社会等领域进行了一系列改革，这一系列改革也推动了政府间关系的演变和发展。鉴于改革开放前中央高度集权和计划经济体制给整个中国经济社会发展带来的一些弊端，及其所形塑的地方服从中央、下级服从上级的政府间纵向垂直、横向阻隔的府际关系，在一定程度上抑制了地方政府发展经济的积极性和管理社会公共事务的自主性，不利于整个经济社会的快速发展。因而，从 1978 年开始中国进行了具有划时代意义的体制改革，随着这一渐进式或增量式改革的逐步推进，从经济到政治乃至整个社会都发生了根本性的变化。政治与经济体制改革使行政权力和财政权力逐步下放至地方政府，扩大了地方政府的自主权，激发了地方政府的利益主体意识，从客观上促发了地方削弱中央、下级地方政府摆脱上级政府控制的种种行为，促使中央与地方、上下级地方政府间纵向控制关系的弱化，各级地方政府间的横向关系也发生了相应的变化。主要体现在两个方面。一方面，地方政府间由相互阻隔走向试探性合作。在中央政府的主导和推动下，地方政府在经济社会领域开始试探性合作，这一时期地方政府间的合作主要有以下三种：一是由经济发达或实力较强的地区对经济不发达或实力较弱的地区进行以经济援助为主的对口支援，对口支援式的合作帮扶打破了地方政府间的相互阻隔与相互分割；二是由中央政府组织成立经济联合体或经济合作区，以此打破地区及部门之间的相互封锁，通过统一规划和整体协调来化解地区及部门间的矛盾，这一合作形式促进了地方政府间在商品流通、资金使用、资源开发等领域的合作；三是各级地方政府对国家区域政策做出了积极响应，成立了省级经济协作区、毗邻地区经济协作区、省内经济协作区和城市间协作网络，① 开始在经济领域探索地方政府间自主合作之路。另一方面，地方政府间的竞争由间接竞争走向直接竞争乃至非理性竞争。尽管这一时期地方政府间在经济领域开始尝试性合作，但竞争依然是地方政府间关系的主流。这种竞争一开始大多呈现为地区经济封锁、地方保护主义等非理性竞争，到后来逐渐演变为地方政府间在招商引资、减免税收、土地出让等政策方面和争夺开发区、工业区、特殊区等优惠政策方面的同质化竞争。

改革开放后到 21 世纪初，这一时期地方政府间合作与竞争并存的原因如下。一方面是分权化改革扩大了地方的自主权。改革开放后，中国进行了行政性和经济性两方面的分权化改革。行政性分权是指不同层级政府间的权

① 张万青：《区域合作与经济网络》，经济科学出版社 1987 年版，第 33 页。

力调整，包括中央向地方分权和上级政府向下级政府分权，主要是指事权和财权在上下级政府之间的重新配置；经济性分权是指政府与市场在资源配置中比重的变化、政府与企业在诸多权力方面的调整。这种分权化改革使地方政府获得了一定的行政自主权、部分的资源要素配置权、地方国有企业所有权和地方经济社会管理权，地方政府长期以来在计划经济体制下被压制的利益需求得以释放，地方政府具有独立利益主体的身份被加以承认，极大地调动了地方政府发展经济的积极性、主动性和创造性，使地方政府间具有了合作的物质基础和内在需求。由于不同地区在自然资源、生产要素、产业结构和经济水平等方面存在不同程度的差异，各地区为了促进本地经济更快发展和实现地方利益迅速增长，地方政府间在经济领域及部分公共事务上展开合作。但分权化体制下得以强化的地方利益分割，导致增加了地方政府间矛盾和加剧了地方政府间竞争，不可避免地带来价格大战、产业雷同、重复建设、地方保护主义等负面影响，甚至极其容易陷入"囚徒困境"。另一方面是让利性改革激活了地方经济利益。改革开放以来，纵向政府间进行了以放权让利为主要内容的经济体制改革，放权让利改革赋予了地方政府一定的财政自主权，也把地方政府与地方利益紧密结合在一起。在地方政府逐渐获得财政自主权和扩大资源配置的过程中，各级地方政府的利益意识得到了持续强化，并随着行政权力下放而不断增加地方责任，使其不得不格外关注地方经济发展和地方自身利益，为了保护地方经济发展和增加地方财政收入，逐步形成以各自行政区域为界的本位意识，造成地方政府在经济发展中的保护主义和恶性竞争。1994年以后实行的分税制改革进一步强化了地方利益意识，虽然分税制是在不断调整地方既得利益基础上进行的，但仍尚未完全合理地划分中央政府与地方政府各自的财权和事权，且将地方收入和所属企业的利益捆绑在一起，使得各行政区政府为了自身利益和扩大自身财源，在招商引资中相互竞争，实行市场封锁和地区保护，加剧了市场的分割程度，不利于区域经济一体化发展。

改革开放以来的放权让利改革，扩大了地方政府的行政自主权，激发了地方政府的利益主体意识。在中央政府的政策推动和地方政府的利益驱动下，地方政府间在区域经济发展及公共事务治理中的关系发生了较大变化，由相互阻隔走向相互合作，区域内地方政府间跨行政区联合趋势明显。这一时期地方政府间合作具有以下主要特点。第一，从合作行为来看，地方政府间合作具有明显的中央政府主导特征，由中央政府发起并推动而并非完全是地方政府的自发行为。例如，1979 年国务院提出的"扬长避短、发挥优势、坚持自愿、组织联合"原则；1982 年由原国家经贸委牵头构建以上海为中心的长江三角洲经济圈；1990 年国务院发布的《关于打破地区间市场封锁　进一步搞活商品流通的通知》等。第二，从合作动因来看，地方政府间合作除了中央政策层面的支持外，更多地源自地方政府理性"经济人"的内在需求。放权让利改革强化了地方政府的利益主体意识，为了推动地方经济发展和增加地方财政收入，地方政府间开始日益加强跨行政区经济联系，其根本目的在于实现地方利益最大化。第三，从合作内容来看，地方政府间合作以经济领域的合作为主，公共事务方面的合作较少。这一时期在以经济建设为中心思想的指引下，地方政府间主要围绕经济领域的事务进行交流与合作。虽在跨域交通体系、跨域环境治理等公共事务方面进行了初步合作，但这仍不是这一时期地方政府间合作的主要议题。第四，从合作的方式来看，地方政府间合作多是点对点的单线合作，且以中心城市政府为主，与其他地方政府的相互合作甚少。

总之，这一时期在中央政府的政策引导和地方政府的利益驱动下，虽然地方政府间在区域经济发展方面进行了一些合作，但竞争依然是这一时期地方政府间关系的主流。这种建立在地方各自经济利益基础上，注重短期利益的实现和具有较强针对性的问题导向性合作，使地方政府间在区域经济合作进程中也存在诸多难以协调的矛盾和冲突。不仅难以跳出区域经济一体化进程中地方政府集体行动的非理性，也难以摆脱跨域公共事务治理中地方政府集体行动的"公用地悲剧"。

3. 网络化合作与多元化竞争

21 世纪初，中央正式提出统筹区域协调发展战略，并强调通过合作机制实现区域共同发展。中国地方政府间关系也随之发生了显著的变化，开始逐步向规范化和制度化方向发展。2004 年，国务院有关部委联合发布了《关于清理在市场经济活动中实施地区封锁规定的通知》，这标志着地方政府间在区域经济合作中有了基本的规范体制依据。2008 年的《珠江三角洲地区改革发展规划纲要》等明确提出，要加强区域协调发展、共同发展。党的十八大以来，以习近平同志为核心的党中央提出了创新、协调、绿色、开放、共享的发展理念。新发展理念建立在对经济社会发展规律深入把握的基础上，对于实现"两个一百年"奋斗目标、实现中华民族伟大复兴的中国梦具有重大指导意义。其中，协调发展注重解决发展不平衡问题，它既是治国理政的基本发展理念之一，又是推进各项工作的一个具体要求。党的十八届五中全会再次强调，推动区域协调发展，塑造要素有序流动、主体功能约束有效、基本公共服务均等化、资源环境可承载的区域协调发展新格局。为此，要站在全局的高度认识促进区域协调发展的战略意义，积极探索抑制地区差距继续扩大，解决区域发展不平衡不充分的制度举措，通过政府有机协同形成促进区域协调发展的体制机制。习近平总书记强调，"要根据各地区的条件，走合理分工、优化发展的路子"，①并亲自谋划和部署了以有序疏解北京非首都功能，推进京津冀在产业升级转移、生态环境保护、交通一体化等领域的协同发展；以"共抓大保护、不搞大开发"，依托长江黄金水道推动长江中下游地区经济绿色高质量发展；以"大胆闯、大胆试，开出一条新路来"，积极推进粤港澳大湾区建设；以"紧扣一体化和高质量两个关键词"，扎实推进长三角一体化发展；以"共同抓好大保护，协同推进大治理"，推进黄河流域生态保护和高质量发展等一系列区域重大战略，还就深入推进西部大开发、振兴东北老工业基地、促进中部地区崛起、倡导东部地区率先发展等作出了新部署。习近平总书记对区域协调发展进行的一系列重大战略部署，引领各地区打破了自家"一亩三分地"的思维定式，形成了东西南北中纵横联动、优势互补的区域协调发展新格局。党中央提出的新发展理念和重大区域协调发展战略，推动了地方政府行政理念和职能的转变，形成了以区

---

① 习近平：《推动形成优势互补高质量发展的区域经济布局》，《求是》2019 年第 24 期。

域联合为载体的府际关系并逐渐拓展深入。

这一时期地方政府间关系整体上呈现出网络化合作与多元化竞争状态。地方政府间合作具有以下特点。第一，由于区域协调发展的提出及其成为解决区域发展不平衡不充分问题和促进区域共同发展的国家重大战略，在国家区域协调发展战略的推动和影响下，各地方政府在区域经济社会发展中由原来"各自为政"的发展转变为相互间协调、整合与合作发展，由原来的临时松散型合作向长期稳定型合作发展。区域内地方政府间各类合作组织相继建立和正式形成，如通过首脑会议、联席会议、行政协议和行政合同等形式建立起相对稳定的合作关系，尤其以珠三角、长三角、京津冀三个区域内地方政府间的协同合作、交互共生最为典型。第二，地方政府间合作动机由追求地方利益最大化转向谋求共同利益的需求显著增加，加强地方政府间在区域经济社会一体化中的合作，已成为社会各界的共识。这一时期地方政府间在区域经济社会发展中的合作，既有中央政府主导或推动的区域合作，也有地方政府自发形成的区域合作。地方政府在经历了一段时期的恶性竞争导致两败俱伤的结果之后，更加理性地看待区域经济社会发展中地方政府间合作，以一种合作共赢的态度对待彼此之间的合作。例如，2004 年 6 月，珠三角地区各省区代表签订了《泛珠三角区域合作框架协议》，确立了"在优势互补、平等互利的前提下开展合作，提高对内对外开放水平，提高资源配置效率和经济运行质量，以合作促进经济社会共同发展，提高整体竞争力"的宗旨，通过地方领导互访、合作发展论坛、城市间学习考察、公务员交流座谈等建立合作交流机制，推动珠三角区域合作发展。第三，地方政府间合作领域由原来的经济合作为主转向包括基础设施建设、生态环境保护、大气污染防治、旅游资源开发、公共服务供给、医疗卫生保障、公共危机预防等在内的多领域和全方位合作。第四，地方政府间合作方式由原来点对点的单线合作转向多主体、多层次的网络化合作。尽管这一时期合作成为地方政府间关系的主流，但这并不意味着这一时期地方政府间就不存在竞争。竞争中的同质化问题依然存在，不过地方政府间竞争的焦点不再是单一的 GDP 增长，而是在营商环境、公共管理、社会服务、民生保障等领域展开多元化和差异化竞争。在区域协同发展中，"错位发展"思想已渗透到地方政府竞争的行为中，《人民日报》以"错位发展"为关键词的报道在 2002—2018 年共计 300 余条，各地区基于本地经济结构、生态环境、民族文化等进行差异化发展、错位竞争的趋势明显。①

这一时期，中国区域经济一体化的快速发展和城市化及城市群的迅猛崛起，极大地推动了中国经济的持续发展和满足了人民群众的物质需求，但同时也诱发了大量的跨域性公共问题和产生了复杂的跨域性公共事务，从经济发展到环境治理、从人才交流到公共服务、从医疗卫生到社会保障、从公共事务常态化管理到突发公共事件应急管理，社会公共事务的跨域性、外部性、交互影响性日渐明显，诸多社会公共事务跨越了行政区划界限和超出了行政区政府治理能力。区域经济社会一体化使地方政府间的联系愈加紧密，发轫于某一地的公共问题会通过多种渠道扩散至其他地区、区域乃至全国，如突发公共卫生事件，其外溢性会造成对整个区域乃至全国普遍的影响。地方政府传统的基于行政区划"封闭性"和"分割性"的公共事务治理模式，已经难以适应日益复杂的跨域公共事务治理实践需求，作为地方政府治理模式的优化与创新，合作治理与共同发展成为"精明政府"② 现实而必要的选择。加强地方政府在跨域公共事务治理中的合作是政府解决"棘手性"公共问题，以实现公共价值和公共利益的有效路径。基于区域经济社会一体化带来的跨域性公共问题或跨域性事务治理需求，基于统筹区域协调发展与共同发展要求，地方政府在产业结构调整、统一市场建设、大气污染防治、流域生态保护、公共危机防治、公共服务供给等诸多跨域性公共事务中加强纵横向协作联动，以公共利益为导向的合作治理取得显著成效。但这并不能充分说明地方政府间在跨域公共事务治理中的关系发生了质的飞跃，因为竞争与合作是地方政府间关系的本质特征。利益是影响地方政府间关系的关键变

---

① 彭忠益、柯雪涛：《中国地方政府间竞争与合作关系演进及其影响机制》，《行政论坛》2018 年第 5 期。

② ［美］唐纳德·凯特尔：《权力共享：公共治理与私人市场》，孙迎春译，北京大学出版社 2009 年版，第 144 页。

量，地方政府间关系会因地方利益需求的变化而变化，利益主体的特点在地方政府体系中最为明显，地方政府间竞争是难以避免而且大量存在的。各地方政府在跨域公共事务治理中的能力存在差异和利益需求不同，必然引发地方政府间的矛盾冲突和利益争夺。地方政府间跨域公共事务合作治理中的竞争，集中体现为辖区间政府为了在跨域公共事务治理中获得各种有形或无形的资源以实现地方利益最大化而展开竞争。因而，在跨域公共事务治理上，地方政府间关系仍无法摆脱横向阻隔与竞争的影响，这成为制约地方政府间跨域公共事务合作治理的重要因素。

二　压力型体制下的政治锦标赛

1. 压力型体制

压力型体制的概念最初是由荣敬本等组成的"县乡人大机制研究"课题组，通过对河南省新密市县乡两级政府机构以及政府各职能部门运行状况进行调查研究后提出的一个分析性概念。这个概念首次出现在"县乡人大机制研究"课题组的研究报告《县乡两级的政治改革：如何建立民主的合作》中，1998 年以"从压力型体制向民主合作体制的转变：县乡两级政治体制改革"为名出版。① 压力型体制作为中国现代化及市场化进程中反映以政治动员和行政命令为主要特征的政府运作的一个分析性概念，自 1998 年由荣敬本等提出之后，便迅速获得了政治学、行政学、经济学和社会学等诸多领域学者的认可和应用，在当代中国地方政府运作的系统分析中仍具有极强的解释力和合理性。

所谓压力型体制，是指一级政治组织为了实现经济赶超，完成上级下达的各项指标而采取的数量化任务分解的管理方式和物质评价体系。为了完成经济赶超任务和各项指标，各级政治组织（以党委和政府为核心）把这些任务和指标进行逐层分解，下派给下级组织和个人，责令其在规定的时间内完成，然后根据完成的情况进行政治和经济方面的奖励。由于这些

---

① 杨雪冬：《压力型体制：一个概念的简明史》，《社会科学》2012 年第 11 期。

任务和指标中的一些主要部分采取的评价方式是"一票否决制"，即一旦某项任务没有达标，就视全年的工作成绩为零，不得给予各种先进称号和奖励，所以各级组织实际上是在"零和博弈"式的评价体系压力下运行的。① 压力型体制本质上是以行政隶属关系为依托、将行政命令压力与物质激励相结合，上级组织对下级组织实行的一种激励与约束机制。它主要由三个要件构成。一是指令性数量化的任务分解机制。体现为地方政府根据中央政府的宏观计划与上级政府的计划及本地区经济发展与社会建设实际情况，在接到上级政府下派的各项指标任务或制定当地经济社会发展的各项指标后，当地党委和政府就会对这些具体的任务目标进行量化分解，然后通过签订责任书或岗位责任制将这些指标和任务层层下派给下级政府及相关官员，并要求其在规定的时间内完成任务指标，在政府内部构建起一种事实上的"发包—承包"机制。二是各部门共同参与的问题解决机制。强劲的政治动员能力和迅速的资源整合能力是压力型体制的功能优势，为了完成上级政府下派的指标任务和本级党委政府的年度重点工作安排，政府各部门要将党委政府的工作计划和工作重点纳入各自的工作计划当中，或通过抽调各部门人员和聚合各部门资源一起行动，完成来自上级的临时性任务或工作。三是多层次的物质化考核评价机制。多层次的考核评价是指通过党委系统的组织部门、政府系统的人事部门、部门内部的干部及工作人员等，对组织和个人完成指标任务的情况，通过年度考核、述职报告以及工作报告等方式进行多主体、多方式的考核评价；物质化的激励是指根据对组织和个人完成指标任务的考核情况，给予组织和个人晋升、提薪、奖金等物质奖励，对没有完成一些重要任务的组织和个人实行"一票否决制"，不能获得任何物质奖励和荣誉称号。

压力型体制的形成有其现实而复杂的多重因素，既有政治体制的因素，也有客观经济的因素。邓小平曾谈到，"社会主义国家有个最大的优越性就

---

① 荣敬本等：《从压力型体制向民主合作体制的转变：县乡两级政治体制改革》，中央编译出版社1998年版，第28页。

是干一件事情，一下决心，一做出决议，就立即执行，不受牵扯"。① 这样可以动员所有力量和集中一切资源办大事。经济建设在改革开放之后被确立为国家现代化建设的主要任务，形成了"经济增长"国家战略和发展共识，成为"最大的政治"，而其他任务的完成也依赖于经济建设这一任务的完成。中央政府或上级政府通过行政命令的方式逐级下达经济增长指标，用政治动员和行政命令的方式集中政府部门及官员的注意力和调动社会各领域的资源以驱动地方经济发展。经济建设成为各级政府的中心工作，其成效也成为衡量各级地方政府工作绩效和政府官员政治晋升的重要指标，从而形成了压力型体制的运行特征。同时，压力型体制的形成还与 20 世纪 80 年代人事管理权的下放和岗位责任制的推行有关，人事管理权的下放使各级地方政府获得了独立的人事任免权，增强了地方行政领导的人事权；岗位责任制的推行使下级政府将上级政府下达的任务指标通过岗位责任制分解到每一位政府官员身上。为了激励下级地方政府及官员指标任务的落实与完成，上级政府通过精神激励、职务升降、物质奖励等多种奖惩措施调动下级地方政府及官员工作的积极性，这样压力型体制就内化为利用行政权力、以责任制为网络和以政治经济激励为动力杠杆，将压力逐层向下传递、渗透和扩散的行政决策和执行模式。② 压力型体制不仅是一种助推经济发展的方式，而且是一种新的政府运行机制，其基本运行方式就是依靠政治动员和行政命令来推动经济增长及其他工作的完成。压力型体制最初用于分析与解释地方经济发展，后来扩展到经济发展以外的诸多领域。现阶段政府的运行体制仍然是压力型体制，其运作的逻辑尚未发生根本性的变化，仅仅是其作用机制发生了重要变化：一是指标管理与技术治理相结合，二是强化了行政问责与追责，三是评价指标的多元化。③

　　压力型体制是整个中国权力运行体制和政府运行体制所具有的特点，其

---

① 《邓小平文选》第 3 卷，人民出版社 1993 年版，第 240 页。
② 唐海华：《"压力型体制"与中国的政治发展》，《中共宁波市委党校学报》2006 年第 1 期。
③ 渠敬东、周飞舟、应星：《从总体支配到技术治理——基于中国 30 年改革经验的社会学分析》，《中国社会科学》2009 年第 6 期。

作用不仅限于在经济领域继续发挥作用，而且扩散到社会管理等领域的任务落实方面。在经济发展方面，保持经济可持续增长和高质量发展已成为全社会的共识。尽管需要解决经济发展过程中出现的各种问题，但必须保持经济可持续增长始终是经济发展的主题。只有持续不断地发展经济，才能解决发展过程中的各种难题。为了实现地区经济增长，地方政府最有效的方法就是不断加强招商引资，吸引资本流入本地区，以保持经济高速增长和增加财政收入，从而同时满足上级政府的政绩要求、增强本地区的竞争优势和改善当地民众的生活水平。三种压力的聚合增强了地方政府发展经济的动力，提升了地方政府发展经济的责任。在社会管理领域，压力型体制的合理性在于能够解决利益多元化、执行"碎片化"引发的治理难题，通过行政压力的传导克服政府及部门间的相互掣肘，集中各部门资源解决重大问题，推动指标逐步落实和任务顺利完成，减少问题的不确定性和维护社会公共利益。压力型体制在现阶段经济社会发展中依然发挥积极作用并产生显著效果，这也是其存续至今并保持一定活力的主要原因。

但越来越多的研究表明，压力型体制也引发了一系列值得关注的问题，主要突出表现在以下四个方面。(1)压力型体制导致各级政府都将事权下移，增加了基层政府的行政负担。在压力型体制下，各级政府为了减轻自身的责任压力，把本应该由本级政府承担的职责（事权）交给下级政府，从而将支出责任下压。事权层层下移的过程也是压力层层加码的过程，从省到市、市到县、县到乡镇层层加码，最后都落到乡镇头上，造成乡镇政府权力与责任、事权与财权不对称，增加了基层政府的行政负担。(2)压力型体制容易扭曲地方政府及官员的政绩观，造成政绩异化。压力型体制下如果政绩考核评级指标不合理，地方政府为了追求政绩而展开竞争，可能会加剧地方政府间的恶性竞争。在竞争压力和政绩追求下制定的各种指标任务往往不科学也不实际，单一的指标体系会扭曲官员的政绩观。(3)压力型体制容易造成各级政府的造假和短视行为。地方政府为了完成上级政府下达的指标任务，通常会采取造假和谎报的办法以应对上级的检查。另外，地方政府的目光紧盯指标任务，这样容易导致地方政府忽视指标以外的事务。(4)压力型

体制容易引发目标错位与责任流失。在压力型体制的高压下，下级政府的主
要任务就是完成上级政府分配的各项指标任务，下级仅仅是为了完成上级的
考核任务而工作，无暇考虑当地居民的真实需求，无力顾及这些指标任务是
否符合当地实际情况，从而可能导致政府实际工作与社会发展需求脱节。[①]
"一票否决制"也容易造成地方官员的短期行为和造假行为，不利于构建长
期有效的行政问责制度。

2. 政治锦标赛

政治锦标赛是一项用于解释政府官员的激励与晋升机制的重要理论。国
外学者对政治锦标赛相关理论的研究始于 20 世纪 80 年代前期，如拉齐尔
（E. Lazear）和罗森（S. Rosen）等通过对企业中产出排序与产出数值的比较
研究，指出当企业的产出数值衡量存在高昂的成本时，甚至无法进行准确衡
量时，那么锦标赛的实施成本、激励效果与资源配置就要好于计件制，从而
构建了锦标赛理论的基本概念与框架。[②] 纳列布夫（Barry J. Nalebuff）和史
蒂格利茨（Joseph E. Stiqlitz）则进一步研究了在信息不对称的经济体中，竞
争性的薪酬方案（薪酬取决于相对绩效）对个体的激励作用。[③] 虽然他们的
研究不是在政府部门的官员身上展开的，但其研究成果运用到政府官员身上
并不改变研究成果的实质和结论。20 世纪 90 年代中期，薄智跃首次将锦标
赛理论引入对中国地方官员晋升现象的研究当中，分析了 1949—1994 年省
级领导人的政治晋升历程，大大拓展了该理论的应用范围。[④] 在国内，改革
开放以来经济高速增长的动因及其背后地方政府官员的晋升博弈成为经济
学、政治学和行政学关注的重点议题。自 20 世纪 90 年代周黎安等学者将
"锦标赛"概念引入国内学界之后，政治锦标赛理论逐步进入国内学者的研

① 荣敬本：《变"零和博弈"为"双赢机制"——如何改变压力型体制》，《人民论坛》2009 年第 2 期。

② E. Lazear, S. Rosen, "Rank-Order Tournaments as Optimum Labor Contracts", *Journal of Political Economy*, No. 5, 1981, pp. 115-120.

③ Barry J. Nalebuff, Joseph E. Stiglitz, "Prizes and Incentives: Towards a General Theory of Compensation and Competition", *The Bell Journal of Economics*, Vol. 14, No. 1, 1983, pp. 21-24.

④ Zhiyue Bo, "Economic Performance and Political Mobility: Chinese Provincial Leader", *Journal of Contemporary China*, No. 5, 1996, pp. 145-154.

究视野之中，并迅速成为解释中国经济增长奇迹背后地方政府官员晋升博弈及相关各类政治问题的主流理论之一。作为国内最早关注与研究锦标赛理论的学者，周黎安在借鉴国外锦标赛相关理论知识的基础上，结合中国的现实政治生态和具体国情，最先提出了中国地方政府官员政治晋升的锦标赛概念和理论，为解释中国地方政府官员政治晋升现象提供了一个全新的观察视角和理论分析框架。不仅进一步拓宽了学术界对地方政府官员政治晋升研究的理论视野，也为学术界对地方政府官员政治晋升的逻辑实证主义分析提供了启发。周黎安通过对中国经济增长背后的政治制度安排进行分析后发现，上级政府通过压力型体制将经济发展任务行政发包给下级政府，然后根据各项指标对各地发展经济任务的完成情况进行量化考核，再依据地方经济增长的绩效排名等政绩因素确定下级官员的政治晋升，因而下级政府官员都存在着强烈的经济发展愿望和动机。针对这种现象和逻辑，周黎安将政治锦标赛定义为一种"政府治理的模式"，是指上级政府对下级政府的行政首脑及部门的主要行政负责人设计的一种政治晋升竞赛，竞赛标准是由上级政府确定的GDP 增长率以及其他可度量的指标，竞赛优胜者可获得政治晋升的机会。[1]

政治锦标赛对地方官员的激励作用并不是在任何一种政治体制下都可以充分发挥和实现的，它的有效实施和功能发挥需要满足以下几个前提条件。[2]（1）人事权必须集中在上级政府手中，且上级政府有权决定官员提拔和晋升的标准，并能够依据官员提拔和晋升的标准，根据下级官员工作绩效考核评价结果决定官员的升迁。（2）存在一种上级政府和下级政府官员都适用的可观察、可衡量的客观竞赛指标，如地方 GDP 的增长率、地方财政收入、地方人均收入水平、地方公共服务支出等。如果上级政府制定的绩效指标具有模糊性和缺乏客观性，那么下级政府官员由于工作绩效考核评价指标的模糊性就会无所适从，最终依据考核评价结果决定下级官员升迁也难以获得地方官员的认同，其政治激励作用也就大大减弱。考核评价下级政府官员工作绩

---

① 周黎安：《中国地方官员的晋升锦标赛模式研究》，《经济研究》2007 年第 7 期。
② 周黎安：《转型中的地方政府：官员激励与治理》，格致出版社、上海人民出版社 2008 年版，第 92—93 页。

效的指标越模糊、越主观，政治锦标赛对政府官员的激励作用就越弱。（3）上级政府必须以可信的方式承诺，在对下级政府官员进行考核、选拔和任免时，一定能够公正公平地执行这些绩效标准。如果上级政府在对下级政府官员的选拔任用中偏离原先制定的绩效考核评价标准或临时更换绩效考核评价标准，就无法获得下级政府官员的信任，下级政府官员也就不会认真地参与这种竞赛。（4）政府官员之间的工作绩效是相对可分离和可比较的，且政府官员能够在一定程度上控制最终考核的绩效。如果政府官员的工作绩效既无法单独衡量，又与自身的努力缺乏足够的联系，在这种情况下锦标赛的激励作用将会很小。（5）政府官员之间不容易形成绩效合谋。试想如果所有的下级政府官员通过私下合约达成同盟，将每个人所有的工作绩效保持在相同的水平，那么大家就都成了参赛的优胜者，不仅可以平分最高奖励，而且能够获得相同概率的晋升机会。这样不利于公共问题的解决和公共利益的提高，最终损害了国家利益。由此可见，政治锦标赛对地方政府官员激励作用的发挥，需要具备一定的实施前提和条件。如果缺乏其实施及运作的基本条件，其对地方政府官员的激励作用将大打折扣，也不可能产生持续的效能。

　　政治锦标赛是由上级政府直至中央政府推行和实施，行政和人事方面的集权是其实施的基本条件。将关心自身仕途晋升的地方政府官员置于强激励之下，是一种将政治集权与强激励兼容在一起的政府治理模式。政治锦标赛不仅有助于理解政府激励与经济增长之间的关系，而且地方政府及官员之间围绕 GDP 增长的竞争，确实在一段时期内推动了中国经济的高速增长。但政治锦标赛作为一种强力激励，在支撑了经济高速增长的同时也带来了一系列的激励扭曲。（1）以 GDP 增长指标或其他一些经济指标为核心的考核评价体系，容易使地方政府及其官员忽视民众生活偏好的真正需求。在市场转型和经济发展的早期，绝大多数人民群众的经济收入和生活水平相对较低，以 GDP 增长为核心指标的绩效评价体系有助于地方政府集中注意力发展地方经济，满足人民群众发展经济和提高收入的最大需求，这种偏好替代具有一定的合理性。但随着经济不断增长、收入大幅增加、生活条件改善，人民群众的生活偏好和需求日益多元化，此时的 GDP 增长已不能全面准确地反映人民群众多样化的需求。地方政府及其官员以 GDP 增长为核心的政绩冲动，致使容易忽视居民多样化的生活需求。（2）多任务委托—代理下的激励失灵，扭曲了地方政府及其官员的政绩观。随着中国行政分权和财政分灶改革，中央向地方、上级政府向下级政府委派的任务逐渐增多，但根据多任务委托—代理理论，如果代理人的工作属于多任务性质，一些任务容易测度，而另一些任务难以测度，委托人只对容易测度的任务绩效进行奖励，而对那些不容易测度的绩效不予奖励或惩罚，那么代理人的努力方向是容易测度的任务，而忽视不容易测度的任务。这样政治锦标赛的激励作用在不容易测度的任务上就会失灵，导致地方政府及其官员扭曲政绩价值观的产生，如一些地方政府及其官员热衷于搞政绩工程、营造形象工程等，造成了公共资源严重浪费和影响了公众对政府的认同。（3）以辖区政绩为主的考核评价体系加剧了地方政府间的竞争。政治锦标赛下的政绩主要以地方政府辖区内的政绩为主，作为对地方政府及其官员工作绩效考核评价的主要依据。这种以辖区工作绩效为主的考核评价体系，有利于地方官员集中精力推动当地经济发展和进行公共事务治理，但同时加剧了地方政府间在经济发展和公共服务供给上的竞争，不利于区域经济社会一体化的发展。尽管随着中国"科学发展观"和"和谐社会"新施政理念的提出，官员政绩的考核方式已由单纯的"GDP 增长"转向"政治忠诚""经济发展""辖区民意""生态保护""环境治理"等多元化指标，这在一定程度上扭转了地方官员狭隘的政绩观，但发展经济始终是地方政府的主要职能和任务之一，围绕"多元政绩"的竞争依然影响着地方政府及其官员的行为选择。

3. 压力型体制下的政治锦标赛对地方政府间跨域公共事务合作治理的影响

压力型体制下的政治锦标赛作为一种治理制度安排，是一种经济分权与行政集权相结合的行政调控机制，其核心目的在于实现经济分权与政治集权的有机结合，确保在"治权下放"的条件下，通过"任务指标—政绩考核—职务升降"有机结合的逻辑链条驱动，对地方政府及其官员形成强有力的激励与约束，有助于推动地方政府及其官员发展地方经济和管理辖区公共事务。

但对跨域公共事务治理而言，虽然压力型体制下的政治锦标赛以"讲政治、讲大局"为核心的"对上负责"是地方政府及其官员行为选择的主要导向，通过行政压力的传导与政绩评价的有机结合能够打破地方政府间的行政壁垒，集中力量和聚合资源解决一些跨域性公共问题，促进区域公共利益的实现。而现行体制下地方政府在跨域公共事务治理中的角色兼具三重规定性，其既是上级政府的代理人，又是辖区居民利益和地方政府利益的代言人，三者中任何一方的认可和赞许，都是地方政府政绩的重要来源。如果一项跨域性公共事务同时契合地方政府所代表的上级政府、辖区居民和地方政府三者共同的利益诉求，那么加强地方政府在跨域公共事务治理上的合作，就会成为各地方政府及其官员的一种最优行为选择，地方政府及其官员必然会全力推动跨域公共事务合作治理的落地实施；相反，如果区域整体利益与地方各自利益存在冲突，压力型体制下的政治锦标赛就会影响到地方政府间跨域公共事务合作治理。

究其原因主要在于以下两个方面。一方面是压力型体制下的政绩考核主要是考核上级政府下达给下级政府及其行政辖区的各项指标任务，这些指标任务的完成情况直接关系到地方政府能否获取上级政府的各种资源和地方官员能否得到晋升，而跨域公共事务的治理成效目前尚未完全纳入地方政府及其官员的政绩考核评价中，即使纳入地方政府及其官员的政绩考核评价中，也没有行政辖区内的各项指标任务所占的比重大。这样地方政府在面临多项指标任务的压力下，优先考虑的是如何完成上级政府下达给本行政辖区的各项指标任务，而不是如何有效治理跨域公共事务。地方政府及其官员间围绕辖区内各项指标任务展开竞争，在跨域公共事务治理上合作的内驱动力弱化和可能性降低，地方政府间跨域公共事务合作治理整体利益的最大化也就无法实现。另一方面是跨域公共事务治理权责边界的模糊性和利益的整体性，使得各地方政府在跨域公共事务治理中的绩效难以准确衡量。压力型体制下的政绩考核实质上是上级政府利用行政权力给下级政府下达任务指标，通过指标任务的层层分解与工作绩效的量化考核来推动行政体制的实际运作。然而，在跨域公共事务治理上有些任务和指标能量化，有些则不能量化，尤其是在公共服务供给、生态环境保护、公共危机治理等跨域性公共事务上，这就进一步降低了地方政府间跨域性公共事务合作治理的积极性。即使在上级政府压力驱动下，地方政府在跨域公共事务治理上展开合作，这种合作也是一种目标短期化、内容形式化和稳定性不足的合作。一旦上级政府的压力减弱或消除，地方政府在跨域公共事务治理上的合作很快就会淡化或终止。

第二节　经济学视角

一　地方政府的经济理性

1. 地方政府的利己性

在传统马克思主义经典著作中，国家是阶级统治的工具，而作为国家代表的政府是完全服务于统治阶级的。因而从阶级性的角度去审视政府，政府是为维护和实现国家利益而设立的机构，是一个完全没有自我利益的组织，是大公无私和公平公正的，其根本价值取向就是维护和实现公共利益最大化。但政府的政策制定及其执行都是由政府官员及工作人员来完成的，而无论是作为私人领域中的人，还是作为公共领域中的人，其行为选择都具有天生的利己性。正如马克思所说，"人所努力奋斗一切都同自身的利益有关"，① 政府官员与其他社会成员一样都是个人效用最大化的追求者。公共选择理论正是从人的自利性出发揭示政府的利己性。公共选择理论是旨在将市场制度中的人类行为与政治制度中的政府行为纳入同一分析轨道，借用经济学的理论和方法来研究政治生活，以"经济人"的假定来透视政府行为。所谓公共选择是指非市场的集体选择，实际上就是政府选择；所谓"经济人"假定是指一个人，无论他处于什么环境和地位，其人的本性都是一样的，都存在追求个人利益最大化和具有使个人需求满足最大化的行为动机。虽然地方政府的行为不以营利为根本目的，但其行为选择具有明显的利益取向，表

---

① 《马克思恩格斯全集》第 1 卷，人民出版社 1956 年版，读 82 页。

现出理性经济人的基本特征。公共选择理论关于"政府实质上就是'经济人'"的论点，是对政府行为及其特征的高度概括。与公共选择理论一样，卢梭则把政府的利己性描述得更加全面，阐释得更加深刻。卢梭从政府官员及工作人员的意志角度揭示政府的利己性，他认为在政府官员及工作人员身上同时具有三种性质迥异的意志，即个人的意志、团体的意志和主权者的意志。虽然在政府官员及工作人员身上同时具有这三种意志，但是这三种意志在政府官员及工作人员意志表达中的强弱及顺序是不同的，其中个人意志是最强的，团体意志居于中间，而主权者意志是最弱的。按照卢梭的观点，政府官员及工作人员在行政活动中的价值取向是有层次的，价值标准也是有权重的。政府官员及工作人员在行政活动中首先考虑的是个人利益，只有个人利益得到满足的前提下才会去考虑政府组织利益，而公共利益则是在政府利益满足之后才会考虑的。从这个意义上讲，政府官员及工作人员首先要做他自己，然后才做政府官员或行政人员，最后才能做一个真正意义上的公民。暂且不论公共选择理论和卢梭的意志论对于政府自利性的论述有多大的科学性与合理性，但他们共同的观点告诉我们，政府是有自身利益的，存在追求自身利益最大化的行为动机，这有助于我们更好地理解政府行为。

根据公共选择学派和卢梭的观点，地方政府在经济发展和公共事务管理活动中具有"经济人"的利己性。也就是说，地方政府如同市场经济中的个人或企业等经济主体，具有追求自身利益最大化的需求和动机。众所周知，地方政府是由具有多元化利益诉求的行政官员及工作人员组成的组织实体，地方政府的政策制定及执行都离不开行政官员及工作人员，而行政官员及工作人员在公共行政活动中不可避免地带有"经济人"的特征。地方政府的主要目标是谋求地区资源的最优化配置和实现地方利益的最大化，作为地方利益代表者的行政官员及其工作人员，其根本使命就是利用公共资源实现地方利益。地方利益是一个集合的概念，凡是有利于推动地方经济发展和有助于增进地方民生福祉，对地方有利的各个方面，都属于地方利益的范畴。[①] 从

---

① 　全治平、江佐中：《论地方利益》，广东人民出版社 1992 年版，第 3 页。

所涉及的内容来看，地方利益主要包括以下三个方面。（1）地方经济利益，指可以用货币来衡量的能够满足地方发展所需的一系列生产成果，主要包括地方 GDP、财政收入、就业率、城镇及农村人均年收入水平等体现地方发展的经济指标，经济利益是地方利益的核心内容。（2）地方政治利益，主要表现为争取中央或上级政府给予有利于当地发展的政治制度支持及优惠政策安排和地方领导人的政治晋升。（3）地方社会利益，主要表现为地方教育科技、医疗卫生、社会保障、生态环境、社会治安等公共事业的发展水平。从指向主体来看，地方利益又包括地方公共利益和地方政府利益。所谓地方公共利益，是指地方政府管辖区域内广大人民群众的共同利益。而地方政府利益则是地方政府组织利益、地方政府部门利益和地方政府官员利益的集合。具体而言，地方政府组织利益是指一级政府为推动辖区经济社会发展所需的各种资源供给，如政策支持、财政保障、社会信任等；地方政府部门利益是指政府内部各个部门为开展工作所需的各种资源供给，如权力授予、资金获取等；地方政府官员利益包括经济利益和政治利益，如福利待遇和职务晋升等。现如今在行政权力相对较为集中的行政首长负责制下，地方政府利益在一定程度上是地方行政首长利益和偏好的体现。在理想状态下，地方政府作为公共权力的掌握者和行使者，理应运用人民赋予的权力实现社会公共利益的最大化，但作为行政组织的地方政府，在完成中央或上级政府各项指标任务的基础上，还担负着发展本地经济和管理本地事务的重要职责，增强当地经济实力、满足人民需求是其执政的第一要务。为此，地方政府也会从辖区利益出发，尽最大可能地运用公共权力制定有利于本辖区经济社会发展的政策，促进地区经济增长，维护民众的权益。因而，地方政府的利己性或地方利益的最大化，不仅体现为追求自身辖区利益的最大化，而且同时体现在追求政府官员利益的最大化。一般而言，追求地方利益最大化是所有地方政府行为的重要动机之一。

地方利益既是地方政府间跨域公共事务合作治理的根本诱因，同时也是导致地方政府间跨域公共事务合作治理困境的根源。因为在跨域公共事务治理上，地方各自利益与区域整体利益并不总是完全一致的，两者既有统一的一面，也有对立的一面。当地方利益与区域利益一致时，地方政府在跨域公共事务治理上会选择合作；而当地方利益与区域利益不一致或出现冲突时，地方政府则通常会以地方利益为重，往往选择不合作或背离合作初衷。在地方政府间跨域公共事务合作治理中，地方各自利益与区域整体利益的矛盾和冲突主要表现在以下几个方面。(1) 地方政府在跨域公共事务治理上都具有"搭便车"的心理和动机。地方政府间跨域公共事务合作治理是一项集体行动，只要跨域公共事务治理的收益不具有排他性时，具有理性经济人特性的各地方政府，在跨域公共事务治理上都有享受合作带来的收益但不愿支付合作所需的成本，或者支付少量成本而分享更多收益的内在行为倾向。当区域内的所有地方政府在跨域公共事务治理上都坐等合作收益时，跨域公共事务合作治理的收益便无从产生。当一些地方政府在跨域公共事务治理上采取"搭便车"行为时，对于那些在跨域公共事务治理上采取合作行动的地方政府来讲，合作收益被其他没有参与合作行动的成员分享，造成合作收益与合作成本的非对称性，最终也会导致在跨域公共事务治理上进行合作的地方政府放弃合作。(2) 地方政府难以准确预期和度量跨域公共事务合作治理所带来的收益。作为理性的经济人，追求地方利益最大化是各地方政府在跨域公共事务治理上的重要动机之一，而准确预期和度量跨域公共事务合作治理所带来的收益往往是比较困难的。因而，地方政府通常会测算跨域公共事务合作治理所带来的预期收益，根据预期收益率来决定是否参与合作以及参与合作的程度。在地方政府间跨域公共事务合作治理过程中，对于那些投入与产出高度关联，受益指向明确且能够对收益率进行预期和度量的事务，一般地方政府都具有很高的合作热情，如跨域基础设施建设和跨域旅游资源开发等；而对于那些投入与产出关联度不高，合作所产生的利益和收益难以进行准确计算和预期的事务，地方政府往往为了降低风险而选择放弃合作，如跨域产业转移及产业结构调整。尽管各地方政府都明白产业结构雷同只会加剧恶性竞争，产业分工与合作才能形成区域优势，但产业转移和产业结构调整后的损失都无法准确预期，导致地方政府在此类跨域性公共事务上合作热情不高和意愿不强。(3) 地方政府间跨域公共事务合作治理的收益难以进行合理的分配。尽管地方政府间跨域公共事务合作治理能够增进区域共同利益，但跨域公共事务治理受益范围具有复杂性和模糊性，以及参与主体的多元性和合作的多层次，致使合作治理的收益与成本难以在地方政府间进行准确计算，导致在合作收益分配上可能存在有些地方"付出多、收益少"或"付出少、收益多"的情况，这将势必影响地方政府参与跨域公共事务合作治理的积极性和持续性。（4）地方政府间跨域公共事务合作治理的成果不能直接计入地方政府的绩效中。目前中国中央政府对地方政府及上级地方政府对下级地方政府的绩效考核主要以行政辖区内的经济发展、公共服务、生态保护等作为主要考核指标，而尚未完全将地方政府参与跨域公共事务治理的成效纳入地方政府的绩效考核中。这就会直接影响到地方政府的政绩考核结果，导致地方政府参与跨域公共事务合作治理的动力不足。在地方各自利益与区域共同利益的上述矛盾与冲突面前，受自身利益最大化内在动因的驱使，地方政府间跨域公共事务合作治理便受到了地方政府利己性的制约。

2. 地方政府的有限理性

"行政理论所关注的焦点，是人的社会行为的理性方面和非理性方面的行为界限。行政理论是关于意向理性和有限理性的一种独特理论——是关于那些因缺乏寻求最优的才智而转向满意的人类行为的理论。"[①] 人类行为是一个众多学科共同关注的研究课题，不同的学科对人类行为的认识也有所不同。生态学家认为，行为是动物来自体外的环境变化和来自体内的生理变化所做出的整体反应；心理学家认为，行为是人体器官受到外界刺激所做出的反应，是有机体的外显活动；社会学家认为，行为是人类在社会生活中表现出来的生活态度及具体的生活方式，是在一定的物质条件下，不同的个体或群体，在社会文化制度、个人价值观的影响下，在社会生活中表现出来的基本特征，或是受内外环境的刺激所做出的能动反应；哲学家则认为，行为是指受思想支配而表现出来的外表活动。但公共行政领域中人的行为并非个人

---

① ［美］赫伯特·西蒙：《管理行为——管理组织决策过程的研究》，杨砾等译，北京经济学院出版社 1988 年版，第 19—20 页。

单方面的活动，而是更加强调一种个体与个体之间、个体与不同组织之间的交往互动过程，人的行为是个体与环境相互作用的结果。这就需要考察行为的背景与环境，如政治、经济、社会、文化、科技等因素对个体行为的影响。这不仅使公共行政领域中的行为超越了一般意义上的生理行为，而且也不同于社会学、哲学等社会科学行为的概念。总之，人类行为是指个体或组织在具体的日常生活中，受各种主客观因素的影响，产生的具有明显动机与目的或无明显动机与目的的行为表现。人类的行为选择总是受到其对外界环境认知的影响，而人类对外界环境认知的理性程度决定了其行为选择的合理性。

理性在社会科学成为独立科学之前是哲学、伦理学中的重要词汇。现代科学发展之后，理性概念的再认识对社会科学发展仍然重要。现代化行政组织的发展基于现代科学技术，现代科学技术的基本精神就是理性主义精神。这里所谓的"理性主义"，当然不是指哲学上反实证主义知识理论的理性主义，而是指一般意义上的理性主义，即"理性"是指非感情的一种计算、思考的心智方法。公共行政理论中的理性概念与现代科学中的一般理性概念是一致的，只不过公共行政领域中的理性主要是针对决策理论而言，是指一种决策行为方式。所谓"理性决策"，即指理性方式的决策。"理性"与"非理性"在用法上都是中性的，不包含一般用法上的价值意义，它与心理学上讨论决策问题所用的"理性的"或"非理性的"概念相同，只要合乎这种方式的决策，就是理性决策。所谓"客观理性"，就是人们通常所说的"完全理性""绝对意义上的理性"，或者叫"传统经济人理性"，它是西方古典经济学理论和统计决策论发展起来的概念，而"经济人"假设正是在这种理性概念的基础上形成的。按照古典经济学理论对"客观理性"的理解，"客观理性"意味着人类在做出行为选择时：（1）在进行决策之前找出所有的替代方案；（2）考虑到每一种选择的各种可能后果；（3）决策行为主体拥有充分的信息或情报；（4）使用一套价值系统对这些备选方案进行选择。只有具备上述条件，人们才能做出最优决策。然而，实际上人类行为并不能完全达到"客观理性"的要求和标准，也就意味着人们无法做出最优决策。20世纪60年代，新制度经济学驳斥了古典经济学的这种认为经济人具有"客观理性"或"绝对理性"并且能够使利益最大化的观点。新制度经济学派认为，知识的不完备、信息的有限性、预见未来的困难性以及备选行为范围的有限性，决定了"客观理性"在实际行动中是不存在的。人类行为所依赖的既不是古典经济学所谓的"客观理性"，也不是弗洛伊德所讲的"非理性"，而是一种介于理性与非理性之间的"有限理性"。任何组织和个人都只能被视为一个具有学习及适应能力的体系，而不应被看作一个绝对理性的体系。[①] 因而，任何个人或组织在一般条件下都不可能做到完全理性，仅仅能够达到"有限理性"。无论是个人决策还是组织决策，都不可能达到最佳程度，也不可能追求最优结果，而只能是追求一种近似的优化途径和寻求满意的结果，并存在机会主义行为倾向。

在跨域公共事务治理上，地方政府具有典型的有限理性特征，而地方政府的有限理性则影响着地方政府间跨域公共事务合作治理。正如管理学家西蒙所言："行为人主观上追求完全理性，但客观上只能有限地做到这一点。"[②] 地方政府是由行政官员及工作人员构成的组织实体，人的有限理性决定了地方政府的有限理性。地方政府在跨域公共事务治理上的有限理性主要源于以下几个方面。（1）决策后果的不确定性。地方政府参与跨域公共事务合作治理的目的，是在增进区域共同利益的过程中实现自我利益，但地方政府间跨域公共事务合作治理的结果不是任何一个地方政府单方面所能决定的，它取决于相关地方政府共同的策略选择和协同合作。如果区域内所有的地方政府都选择合作策略，那么合作目标就能实现；相反，如果区域内的一些地方政府选择合作策略，而另一些地方政府不选择合作策略，那么合作目标就无法实现。地方政府间跨域公共事务合作治理中的府际关系，大多是一种横向平行或纵向互不隶属的关系，这就决定了任何一个地方政府都难以左

---

① 丁煌：《西方行政学说史》，武汉大学出版社2017年版，第151—152页。

② H. Simon, *Administrative Behavior*, New York：Macmillan, 1947, p. 24.

右其他地方政府的策略选择。这就意味着各地方政府在决策时，面临着决策后果的不确定性。地方政府为了避免决策后果不确定性带来的风险，可能转而求其次，力求将避免损失最大化而非收益最大化作为其最优策略选择。（2）决策信息的不对称性。全面、及时和准确的信息是科学决策的基础，而跨域公共事务的复杂性及其地方政府间的信息不对称，使得每一个地方政府无法，也不可能全面掌握成员政府、跨域公共事务的发展现状和未来变化等方面的信息，进而做出完全准确的客观判断和行动方案。事实上，地方政府在跨域公共事务治理上，大都是在缺乏其他地方政府相关信息的情况下，制定有利于自身利益的相关制度和政策。这种结果只能产生自己较为满意的决策，绝非跨域公共事务治理的最优策略，更不能排除其决策失误的可能性。（3）决策主体的认知有限。跨域公共事务的高度复杂性和高度不确定性、牵涉面的广泛性和利益的错综复杂性，已远远超出了地方行政领导的个人知识、经验和能力范围。由于地方政府领导人的认知和分析水平的限制，再加上在利己性动机的驱使下，客观上很难做出跨域公共事务治理正确理性的决策判断和制度安排。往往采用行政分割手段或行政权力，在跨域公共事务治理上设置行政壁垒，导致地方政府在跨域公共事务治理中策略选择的非理性。上述原因造成了地方政府在跨域公共事务治理中的利己性和有限理性，限制了地方政府在跨域公共事务治理中的协同合作。

二　地方政府间利益博弈

1. 地方政府间利益关系

在地方政府间跨域公共事务合作治理中，根据利益主体和所涉及的范围，其利益构成应该包括国家利益、区域利益和地方利益。所谓国家利益是指通过对特定区域的综合治理，推动全国经济社会协调、可持续和高质量发展，进而提升国家整体竞争力。虽然地方政府间跨域公共事务合作治理不以国家利益为直接目标，但必须要考虑到国家利益。国家利益是跨域公共事务治理的最高利益价值体现，对地方政府间跨域公共事务合作治理具有正向的利益引导作用。所谓区域利益，是指在经济发展和社会事务上具有关联性，且彼此邻接具有一定共同利益的空间单元，其组成的利益主体通过对跨域公共事务的合作治理，推动区域经济社会协调发展和提高区域整体竞争力。区域利益凝聚了各地方共同利益，是各地方利益的集中体现。维护区域利益有利于促进和帮助各地方利益的实现。区域利益是跨域公共事务治理的现实价值，也是地方政府间跨域公共事务合作治理追求的现实目标。所谓地方利益，是指在不影响区域利益的前提下，促进各地方经济社会共同发展。地方利益是一定行政辖区内各主体利益和各种利益的综合，包括地方政府及其官员利益、本地企业利益和本地居民利益，涉及政治、经济、社会、文化和生态等各个方面，其中经济利益是基础。地方利益是地方政府间跨域公共事务合作治理的基础价值，是建立在明确的行政区划基础上的，地方政府是地方利益的代表者。在地方政府间跨域公共事务合作治理中，国家利益、区域利益和地方利益最理想的状态是能够实现彼此兼容，这样才能有助于实现集体行动的共同目标。奥尔森把集体利益划分为相容性集体利益和排他性集体利益两种：相容性是指个体在追求集体利益时，个体利益与集体利益是相容的，不发生冲突；排他性是指个体在追求集体利益时，个体利益与集体利益相互排斥、竞争与冲突。具有相容性利益的组织更有可能实现集体的共同利益目标。①

跨域公共事务的公共性、外溢性和关联性等特征，使区域内的各行政区政府间形成了多样化的利益关系。这种多样化的利益关系既是地方政府间跨域公共事务合作治理的内驱动力，又是阻碍地方政府间跨域公共事务合作治理的重要因素。根据地方政府间跨域公共事务合作治理中的利益竞争性程度不同，可将地方政府间的利益关系划分为竞争性利益关系、互补性利益关系和非竞争性利益关系三种类型。竞争性利益关系是一种零和博弈关系，意味着合作治理中一方利益的增加会减少另一方的收益。虽然地方政府间竞争能够促进相互学习与效率提升，但竞争也使地方政府间合作难以展开，导致区域共同利益受损。例如，在区域经济一体化进程中地方政府间围绕招商引资

---

① ［美］曼瑟·奥尔森：《集体行动的逻辑》，陈郁等译，上海人民出版社 1996 年版，第 42 页。

展开的税收优惠、土地出让等一系列竞争，是地方政府间竞争性利益关系的突出表现。互补性利益关系是一种利益交换关系，主要通过各方的利益交换来实现各自利益的增加，这种利益关系有助于促进地方政府间跨域公共事务合作治理的实现，如在流域生态环境保护中，上游地区采取植树造林、减排防污、清理河道等涵养水源和保护生态的措施时，下游地区通过给上游地区一定的生态利益补偿，实现上下游地区间的利益交换，进而实现流域生态环境的协同治理。非竞争性利益关系是一种利益共生关系，只有通过各方的共同努力方可实现共同利益和各自利益。非竞争性利益关系也是地方政府间跨域公共事务合作治理得以实现的重要原因，如在区域大气污染防治和跨域公共危机预防中，地方政府间利益关系是一种共生关系，地方政府间只有通过信息共享和政策协同等路径，开展大气污染联防联控和跨域公共危机协同预防，才能实现区域共同利益和地方各自利益。跨域公共事务治理中地方政府间多层次和多样化的利益关系，使地方政府在跨域公共事务治理上既存在共同利益，又存在利益矛盾。共同利益是地方政府间跨域公共事务合作治理的必要条件，但即使地方政府间在跨域公共事务治理上具有共同利益，也并不意味着地方政府在跨域公共事务治理上必然进行合作。因为共同利益只是地方政府间利益关系的一个侧面，利益矛盾则是地方政府间利益关系的另一个侧面，利益矛盾影响着地方政府在跨域公共事务治理上的合作。

2. 地方政府间利益冲突

利益是影响地方政府行为选择的关键因素，利益关系是地方政府间跨域公共事务合作治理中的核心问题，贯穿于地方政府间跨域公共事务合作治理始终。地方政府间跨域公共事务合作治理中的利益具有"一致性与差异性、群体性与集中性、中观性与微观性"[1] 等属性。这使得地方政府在跨域公共事务合作治理中，既存在共同的利益需求，又存在地方各自的利益需求。一方面，地方政府在跨域公共事务治理上的利益具有统一性。从理论上讲，在中国这样的社会主义国家，共产党领导下的各级人民政府的根本宗旨是全心

---

① 汪伟全：《区域一体化：地方利益冲突与利益协调》，《当代财经》2011 年第 3 期。

全意为人民服务，因此各级地方政府的根本利益是完全一致的。在实践中，各行政区政府在跨域公共事务治理上有着共同的利益诉求，在中央政府的推动下，相关地方政府就跨域公共事务治理进行分工与协作，在保证国家整体利益和区域共同利益实现的过程中体现地方利益的需求。另一方面，虽然区域经济社会一体化进程使地方政府间的相互依赖性增强，在诸多跨域公共事务上有着共同利益，存在合作治理的必然性，但放权让利改革使地方政府成为一个相对独立的利益主体，由"执行型政府"转向"发展型政府"，其行为出发点更多的是关注本行政辖区内政治、经济、社会、文化和生态等利益的实现。由于地方自身存在的客观差异及对同一利益的不同需求，地方政府在跨域公共事务治理中又有着自身特殊的利益需求。

在地方政府间跨域公共事务合作治理中，区域内各地方政府首先是其行政辖区内各主体利益的代表者和追求者，然后才是区域共同利益的维护者和促进者。尽管在跨域公共事务治理中，各行政区政府希望通过加强彼此间合作，全面解决跨域公共问题，增进公众民生福祉的公共属性并没有被隔离，但在跨域公共事务合作治理过程中，地方政府的自利性使其追求地方利益最大化成为地方政府明显或暗含的目标，以及地方政府间关系的动态性和复杂性难免引发各种利益矛盾和冲突。一般来说，地方政府间跨域公共事务合作治理中的利益矛盾和冲突主要集中在目标冲突、过程冲突和关系冲突上。① （1）目标冲突是指区域内各地方政府由于所处区位和自身需求不同、地方发展方向和目标的不一致，从而对地方政府间跨域公共事务合作治理目标看法不同所引发的冲突。跨域公共事务治理涉及各行政区政府行政理念转变与政府职能重心转移、区域产业结构与能源结构调整、地方政府间权责划分与利益调整、地方政府绩效与政府官员晋升等众多方面，必将对各行政区地方利益产生不同的影响。作为区域整体利益的跨域公共事务治理诉求与单个地方政府对行政辖区部分利益的追求，地方政府

---

① 余江敏：《区域生态环境协同治理的逻辑——基于社群主义视角的分析》，《社会科学》2015年第1期。

在跨域公共事务治理上的理念认同、权力地位、治理能力等方面的不同或差异，必然引发区域共同利益与地方部分利益、地方政府间的利益矛盾与冲突，导致地方政府间跨域公共事务合作治理目标难以达成一致。在缺乏外部监督和约束机制的情况下，各地方政府基于行政辖区利益的跨域公共事务治理，必然造成区域共同利益难以实现，最终也会影响到地方各自利益的实现。（2）过程冲突是指在合作治理过程中，围绕如何分担合作治理成本与共享合作收益，所引发的区域内地方政府间责权利划分的意见分歧。因为跨域公共事务治理是一项系统复杂且需要长期推进的艰巨工程，这就需要各地方政府在跨域公共事务治理上坚持不懈地投入大量人力、物力、财力等成本，一些地方政府在跨域公共事务治理上花费了大量精力，投入了较大成本，却得不到相应的补偿，这反而在一定程度上影响了其对辖区内公共事务的治理。合作治理成本与合作治理收益的不对称性和压力型体制下的政治锦标赛，使地方政府转而将精力集中在如何做有利于本行政辖区经济社会发展的事情上。为了争取上级政府对地方有利的发展政策、财政支持，获取上级政府对地方主政官员的青睐，地方政府间尤其是同一区域内同级地方政府间，围绕辖区政绩的竞争就愈加激烈。地方官员出于政治锦标赛的考虑，为了能够在横向竞争中胜出，往往也不愿意在跨域公共事务治理上进行合作。即使在中央政府的推动下地方政府间就跨域公共事务进行合作治理，一些地方政府追求行政辖区绩效最大化的行为逻辑，也极其容易引发各种机会主义行为，从而造成地方政府间跨域公共事务合作治理的失灵。（3）关系冲突是指在合作治理过程中，地方政府间因利益分配不公而产生的消极怠工行为，因"溢出效应"而产生的"搭便车"行为，因信任不足而采取的终止合作行为等。这些行为降低了地方政府间信任度、弱化了地方政府间合作关系，使地方政府间积极主动合作难以实现。

总之，在地方政府间跨域公共事务合作治理中，各地方政府首先是地方利益的代言人和实现地方利益的主体，然后才是区域共同利益的维护者和促进者。在目前的政治和经济体制下，地方政府官员追求政绩的需要和满足更依赖于本辖区经济社会发展状况。实现地方利益是地方官员所追求的基本目标，这就使地方政府间利益冲突和利益竞争在所难免。

　　3. 地方政府间利益博弈

　　博弈是指"一些个人、队组或其他组织，面对一定的环境条件，在一定的规则下，同时或先后，依次来回多次，从各自允许选择的行为或策略中进行选择并加以实施，并从中各自取得相应结果的过程"。① 从博弈论的观点来看，区域经济社会一体化进程中的地方政府间利益博弈，是地方政府为了实现本辖区利益最大化而与其他地方政府之间发生的相互关系，实质上就是地方政府间一种复杂的横向关系。地方政府间横向关系，既体现为地方政府间平行的横向关系，即同级地方政府间关系；也体现为地方政府间斜向的横向关系，即不同层级不同地区地方政府间关系。从某种意义上来说，在任何政治体制下，地方政府间横向关系都是一种竞争关系，这是由资源的有限性和地方政府权力的有限性共同决定的。作为地方利益代言人和实现者的地方政府，在居民"用脚投票"的利益偏好表达机制下，各地方政府在想方设法调动辖区内社会各方面潜在能量的同时，也尽可能地从辖区外部获得有利于本地区发展的利益与权利，地方政府间在经济、政治、社会、文化和生态等领域展开竞争与博弈。

　　这些直接的竞争与博弈在区域经济社会一体化进程中表现在多个方面。（1）区域产业转移与结构调整。经济利益是地方利益的主要内容，而经济利益又集中体现在产业发展上。不同的产业投资回报率各不一样，区域产业转移与结构调整对相关地方政府的经济利益影响在短期内难以准确估量。为了追求较高的地方经济利益，地方政府在区域产业转移与结构调整中往往设置行政壁垒，围绕区域产业转移与结构调整的矛盾冲突与利益博弈时常发生。（2）高新技术产业的争夺与技术创新的溢出效应。随着互联网、大数据、云计算、人工智能等新一轮科技革命和产业变革的加速发展，国家鼓励将互联网、大数据、云计算、人工智能等现代信息技术作为推动政府改革、经济转型和社会治理的重要工具，以促进国家治理体系和治理能

---

　　① 谢识子：《经济博弈论》，复旦大学出版社 1997 年版，第 3 页。

力现代化目标的实现。各地方政府为吸引高新技术产业落户当地，竞相出台了一系列政策，从而在吸引高新技术产业的资金、技术与项目等方面展开了激烈的竞争。同时高新技术产业的技术外溢效应，使得毗邻地区可以"免费"获得知识与技术，但技术开发地区付出了大量成本，造成技术创新中投入与收益的非对称，引发地方政府间利益矛盾和利益冲突。（3）行政体制改革与营商环境优化。地方政府竞争力的增强、竞争优势的持续，关键在于有效的制度保障。因而各地方政府竞相在转变政府职能、简化办事程序、深化行政审批改革、提供优质服务等方面进行大刀阔斧的改革；同时"深化放管服改革、优化营商环境"也成为各级地方政府深化行政体制改革和推动政府治理创新，吸引市场主体和生产要素集聚，提升地区吸引力和竞争力的突破口、主抓手。① （4）跨域公共服务供给与跨域公共问题治理。跨域治理的公共性、复杂性和外溢性等，使得地方政府在诸如跨域流域生态保护、跨域公共服务供给、跨域公共卫生事件预防等跨域性公共事务治理中，围绕权责划分、成本分担等问题的矛盾冲突和利益博弈频繁发生。（5）人才引进方面的相互争夺与竞争。人才引进的竞争与争夺，从来没有像今天这样激烈。据统计，截至2021年3月，全国337个地级以上城市中有324个城市发布了以争抢人才为主旨的各类"人才新政"。各地方政府为了吸引人才，高频出台系列人才优惠政策，加剧了地方政府间在人才要素市场的竞争与博弈。

　　总之，地方政府以行政辖区利益最大化为目标，在以上各领域展开的竞争与博弈，能够在一定程度上促进地方经济发展、改善公共服务质量和提升政府治理效能。但由于地方政府竞争与博弈的出发点是短期的辖区利益，而对关系到区域整体发展的长期利益不甚关注，对跨域公共事务治理的态度不积极，地方政府间只关注眼前辖区部分利益、忽视长远区域整体利益的做法，不利于乃至制约了地方政府在跨域公共事务治理上的合作。

————————————

① 娄成武、张国勇：《治理视域下的营商环境：内在逻辑与构建思路》，《辽宁大学学报》（哲学社会科学版）2018年第2期。

第三节　行政学视角

一　行政区划下的行政区行政

1. 行政区划的概述

行政区划是一个与行政区域联系紧密的概念，是行政区域存在的前提。学术界对行政区划概念的界定及其功能的认识是一个历史的过程，不同学科对行政区划概念的界定也存在着显著的差异。从地理学的角度来看，行政区划是指"在一个国家的领土上，根据行使国家政权和执行国家任务的需要，并考虑地理条件（如山脉、河流等）、传统历史、经济联系和民族分布等状况，实行行政管理区域的划分和调整"；[①] 从法学的角度来看，行政区划是指"国家行政机关实行分级管理的区域划分制度"，即"国家为了实现自己的职能，便于进行管理，在中央的统一领导下，将全国分级划分为若干区域，并相应建立各级行政机关，分层管理的区域结构"；[②] 从政治学的角度来看，行政区划是国家"对领土进行分级划分而形成的领土结构"，其实质是"国家为了统治、管理居民而划分的区域"。[③] 总体而言，行政区划是指国家根据政治统治、行政管理和经济发展需要，遵循相关的法律规定，充分考虑历史传统、地理条件、民族构成、风俗习惯、地区差异、经济联系和人口分布等客观因素，将国家的领土划分为若干层次、大小不同的行政区域系统，并在各个区域内设置相应的地方国家权力机关、司法机关和行政机关，以实现国家有效治理和建立政府公共管理网络，为地方政府职能履行和公共管理明确空间定位。行政区划是一个国家权力再分配的主要形式之一，也是一个国家政治、经济、行政、军事、民族、习俗等各种要素在地域空间上的客观反映。

行政区划是一国进行治理和管理的重要手段，科学合理地划分行政区域

---

① 《地理学词典》，上海辞书出版社 1983 年版。

② 《中国大百科全书·法学卷》，中国大百科全书出版社 1984 年版。

③ 张文奎、刘继生、阎越编著：《政治地理学》，江苏教育出版社 1991 年版。

是有效实施行政管理的基本要求。世界各国都根据本国政治、经济、社会发展需要，同时兼顾地理条件、历史传统、民族文化等具体情况，划分行政区域。行政区划的形成与演变受到多种因素的影响，其中起重要作用的有以下几种因素。(1) 政治因素。行政区划是国家和阶级的产物，政治因素是行政区划首先要考虑的因素。政治因素包括一国的国体、国家结构及政权性质等，有什么样的国体，就要有什么样的行政区划体制。国家的性质决定了行政区划的性质，国家结构决定了行政区划体制结构。一国的国体对该国的行政区划性质具有绝对性的影响，一个国家的国体改变了，新的统治阶级为了适应和维护本阶级的利益，都要对原有行政区划体制进行调整以维护和实现统治阶级的利益。行政区划的设立、撤销和变更，行政区划层次和幅度的调整等，政治因素往往是首先要考虑的主导因素。(2) 经济因素。行政区划的设置虽遵循以政治为主的原则，是地方政权存在的区域，但其根本目的是在各级地方政府的指导下，努力发展区域内的经济，最终达到增强国家整体经济实力的目的。经济因素在现代行政区划设置和变更中的地位越来越重要，作为上层建筑的行政区划必须适应经济发展，这也是世界各国在行政区划中越来越注重经济因素的重要原因。无论是经济发展水平，还是经济发展需要，许多国家因经济因素对行政区划进行调整，以适应经济发展的需要。(3) 历史因素。行政区划具有很强的历史继承性，任何国家现行的行政区划体制都是在长期的历史发展中逐步演变和发展而成的。行政区划的调整要注意区域历史的延续性，正确处理好历史和现实的关系。例如，中国现行的省级行政区划是从元朝行省制发展而来的，行政区划在省区界线上的"犬牙交错"也是历史传统的遗留。(4) 自然因素。自然因素是指一国的国土面积及自然地理环境，如山脉、河流、湖泊、海洋等。自然因素不仅影响着人类的社会交往活动，而且使不同区域具有不同的资源禀赋，因而常被视为行政区划界限的重要依据。在行政区划的设置和变更中重视自然因素，不仅有利于人们经济社会交往活动的便利开展，而且有利于自然资源的合理开发利用和生态环境的有效保护。(5) 民族文化因素。世界上绝大多数国家是多民族国家，不同民族在语言、文化等方面存在显著差异，因而不少国家在行政区划设置时将民族问题作为重要的考量因素。实行民族区域自治的国家在少数民族聚居地区，设立各种类型的民族区域政府，制定有关民族自治的法律，使民族地区享有一定的自治权，这有利于促进少数民族地区经济社会发展和实现各民族共同发展。（6）行政管理因素。行政区域的划分及设立，其目的之一就是便于国家进行有效的行政管理。随着行政管理手段、方式的技术化和现代化，行政区域的层次与幅度都根据国家行政管理需要在进行动态调整。上述因素在各国行政区划演变发展中都起着各自的作用，不同国家在行政区划的设置及其变动中考虑的主要因素存在差异，故而不能一概而论。

行政区划是国家对地方进行有效管理的基础和基本手段，其对维护社会稳定、促进经济发展和巩固民族团结等具有重要的作用。第一，合理划分行政区域有利于维护社会稳定和巩固国家政权。行政区划是国家权力在不同级别国家机构间的再分配，是统治阶级加强政治权力机构建设和进行政治发展控制的重要工具，也是统治阶级意志在行政区划设置上的集中体现。行政区划的结构体系决定着国家政权的纵向结构体系，而行政区划的结构体系合理与否，直接关系到国家政权结构和行政管理体制是否合理高效，关系到中央能否有效指导地方并调动地方的积极性，关系到各级地方政权能否合理有效地在本行政区域内行使职权、维护社会稳定和巩固国家政权。第二，合理的行政区域划分有利于生产力布局和经济健康发展。行政区划除了发挥其应有的政治功能外，还在经济发展中发挥着重要功能。任何经济活动都是在一定的行政区域内进行的，这就不可避免地受到本区域行政机关的影响。地方政府在国家宏观经济政策的指导下，制定本行政辖区经济发展规划，各个地方的经济发展势必会影响整个国民经济的发展。行政区划的结构体系最终会从政治体制和行政管理体制等方面，影响区域资源配置和区域经济发展。在区域经济结构调整、跨域产业转移、统一市场培育等方面，行政区划更是有着不可低估的作用。行政区划的设置与调整是否合理，不仅对国民经济发展产生重大影响，而且直接影响到区域经济发展。第三，合理划分行政区域有助于民族区域自治政策的落实和民族地区经济社会文化事业的发展。设立民族自治地方是实行民族区域自治的基础。《中华人民共和国宪法》和《中华人民共和国区域自治法》规定，民族自治地方在经济、社会、文化和教育等方面享有一定的自治权，这有助于促进少数民族地区全面发展，巩固全国各族人民大团结。

总而言之，行政区划是国家行政管理的基本手段，在国家政权建设、政府行政管理、经济社会发展、公共事务治理和人民群众生活中占有十分重要的地位。在推进国家治理体系和治理能力现代化进程中，要不断加强行政区划管理，建立适合中国国情的行政区划管理体制，充分发挥行政区划在统筹协调推进"五位一体"总体布局中的作用，促进区域治理体系和治理能力现代化。

2. 行政区行政及其对地方政府间跨域公共事务合作治理的影响

人类社会自诞生了国家和政府以来，就有了基于地缘关系而取代血缘关系对国家领土进行分区分级的行政区域划分。主权国家也就开始按照行政区划体制设置各类地域性政府，各类地域性政府则按照中央政府的要求和行政区划的边界，管理本行政区域范围之内的公共事务。由此出现了基于行政区划进行行政权力配置与行政责任划分的行政区行政。那么，何谓行政区行政？学术界对行政区行政的概念理解有所不同。杨爱平、陈瑞莲认为，行政区行政是指"基于单位行政区域界限的刚性约束，民族国家或国家内部的地方政府对公共事务的管理"。① 金太军认为，"行政区行政，简单地说，就是经济区域各地方政府基于行政区划的刚性界限，以行政命令的方式，对本地区的社会公共事务进行垄断式的管理，具有相当程度的封闭性和机械性"。② 还有学者认为，行政区行政就是"通过官僚制的组织形式，对所管辖行政区域范围内的社会公共事务进行管理"。③

尽管不同的学者对行政区行政的表述不尽相同，但行政区行政具有以下一些共同的基本特征。（1）从政府治理的社会背景来看，行政区行政是传统农业社会和工业社会的政府治理模式，适应了农业社会和工业社会的基本诉

---

① 杨爱平、陈瑞莲：《从"行政区行政"到"区域公共管理"——政府治理形态嬗变的一种比较分析》，《江西社会科学》2004 年第 11 期。
② 金太军：《从行政区行政到区域公共管理——政府治理形态嬗变的博弈分析》，《中国社会科学》2007 年第 6 期。
③ 高建华：《论区域公共管理的研究缘起及治理特征》，《前沿》2010 年第 18 期。

求，是封闭社会和自发秩序的产物。行政区行政产生于农业社会下自给自足、封闭的小农经济基础，适应了封建社会政府专制统治的要求。人类社会进入工业社会以来对效率的追求和分工的发展，韦伯基于"现代理性"建构的"官僚制"政府组织结构，进一步使行政区行政模式的机械性和封闭性得以巩固加强。（2）从政府治理的价值导向来看，行政区行政的根本目标在于追求行政辖区内部利益的最大化，因而国内的地方政府在经济社会事务管理上以行政区划的边界作为其行政行为的边界，地方政府的注意力主要集中于行政辖区内的公共事务，甚少关注跨行政区域的公共事务。（3）从公共事务的治理主体来看，行政区行政是一种政府单一主体的行政模式，政府包办了辖区内的一切公共事务。既不同辖区内的其他社会主体合作，也不同辖区外的其他社会主体合作，形成"全能政府"形态。这种"全能政府"往往导致地方政府在跨域公共事务治理上的失灵。（4）从公共权力运行的向度上看，行政区行政模式下的政府管理权力是单向性和闭合性运行。也就是说，政府公共管理权力在行政区域内部的日常运作，是按照"官僚制"层级节制的自上而下的单向度运作，忽视横向权力的互动及政府内外各权力主体间的互动，这使得地方政府间难以自觉生成协商性制度安排。总之，行政区行政是以行政区划的刚性约束为逻辑起点、以科层制管理为主要管理方式、以追求行政辖区内部利益作为其行为导向，行政关注的焦点是行政辖区范围内的公共事务，较少关注跨域公共事务，属于"内向型行政"或"闭合型行政"模式，具有"各自为政"和"画地为牢"的行政特点。

长期以来，建立在行政区划刚性约束基础上所形成的封闭性与机械性的行政区行政，与官僚制纵向层级节制与横向职责分工的组织管理体制相结合，成为一种成熟的和居于主流地位的政府管理模式。然而，随着全球化、工业化、信息化和城市化的发展，特别是区域经济社会一体化使各地区之间相互联系、相互依赖、相互渗透的程度不断加深，这一复杂的行政生态环境变化，不仅引发行政区划内大量社会公共事务日益"跨界化"和"外溢化"，而且区域经济社会一体化背景下的社会公共事务从单一型向复合型发展。这种复合型事务既表明社会公共事务成因的复杂性和多样性，又深刻说明社会公共事务的跨域性特征日益凸显。以大气污染为例，空气的流动性使单一行政区内的空气污染随风飘散形成扩散蔓延趋势，从而衍化成跨域性公共问题或跨域性公共危机。"整体性是人类与生态环境、自然资源之间最基本的关系。特别是空气和河流川流不息地进行跨国界与跨区域流动，其生态环境状况直接或间接地影响到各区域和全球的生态环境状况。"①

区域经济社会一体化背景下的公共事务呈现出日益的复杂性和跨域性特征，复杂性表明公共事务引致因素的多元化，跨域性表明公共问题的外溢性引致的风险增加，即公共问题一旦发生，如果无法精准地实施"外科手术"般的针对性"消解"，就必然形成"负外部性"的扩散蔓延，形成跨域性公共问题。一些学者将其称为"连锁反应"或"涟漪反应"。跨域性公共问题的复杂性和外溢性使其治理存在"高风险、高成本"的恶性循环治理困境，需要在跨域公共问题外溢之前实行相对"绝缘"的处理和进行有效治理，这就凸显了跨域性公共问题起源地所在地方政府的重要性。但诸多公共问题的"外溢化"和"无界化"，使得地方政府基于行政区划刚性约束的行政区行政模式因其封闭性和内向性，难以对跨域性公共问题进行有效精准治理。跨域性公共事务的处理和跨域性公共问题的治理需要行政管理体制内多层级的纵横向部门的协同合作，而地方政府基于行政区划刚性约束与按照科层制所建立的行政区行政模式，已经成为地方政府治理社会公共事务的"路径依赖"，这种"分割式"的行政区行政模式引致跨域性公共事务的治理失灵。

发轫于传统农业社会及近代工业社会的行政区行政模式，仍然是中国现阶段居主流地位的政府管理模式。不可否认，中央政府主导下的各地方政府以行政区划为依据的行政区行政模式，在致力于本行政辖区内的公共事务治理上，不仅大大提高了政府行政效率，而且取得了比较理想的治理成效。然而，在区域经济社会一体化进程不断加快和跨域性公共事务日益增多的背景下，地方政府以行政区划为原则的行政区行政模式，不仅在跨域公共事务治理上往往处于"失灵"的窘境，而且成为区域经济社会一体化进程中的主要障碍，影响着地

---

① 方世兰：《区域生态合作治理是生态文明建设的重要途径》，《学术论坛》2009 年第 4 期。

方政府在跨域公共事务治理和区域经济社会一体化进程中的合作。

关于跨域公共事务治理。跨域公共事务的公共性、整体性和外溢性等特征，决定了其有效治理需要社会各主体之间的协同合作。特别是作为社会公共事务治理关键主体的各级地方政府，更需要加强地方政府间在跨域公共事务治理上的携手合作。然而，面对跨域公共事务的日益增多和跨域公共问题的频繁发生，行政区行政的治理模式使地方政府在跨域公共事务治理的价值取向上，以行政区内的公共事务作为治理导向，囿于地方局部利益，忽视区域整体利益，过度专注于行政辖区内部的公共事务，而对行政辖区外的公共事务采取"不作为"态度。在跨域公共事务治理主体上，垄断式的公共事务治理忽视了跨域性公共事务衍生的复杂性，自以为是的"全能"政府既无法摆脱自身在跨域公共事务治理上的失灵，更无法消除跨域公共问题扩散所引发的社会危机。在跨域公共事务治理的权力运行机制上，片面强调政府间纵向权力的控制，忽视了政府间纵横向权力之间的互动协作，面对跨域公共问题的扩散自然无法有效应对。行政区行政模式下地方政府"各自为政、画地为牢"的跨域公共事务"碎片化"治理模式，由于缺乏超越各地方政府的区域性合法性权力和跨区域的硬性约束机制，在跨域公共事务治理上出现权力真空和治理盲区。各地方政府在跨域公共事务治理上则根据自身利益和偏好做出选择，往往是"各扫门前雪"和都想"搭便车"，即都不愿意付出跨域公共事务治理的成本，却又都希望享受到跨域公共事务治理所带来的收益。甚至一些地方政府往往借机维护地方利益、不惜损害区域整体利益，导致地方政府间合作往往难以实现，其结果必然是跨域公共服务供给不足和跨域公共问题治理失灵。

关于区域经济一体化。按照市场经济和区域经济发展的规律，突破行政区划的约束是区域经济一体化发展的内在要求。在组织区域经济运行时不应该只局限于某一行政区管辖范围，而应突破行政区划的界限，在更大的经济联系空间范围内，规划产业结构布局、培育市场主体和进行生产要素配置等，从而推动区域经济一体化发展。然而基于行政区划刚性约束的行政区行政，使各地方政府在发展经济时具有浓厚的政府行为色彩，逐渐形成以地方利益为导向、以地方政府管理和规划为核心、以行政辖区边界为经济边界的行政区经济。虽然行政区经济是中国特殊时期政治与经济相结合的产物，随着中国行政管理体制的不断改革和市场经济体制的日益完善，行政区经济在20世纪90年代中后期开始缺乏独立运行的基础并逐渐走向削弱，但行政区经济思维对地方政府在发展地区经济时的行为选择依然具有一定的影响，突出表现在地方政府在区域经济一体化进程中形形色色的地方保护主义。行政区经济引致的地方保护主义，不仅人为地造成生产要素市场的分割，一些地方政府为了发展地区经济，往往通过各种手段阻碍资源要素的跨区域流动，人为地限制人力资源和生产要素的自由流动，使区域性开放、竞争、有序、统一的市场难以形成，而且造成地区产业结构的严重雷同。由于区域内各地方政府在发展产业时忽视了各地的比较优势差异，以及缺乏地方政府间应有的职能分工，"小而全、大而上"的产业竞争思维，致使地区间主导产业结构雷同和重复建设，加剧了行业内的巨大内耗，难以形成规模经济效益，影响了产业互补联动与转型升级。生产要素的跨行政区流动和产业结构的跨行政区重组是区域经济一体化发展的本质要求，地方政府间在区域经济一体化行程中如何打破行政壁垒，促进生产要素的跨域流动和产业结构的跨域调整，推进区域经济合作是区域经济一体化进程中政府的重要职责。然而，基于行政区划刚性约束的行政区行政，使地方政府在区域经济一体化中受行政区经济思维的惯性影响，采取多种多样、五花八门的地方保护主义策略，限制了生产要素的跨域流动和产业结构的跨域调整，阻碍统一、开放、竞争、有序的区域性市场建立，破坏了地区间经济合作、发挥比较优势的经济机会，不利于地区之间的分工与协作，扭曲了区域经济的协调发展，影响了整个国民经济的高质量发展。

二 制度性集体行动的逻辑困境

1. 制度性集体行动

集体行动作为一种社会现象，自人类社会诞生以来就普遍存在。集体是由于人们出于某种目的而结成的共同体，诚如亚里士多德所言："共同体的本质就是目的，每一个共同体是什么，只有当其完全生成时，我们才能说出它的本性。"① 集体是由个体组成的利益共同体，集体行动是为了增进集体共同利益这一目标而采取的一系列行动。集体行动问题在美国经济学、社会学教授康芒斯的《集体行动经济学》，经济学家、政治学专家唐斯的《民主的经济理论》，经济学家鲍莫尔的《福利经济学与国家理论》，公共经济学家布坎南与塔洛克的《同意的计算》等著作中都有不同程度的讨论，但经济学家奥尔森在《集体行动的逻辑》一书中，将经济学的研究方法引入政治现象的分析中，系统地提出了集体行动的逻辑理论，打开了通向正式研究集体行动理论之门。

奥尔森认为集体行动发生于个体认为它符合其自我利益并参与集体行为之时。虽然个体加入集体的理由多种多样，但在个体加入集体的诸多理由中有两个方面的行为动机最为明显：一方面是个体获取无法从其他地方得到的收益，另一方面是个体能够促进共同政策目标的达成和共同绩效的实现。当出现了愿意克服集体行动成本的强有力的领导者时，通常就会形成集体；当个体希望从群体中获得更多的收益时，个体就有了组建集体的动力。收益可能是不同的组织工作类型、有权使用群体的制度权力和资源、经济收益，或者是看到特定问题被解决时的满足感。集体行动在小集团中最容易实现，因为在小集团中交易成本非常低，个体成员在集体利益中所占的份额比较大，成员个体之间能够相互沟通并达成合作协议。小集团使各个成员相对清楚地知道作为集体成员和参与集体的直接收益有哪些，他们具有较强的激励资源以采取集体行动。小集团也更容易监控各成员的行为，减少集体成员逃避责任和不遵守约定等行为。相反，大集团中的集体行动则要困难得多，因为在大集团中个体的努力不会对集体的共同利益产生显著的影响。不管个体是否为集体的共同利益做出过努力，个体都能够享受到集体带来的好处，而且在大集团中即使实现了集体共同利益，由于集体规模巨大、人员众多，个体从集体中获得的共同利益份额相对较小，因而使得大集团中的个体成员怠于集体行动。大集团中的个体成员不仅较

① ［古希腊］亚里士多德：《政治学》，颜一、秦典华译，中国人民大学出版社 2003 年版，第 4 页。

少意识到作为集体成员的直接收益，而且更难监控个体成员的行为，而这又使成员们更容易逃避责任和出现"搭便车"行为。"搭便车"是指在某些情况下，如集团的规模过大，没有正式加入集团的个体也可以从集体行动中获得收益，或集团中的部分成员不劳而获、坐享其成，即使不参与集体行动也能获得集体行动的成果。奥尔森认为集体行动中内部成员不一致的行为选择，导致了低效率和"搭便车"，克服集体行动成本的最佳方式是对个体成员采用一定形式的强制或选择性激励。对集团中的个体成员来说，选择性激励是积极的个体收益，这些收益只有成为集团成员才能获得。当集体成员必须逃避某种约束时，强制就产生了，这些强制性措施或选择性收益激励着个体对集体共同利益负责。集体行动理论为人们认识集体行动的激励机制提供了新的思路，也为人们解释各种集体行动困境提供了理论依据。

制度性集体行动理论（ICA）由美国佛罗里达州立大学 Richard C. Feiock 教授提出，旨在探讨制度性集体行动的产生、发展、演变、类型、合作困境及合作机制选择等问题。[①] 该理论认为，当所需要处理的公共事务涉及多个行政主体，且只有通过所涉及的多个行政主体之间的相互协调、协同与合作才能完成时，治理行动就会如同人类社会中个体与群体之间的关系一样，行政主体之间的集体行动困境便会出现。[②] 制度性集体行动理论整合了集体行动理论、组织交易成本理论、公共经济理论和社会嵌入网络理论等理论内容。集体行动理论是制度性集体行动理论的直接理论渊源，集体行动主要关注人类社会中个体与群体之间的关系，以及个体的行为选择如何最终导致了人人都不希望出现的集体结果，而制度性集体行动关注的主要对象是政府及其部门之间的关系，以及其在公共事务合作治理中的困境。组织交易成本理论也是制度性集体行动理论的主要理论基础，组织交易成本理论认为不确定性和交易成本是合作达成的主要障碍，制度性集体行动视降低交易成本为消除合作障碍的主要路径。事实上，与市场交易一样，政府公共事务治理过程

---

① 蔡岚：《解决区域合作困境的制度集体行动框架研究》，《求索》2015 年第 8 期。
② 锁利铭：《制度性集体行动框架下的卫生防疫区域治理：理论、经验与对策》，《学海》2020 年第 2 期。

中也充斥着各种交易，"政治活动本身就是一种交易"，"只不过与市场交易活动相比，政府公共管理过程是更为复杂的交易过程，它所面对的是具有特殊身份的'公民'而不是一般的'顾客'"。① 无论是制度性集体行动提出的双边交换关系机制，还是建立对行动者有约束力的合作关系机制，都建立在交易成本理论基础之上。公共经济理论也为制度性集体行动理论提供了启示，公共经济学理论认为解决溢出效应不在于交易成本与风险分析，而在于识别不同服务是如何提供、不同服务提供模式的优劣及其绩效的控制。制度性集体行动在公共经济理论的基础上，进一步深化了合作困境性质、参与合作的政治权威、合作行动者动机与激励、合作者作为与不作为的潜在风险等方面的研究。社会嵌入理论有助于更好地理解政府间的相互关系，政府间的相互关系无法摆脱特定的政治、经济和社会等行政生态环境背景。紧密联系的网络关系既能减少政府间的相互推诿，又能增强政府间可信承诺。政府间关系在很大程度上也会受长期互惠与信任关系的影响，社会嵌入理论为解决制度性合作困境提供了新的视角。

总之，制度性集体行动理论为人们认识和理解现代社会中政府及部门间普遍存在的合作困境提供了一个理论分析框架。制度性集体行动框架下的政府及部门间合作困境的根源在于，单个行政主体利益的相对独立性与共同利益的整体性之间的矛盾，以及公共权力和责任划分所导致的现代行政系统的"碎片化"。制度性集体行动困境发生于横向合作、纵向合作和功能性合作三种场景中。如果某一政府公共事务治理能力较弱，无法独自提供跨域性公共服务，或者提供跨域性公共服务产生了跨行政区的负外部性时，就会出现政府间横向合作困境。当不同层级的政府组织追求同一公共事务的政策目标时，由于各个层级的政府各自关注的关键绩效目标不同，则政府间纵向合作困境在不同层级政府行动者之间产生。功能性合作困境发生在政府不同部门之间，反映了承担不同具体职能的部门之间在职能履行和政策领域中协同合作的困境。

---

① 郭斌、薛莲：《地方政府绩效评估组织模式的交易成本分析》，《西北大学学报》（社会科学版）2012年第2期。

2. 制度性集体行动与地方政府间跨域公共事务合作治理

所有的地方政府间合作，无论是行政辖区政府间书面协议的正式合作，还是行政辖区领导间非书面协议的非正式合作，实际上都是一项制度性集体行动——通过一组共同起作用的制度来实现共享的政策目标。作为一项制度性集体行动，地方政府间跨域公共事务合作治理受到以下因素的影响或制约。

（1）政策目标。政策目标是影响地方政府间跨域公共事务合作治理的关键因素之一。地方政府间跨域公共事务合作治理的动机，很大程度上取决于地方政府的利益偏好及其角色定位。从政府的性质来看，地方政府作为人民委托的组织，应以广大人民群众的公共利益为出发点，积极投身于跨域公共事务治理，但按照公共选择理论的解释，地方政府实际上是一个具有独立经济利益的行为主体。特别是在"压力型体制"和"政治锦标赛"体制下，具有"理性经济人"属性的地方政府追求自身利益最大化的动机尤为明显，只有符合自身的利益，地方政府才会合作。地方政府对合作是否有利的判断取决于对政策目标的识别，而政策目标的识别可能受到潜在的成本节省、对跨域治理连续性的渴望、公众对特殊物品和服务的异质性（或同质性）偏好、跨域公共事务治理产生的溢出效应和溢出成本等因素的影响。各地方政府在跨域公共事务治理中拥有的权力、资源和所处的地位及其需求是不尽相同的，各地方政府对自我利益的追求及其在跨域公共事务治理中的本位主义，导致地方政府间跨域公共事务合作治理共同政策目标达成陷入窘境。

（2）事务性质。制度性集体行动一般涉及各类公共事务的解决，地方政府间跨域公共事务合作治理主要包括以下几类：进行跨域产业结构调整及转移以提高区域经济发展质量，共建跨域基础设施以实现规模效益，共同提供跨域公共服务以满足公众需求，联合预防跨域公共危机以确保地区安全，携手解决公共池塘资源利用所带来的负外部性问题，等等。每一种不同的合作事务中，地方政府所面临的都是完全不同的参与激励和约束，从而影响到地方政府参与合作的可能性。增加合作收益与降低合作成本以及实现公共服务规模效益一直以来被认为是地方政府进行合作的主要动力，但在跨域公共事务治理中，希望通过地方政府间合作来实现规模效益的问题通常比较复杂，尤其是涉及成员较多且难以对合作产出和绩效进行衡量的事务会增加合作风险。一些长期性合作在增进地方政府间相互依赖性时也会放大合作风险，如果合作一方不按照合作协议做出长期的具体承诺，而是出尔反尔，就会增加合作风险。虽然各地方政府都认识到在跨域公共事务治理上合作优于非合作，通过合作可以减少重复性建设和重复性投资来实现规模效益以降低平均成本。但由于一些跨域性公共事务治理的复杂性，增加了合作成本与合作收益的测量难度，也提升了合作协商、执行和监督的难度，当参与者对利益分配出现意见分歧或面临合作风险不断放大时，合作就会难以为继或干脆放弃合作。

（3）交易成本。集体行动受到交易成本的影响，交易成本的大小影响着行动者的合作意愿。一般而言，合作过程必然会产生为达成合作的各种交易成本。合作的交易成本越高，合作产生摩擦与冲突的可能性越大，合作越不容易达成。作为一项制度性集体行动，地方政府间跨域公共事务合作治理同样受到合作过程中信息、协调和监督等交易成本的影响。其一，信息成本。信息是实现集体行动的关键，为了实现跨域公共事务合作治理，各行政区政府需要发现具有共同利益的潜在合作者，掌握跨域公共事务的全面信息，但跨域公共事务的复杂性与多变性以及跨域公共治理中行政分割，导致地方政府间信息不对称现象是普遍存在的。信息不完全影响着地方政府对合作利益的认识、相互信任及合作动机，为了消除信息的不对称，地方政府必须在信息获取、加工、处理及共享方面加大投入，从而形成跨域公共事务合作治理中的信息成本。在跨域公共事务合作治理中，政府间的信息成本是客观存在的。如果信息成本过高，就会降低地方政府间合作意愿。其二，协调成本。即使地方政府间在跨域公共事务治理上拥有完全的信息和达成了合作协议，但跨域公共事务合作治理的过程和合作协议的履行依旧少不了必要的行政协调。虽然政府以一个有机整体而存在，但这也并不排除其"内部充满着冲突和矛盾"。① 由于受认知、利益、体制等各种因素的影响，在地方政府间跨域

___

① 卓越：《政府交易成本的类型及成因分析》，《中国行政管理》2008 年第 9 期。

公共事务合作治理中，一些地方政府有可能做出有悖于区域共同利益的行为选择，因而强化地方政府间的协调就显得尤为重要。然而，地方政府间的协调必然会产生大量的成本，协调成本越高越不利于地方政府间合作。其三，监督成本。制度性集体行动的执行必然会产生监督成本，除非合作各方做出可置信的承诺。然而，地方政府也是具有自身利益的"经济人"，在跨域公共事务合作治理中存在追求自身利益最大化的动机和做出有损于区域共同利益的不当行为的可能。故而，需要在地方政府间跨域公共事务合作治理过程中建立相应的监督约束机制，通过对各方违约行为的惩罚来保证地方政府间合作的可持续性。监督成本的高低受各地方政府的自觉能力、合作协议的完备程度、监督约束机制的有效性等各种因素的影响，监督成本的高低也影响着地方政府间的合作意愿。以上各种交易成本在地方政府间跨域公共事务合作治理中广泛存在，交易成本不仅影响着地方政府间合作意愿和合作动机，甚至在一定程度上成为地方政府间合作的主要阻碍。

（4）制度安排。制度性集体行动理论框架认为，从制度的视角探寻地方政府间合作困境的有效机制，还需要对影响地方政府间合作的现行制度和体制进行关注，制度也影响着地方政府间合作意愿及其集体行动的成本。从地方政府间跨域公共事务合作治理参与主体的行为方面分析，合作治理对地方政府的行为选择既进行了限制，又为它们提供了机遇。各地方政府在共同参与完成跨域公共事务治理目标时，也在利用合作提供的条件和机遇，最大限度地获取权力，调动可利用和使用的一切资源，进而获得自己所希望得到的收益。① 在地方政府间跨域公共事务合作治理的集体行动中，各地方政府在追求共同目标和共同利益时，也追逐各自不同的目标和自身利益。既存在为实现公共利益或集体目标而行动的目标动机，也存在为实现自我利益或自身目标而行动的目标动机。因而，在地方政府间跨域公共事务合作治理的集体行动中，各地方政府会出现利他行为与利己行为并行不悖的局面，这种利他

_____

① ［法］米歇尔·克罗齐耶、［法］埃哈尔·费埃德伯格：《行动者与系统：集体行动的政治学》，张月等译，上海格致出版社 2017 年版，第 108—109 页。

与利己的悖论行为凸显了地方政府间跨域公共事务合作治理的复杂性和艰巨性。利他行为与利己行为在地方政府间跨域公共事务合作治理中是客观存在和并行不悖的，但关键是如何强化地方政府为共同利益服务的角色和弱化地方政府追逐自我利益的行为，这就离不开合作制度及机制的建设。合作治理中的规章制度体系理所当然地影响着地方政府追求公共利益与追逐自我利益二者之间的行为选择。在某种程度上，这些规章制度体系安排影响了地方行动者的合作动机和合作战略，共同的体制机制也降低了合作中的不确定性因素及合作风险，也会对地方行动者是否参与合作造成影响。总之，制度安排不仅影响着地方政府集体行动的成本，而且影响着地方政府选择合作的可能性。

第五章　地方政府间跨域公共事务合作治理的理念重塑

正确的价值理念是地方政府间跨域公共事务合作治理的先导，是其核心要素和追求的终极目标，也是确保地方政府间跨域公共事务合作治理持续性和有效性的重要基础。价值理念和标准的确立、传递和回归，有助于对地方政府间跨域公共事务合作治理的政策制定和制度设计，提供正确的价值导向及形成深层次的约束。在诸多跨域性公共事务已影响到整个区域经济社会发展和人们的生产生活时，合作治理理念逐渐显示出其内在的合理性和收益的长远性，并逐渐受到各级地方政府的关注和重视。虽然地方政府间以公共利益为导向的合作治理理念渐呈上升之势，但跨域公共事务及其治理的复杂性，各地方政府利益需求的不同和治理资源禀赋的差异，导致地方政府在跨域公共事务合作治理上的价值理念并非完全一致。因而，对地方政府间跨域公共事务合作治理价值理念的重塑，有助于推动地方政府间合作的顺利开展。

第一节　地方政府间跨域合作治理的价值理念

一　以人民为中心理念

习近平总书记在党的十八大以来的一系列讲话中，多次提到"人民"和"人民群众"两个词，提出了"江山就是人民，人民就是江山"，把"坚持以人民为中心"作为新时代中国特色社会主义的一个基本方略进行系统论述，强调要"坚持以人民为中心"的发展思想，贯彻落实不忘初心、牢记使命的人民性，直接回答了"发展为了谁、发展依靠谁、发展成果由谁共享"这个根本性问题。这些朴素深刻的治国理政理念既是对马克思主义理论的继承和创新，更是对中国传统优秀治国文化的传承。

"人民性"是马克思主义最鲜明的品格。马克思主义自诞生的那一天起，就将"为全人类解放而斗争"作为一以贯之的价值使命。中国共产党自诞生以来就一直把"人民"理念根植于心、实践于行，把"为人民服务"作为党的根本宗旨，把"一切为了群众，一切依靠群众，从群众中来，到群众中去"作为党开展一切工作的生命线和根本路线。坚持为人民谋幸福、谋福利和以人民为中心的发展理念是中国共产党属性的本质要求，是马克思主义方法论的时代表达。

"民本思想"一直以来也是中国传统文化中的一个核心理念。《尚书·五子之歌》提到"民惟邦本，本固邦宁"，这是中国古代民本思想的集中体现。中国历朝历代基本都有关于民本思想的论述，如老子的"以百姓为中心"，管子的"政之所以兴在顺民心，政之所以废在逆民心"，孟子的"乐民之乐者，民亦乐其乐；忧民之忧者，民亦忧其忧"，王符的"为国者以富民为本，以正学为基"，朱熹的"国以民为本，社稷亦为民而立"，以及王廷相的"天下顺治在富民，天下和静在民乐，天下兴行在民趋于正"，等等，都从重民贵民、爱民仁民及安民保民的视角强调了民本思想在国家治理中的重要性。

从现代国家的治理来看，国家与社会、政府与人民之间的关系是现代国家治理中的重要关系。依据社会契约论，政府手中的权力来自人民的委托，人民是公共权力的拥有者，政府是公共权力的行使者，政府与人民之间是一种典型的委托—代理关系。公共权力属于全体人民，政府只是受人民的委托、按照人民的意愿行使公共权力，政府应对全体人民负责，利用人民赋予的权力为人民谋福祉，这是国家治理的初心。在社会公共事务日益复杂化的今天，"以人民为中心"理念使公共治理主体在面对复杂的问题时，有助于更好地把握问题的实质，从而寻求更有效的社会治理方式和路径。

第五章　地方政府间跨域公共事务合作治理的理念重塑

　　后工业社会的流动性和开放性使许多公共事务和公共问题跨越了自然地理边界和超越了行政区划界限，社会问题在区域层面集中化和社会矛盾在区域层面尖锐化。许多社会问题本身就是跨域问题，如流域水资源问题、大气环境污染及基础设施建设；有些问题则是由区域内社会和生产关系的紧密联系而升级为跨域问题，如流动人口管理服务和公共卫生事件应急管理等。跨域公共事务的日益增多和跨域公共问题的频繁发生及其影响的不断扩散、治理的复杂性及其涉及利益主体的多元化，不仅检验着地方政府的治理能力，更考验着地方政府治理的价值理念。从理论上来讲，跨域公共事务治理的价值包括国家利益的最高价值、区域公共利益的现实价值及地方利益的基础价值，分别体现为通过对特定区域的治理以推动国家经济社会的协调发展进而提升国家竞争力，区域经济社会的协调可持续发展和区域整体竞争力的提升，在不影响区域公共利益的前提下促进各地方经济社会的共同发展。而作为跨域公共事务治理基础性价值的地方利益，又包括了地方政府自身利益和人民群众利益。客观地说，地方政府在跨域公共事务治理过程中，始终面临着地方政府利益和人民群众利益选择的考量。不同的利益偏好取向和利益抉择方式，既影响着跨域公共事务的治理方式，又决定着跨域公共事务的治理成效。而"以人民为中心"的发展理念则为地方政府在跨域公共事务治理上的价值选择指明了方向，这就要求各级地方政府在跨域公共事务治理中摒弃地方政府间的利益之争，以人民需求和人民利益为根本价值导向，并将"以人民为中心"理念贯彻落实到地方政府间跨域公共事务合作治理的始终。

　　地方政府间在跨域公共事务合作治理中贯彻"以人民为中心"理念要体现在两个基本方面。一方面，在目标宗旨上，地方政府间跨域公共事务合作治理要坚持"以人民为中心"的指导思想。党的十九大报告指出，我国社会主要矛盾已经转化为人民日益增长的美好生活需要和不平衡不充分的发展之间的矛盾。发展不平衡不充分的问题，已经成为满足人民日益增长的美好生活需要的主要制约因素。习近平总书记指出，"发展是解决我国一切问题的基础和关键"，"必须坚持以人民为中心的发展思想，不断促进人的全面发展、全体人民共同富裕"。① 这就要求各地方政府在跨域公共事务合作治理中坚持以人民的需求为导向，着力解决影响地区发展不平衡不充分的问题和影响人全面发展的诸多跨域性问题，在区域合作治理和联合发展中促进人的全面发展和全体人民共同富裕。另一方面，在利益取向上，地方政府间跨域公共事务合作治理要树立"人民利益至上"的价值理念。人民群众对切身利益的追求、对美好生活的向往，推动着社会历史的发展和进步。实现中华民族伟大复兴的中国梦，就是要实现国家富强、民族振兴、人民幸福，要维护好、发展好、实现好人民的切身利益，不断提高人民的生活水平，满足人民群众对美好生活的向往。习近平总书记指出，我们"必须始终把人民利益摆在至高无上的地位"，"人民群众反对什么、痛恨什么，我们就要坚决防范和纠正什么"。② 这就要求地方政府在跨域公共事务合作治理中，抛弃地方政府间的利益纷争，把人民群众利益作为地方政府间跨域公共事务合作治理的重心。

二 协商民主理念

协商民主（Deliberative Democracy）又称商议民主或审议民主，是 20世纪 90 年代以来兴起的一种民主理论。关于协商民主的内涵，政治学家从不同的角度给予了界定。John Rawls 对协商的界定："交换理性的对话过程，目的是解决那些只有通过人际协作与合作才能解决的问题。协商与其说是一种对话或辩论形式，不如说是一种共同的合作性活动。"③ 戴维·米勒等把协商民主理解为一种理性的决策方式或民主的决策体制，在这种决策方式或决策体制中，社会各主体都可以平等地参与公共政策的制定过程，能够自由地表达各自的意见，愿意倾听并考虑不同的观点，在理性的

---

① 习近平：《决胜全面建成小康社会 夺取新时代中国特色社会主义伟大胜利——在中国共产党第十九次全国代表大会上的报告》，人民出版社 2017 年版。

② 习近平：《决胜全面建成小康社会 夺取新时代中国特色社会主义伟大胜利——在中国共产党第十九次全国代表大会上的报告》，人民出版社 2017 年版。

③ John Rawls, *Political Liberalism*, Columbia University Press, 1993, p. 285.

讨论和协商中做出具有集体约束力的决策。① Jorge M. Valadez 等则认为，协商民主是一种民主的治理形式，在国家事务和社会公共事务的治理过程中，社会各主体以公共利益为价值取向，通过对话与交流、讨论与协商等途径达成共识和制定政策。② 简而言之，协商民主的核心不是偏好的简单聚合，而是偏好的转向，主张在公共政策的制定和公共事务的治理过程中，社会各主体通过自由、平等的参与和讨论、对话、审议等方式做出理性的判断和决定，是社会各主体参与公共政策制定和公共事务治理的一种重要途径。

协商民主理论认为，社会各主体之间就共同关心的社会公共问题或社会公共事务进行直接的、面对面的对话与讨论，能够促进公共决策的民主化和科学化，增进社会各主体之间的互信与合作，获得社会各主体对公共决策的认同和支持。协商民主作为公共政策制定和公共事务治理的理论指导，不仅是培育社会各主体公共精神的重要途径，而且是增进社会各主体间相互信任的重要途径。无论是作为一种行政理论，还是作为一种行政实践，协商民主的精神早已在中国基层社会治理和地方政府治理实践中得以广泛应用并取得了丰硕成果，成为推动基层民主政治发展的一种重要形式。民主的价值在中国已经深入人心，协商民主代表着中国民主政治发展的新方向，是当代民主的核心所在。

地方政府间跨域公共事务合作治理是一项涉及两个或两个以上行政单位的集体行动，由于跨域公共事务及其治理的复杂性，以及各地方政府在合作中的利益诉求和治理能力差异，这就势必引发地方政府间合作过程中的目标认同和利益纠纷。地方政府间能否建立有效的合作是建立在各利益相关者达成合作共识基础之上的，每个地方政府参与跨域公共事务治理都有自己的目标，只有在合作过程中满足各地方政府合理的需求，才能进行有效合作。合

① ［美］戴维·米勒：《协商民主不利于弱势群体?》，载［南非］毛利西奥·帕瑟林·登特里维斯编《作为公共协商的民主：新的视角》，王英津等译，中央编译出版社 2006 年版，第 139 页。

② Jorge M. Valadez, *Deliberative Democracy, Political Legitimacy, and Self - Democracy in Multicultural Societies*, Colorado：Westview Press, 2001, p. 30.

作共识往往需要在对话与协商的过程中达成，是一种内在渐进的合作意识的增长，同时也需要在对话与协商中以某些利益相关者价值理念的调整为条件。"共识或者是通过交往实现的，或者是在交往行为中共同设定的，不能仅仅把共识归结为外在作用的结果，共识必须得到接受者的有效认可。"① 地方政府间跨域公共事务合作治理的全过程要始终坚持协商民主理念，凸显地方政府间合作治理过程中的"协商性"，因为合作治理的全过程始终离不开各方利益相关者的对话与协商。这种对话与协商不仅发生在决策之时，它还贯穿于合作的全过程，包括合作意愿的达成、政策目标的确定、合作中的讨价还价、合作协议的执行与监督、合作效果的评估与评价等多个环节，这些问题的解决需要相关地方政府共同讨论与协商决定。可以说，有效的对话与协商等于合作已经成功了一半。建立一个共同解决跨域公共事务的纵横向相互联系的地方政府间网络沟通体系，使相关地方政府围绕特定跨域公共议题展开充分的对话、协商和谈判。只有各相关地方政府都参与到跨域公共事务治理的协商讨论中，才能充分表达各自的意志和诉求。在对话与协商中相互学习、取长补短，不断调整自己的立场和主张，发挥协同合作效应、形成优势互补格局，共同制定合作政策和确定合作目标，这样才能增进政策认同和促进共识达成，从而使地方政府在跨域公共事务合作治理中履行各自的职责和发挥各自的作用，推动地方政府间跨域公共事务合作治理的进一步完善和顺利发展。

三　权力共享理念

在人类的政治经济社会生活中，凡是有组织的地方都存在权力现象。从政府的行政管理到军队的军事管理，再到企业的经营管理乃至学校的教学管理等，莫不如此。权力是一种广泛存在的社会现象，反映了人们之间或组织之间的社会关系。在中国古代社会，"权"基本有两种含义：一是衡量审度

---

① ［美］尤尔根·哈贝马斯：《交往行为理论：行为合理性和社会合理化》，曹卫东译，上海人民出版社2004年版，第274页。

之义，二是制约别人的能力。而在西方社会科学中，"权力"一词的基本含义是能力，即影响和控制他人的能力。近代政治思想家们又从不同的角度给"权力"一词下了诸多定义，考究概括起来主要有能力论和关系论两种基本观点。能力论认为"权力"是指一个行为者（个人或组织）影响其他行为者（个人或组织）的态度和行为的能力，马克斯·韦伯、罗素等多数思想家持此种观点。关系论则认为"权力"是一个人或许多人的行为使另一个人或其他许多人的行为发生改变的一种关系，持此种观点的人如罗伯特·达尔。以上两种观点虽然着眼点不同，但都从不同的角度揭示了"权力"的特性，其共同点体现为"权力是一种支配性力量，是一些人或组织对另一些人或组织造成他所希望和预定的影响力，或者是一些人或组织的行为使另一些人或组织的行为发生改变的一种关系，依靠这种力量和影响力可以造成某种特定的局面或结果，使他人或组织的行为符合预期目的"。① 一般来说，权力是根据行使者的目的去影响他人行为的能力，其内容包括主体、客体、目的、作用和结果等方面。权力可以进一步分解为不同的因素，如权力来源、权力手段、权力范围和权力领域，这些都有助于权力关系的有效性。在不同的社会及其治理模式中，权力这种支配性力量和影响力的实现方式是不同的。在传统农业社会乃至工业社会的科层式治理模式下，权力是依靠权威和等级，通过自上而下的指挥命令实现其支配性和影响力的；而在后工业社会的合作治理模式下，权力则是基于开放和平等，通过权力共享与互动实现其支配性和影响力的。

在社会变迁及其治理变革中，权力共享将成为一个重要现象和关键议题。在权力共享的世界里，当人们面临如大气污染、生态危机、流行性疾病等共同议题时，社会各主体将致力社会治理行动，并最大限度地挖掘合作行动所需要的各类资源。这就意味着，面对如同大气污染、生态危机、流行性疾病等关涉人类可持续发展的共同议题时，人们将越来越依托于共同的智慧

---

① 周伟：《合作型环境治理：跨域生态环境治理中的地方政府合作》，《青海社会科学》2020年第 2 期。

　　和共享的知识，而不是某些领导者的个人专断或某些精英组织的权威主张。①
皮帕·诺里斯从政治学的角度出发，讨论了权力共享在民主政体中的作用，
认为权力共享制度可以促进民主政体的发展。② 唐纳德·凯特尔从公共管理
的角度出发，认为随着科学技术的发展，权力不再局限于公共权力和私人权
力，公私混合型权力也逐渐发展起来。③ 在这种环境背景下，公共部门和私
人部门之间的权力共享，能够建立公私部门间的合作伙伴关系，促进公共部
门和私人部门联合生产公共产品或提供公共服务。因而，基于权力共享的合
作行动将是当今社会治理的主要方式，是建构合作型治理模式的理论基础。

　　鲜明的流动性、高度复杂性和高度不确定性的交织环绕是后工业社会的
基本特质，正是这种复杂性的社会特征与既有的科层制社会治理模式、行为
模式的冲突和矛盾，使人类处于风险社会之中，让我们面临各种公共危机事
件频发的威胁。后工业社会我们面临的各种潜在危机或风险，在某种程度上
可以说是社会治理模式危机。因为既有的科层制社会治理模式及行为模式是
在低度复杂性和低度不确定性的工业社会中建立起来的，它与今天高度复杂
性和高度不确定性的后工业社会特征不相适应。走出后工业社会带来的各种
危机，人类社会必须走向合作治理，后工业社会需要合作型的集体行动。

　　后工业社会人口流动的日益频繁和地区交往的日益密切，引发了越来越
多的跨域性公共事务，诱发了越来越多的跨域性公共问题，跨域性公共事务
的解决和跨域性公共问题的治理，需要社会各主体之间的协同合作。但地方
政府作为社会公共事务和社会公共问题治理的关键主体，加强地方政府间合
作无疑是跨域公共事务治理各种合作模式中最为重要的合作模式。地方政府
间跨域公共事务合作治理是由多层级、多主体共同参与的合作行动，就地方
政府间跨域公共事务合作治理中所生成的府际关系而言，纵向地方政府间政
治地位高低不同和权力大小差异是客观存在的，横向地方政府间在经济发展

①　谭涛、侯雅莉：《权力共享：建构合作型领导的逻辑进路》，《甘肃社会科学》2015 年第 6 期。
②　Pippa Norris, *Driving Democracy：Do Power-sharing Institutions Works*, Cambridge University Press, 2008, p. 223.
③　［美］唐纳德·凯特尔：《权力共享：公共治理与私人市场》，孙迎春译，北京大学出版社 2009 年版，第 127 页。

水平和治理资源及能力等方面也存在显著差异，这就可能造成在地方政府间跨域公共事务合作治理中，地方政府因权力大小的不同而拥有不同的话语权，处于弱势地位的地方政府难以获得平等的参与权，导致出现合作治理中的"中心—边缘"地带、次级治理主体参与不足等合作困境。一些地方政府由于权力的不平等和难以共享权力，而无法在合作治理过程中充分表达自己的意志和诉求，过度的政治动员和被动的政策响应可能使地方政府间合作流于形式。地方政府间合作治理中的地位不平等和权力不平衡容易产生不信任和冲突，继而对合作治理的持续稳定发展构成威胁。"当人们觉得自己在受到不公正待遇时，他们就希望改变这种状况。如果他们确信变化不会发生，那么有些人迟早会终止对维持社会秩序的合作态度，而且他们会采取行动颠覆它。"①

合作治理是一种权力共享的治理，合作治理的定义性特征在于共享裁量权。共享裁量权是合作治理的标志，它能够增强政府完成公共任务的能力，也能够增加所要完成任务的灵活性，还能够提高合作治理的质量。如果在合作治理中一方做出所有的决定，那么合作者之间是合同关系而非合作关系。虽然"合作治理当中也是需要规则和权力的，换句话说，规则和权力依旧是合作治理中不可或缺的要素"，②但权力不应该完全归属于某一方，应根据合作行动的需要让权力在合作者之间流转或共享。在合作治理模式的建构中，权力始终是绕不过去的话题，社会各主体彼此间要进行合作，就必须都拿出一定的"诚意"来，而对各主体来说，最大的"诚意"莫过于进行适度的分权或权力共享。因而，在地方政府间跨域公共事务合作治理中，要破除权威观念和等级身份，改变权力自上而下的指挥命令运行方式，树立权力共享和身份平等理念，通过权力互动与共享凝聚合作共识、增进政策认同，维持合作稳定性和保证合作有效性，进而才能实现合作治理目标。

① ［美］彼得·S.温茨：《环境正义论》，朱丹群、宋玉波译，上海人民出版社2007年版，第19—20页。
② 张康之：《论社会治理中的权力与规则》，《探索》2015年第2期。

四 合作共赢理念

"合作"一词是指个人与个人、组织与组织、个人与组织之间为达到共同目的，彼此之间相互配合的一种行为方式和联合行动。合作可以说是人类有史以来一直向往和追求共同行动的境界，在人们的日常生活和社会活动中，"合作"一词一直被用来指称在人们共同行动中那些积极地相互配合和相互支持的行为。出于维护共同利益和增进共同行动中合作行为的实现，人们在社会活动中也越来越倾向于在行动者理念、制度以及体制机制等方面积极地做出安排，以谋求人们在社会活动中的合作行为能够获得某种客观上的保障，从而促进人们社会活动中合作行为的增长而不是削减。① 但现实情况是人们在社会活动中的竞争与合作总是相伴存在的，且总体上人们在社会活动中的竞争行为大于合作行为，合作行动一直是以一种理想的形式而存在的。

特别是在工业化和城市化进程中，人们在市场经济竞争观念的影响下不仅在经济生活中，而且在政治生活和社会生活中都树立起了竞争观念，建构起了竞争行为模式。传统的治道观念也是公共的工作由政府承担，私营部门的工作由工商企业承担，社会组织和非营利组织填补空白，每一个部门负责自己的"一亩三分地"和"各扫门前雪"，可以说这种分域而治的观念是对农业社会乃至工业社会相对合理且贴切的描述。因为在农业社会乃至工业社会，由于社会公共事务比较简单和社会公共问题相对单一，再加上信息科学技术和交通运输工具发展相对落后，社会基本上处于一个封闭发展时期。这种分域而治的观念符合当时社会治理的环境和满足了社会治理的需求，维持了社会稳定和促进了社会发展，故而在社会治理中无须过多地寻求政府之间，政府与市场、社会之间的相互支持与协同合作。

然而，人类社会步入后工业时代之后，全球化、区域化和信息化的发展使国家之间、地区之间、人们之间的联系日益密切，人类社会在各个方面都

---

① 张康之：《合作社会及其治理》，上海人民出版社 2014 年版，第 95 页。

呈现出了高度复杂性和高度不确定性迅速增长的趋势，复杂性和不确定性的增加，引发了各种各样的复杂性和不确定性社会问题。社会问题的复杂性和不确定性因素的增加，导致了政府在社会治理中的"失败"、市场在社会治理中的"失灵"和社会组织在社会治理中的"失效"。这种政府、企业、社会分域而治的社会治理观念和治理方式，显然已经无法适应后工业社会的治理要求。通过社会治理观念和治理方式的根本性变革，来应对与解决日益复杂的社会问题便成为社会各主体共同的选择。

"如果 20 世纪是管理的时代，那么 21 世纪将是合作的时代。"① 21 世纪呈现的基本时代特征是社会的高度复杂性和高度不确定性，人类社会进入一个各种问题、利益和矛盾相互交织的风险社会，社会治理风险的增加和治理难度的加大需要社会各主体间通力合作、共同面对，这就要求社会各主体在社会公共事务治理中树立合作理念而不是竞争理念。作为社会公共事务治理的关键主体，各级地方政府在社会公共事务治理中更要摒弃"封闭性"和"竞争性"行政理念，树立"开放性"和"合作性"行政理念。因为在传统公共行政"封闭性"和新公共管理"竞争性"理念的影响下，各地方政府认为自己是独立的利益主体，视行政区地方利益的表达、维护和实现为根本，在社会公共事务治理中强调地方利益、忽视整体利益，遵从本位主义、缺乏协同合作，导致地方政府在行政管理和社会治理中出现诸多"碎片化"问题，造成整体治理效能低下和无人对整体负责的局面。

虽然近年来中国地方政府间关系已经呈现出由竞争走向合作的变化总趋势，但是在跨域公共事务合作治理中，地方政府间依然存在竞争意识大于合作意识的问题，表现为一些地方政府在跨域公共事务合作治理中坚持"自我利益为中心"的地方利益最大化追求，仅仅只作为"地方利益"的代言人，多说或只说"地方话"，少说或不说"全局话"，不同程度上存在着"搭便车"心理和"机会主义"行为，甚至采取地方保护主义，合作共赢的价值

---

① Tomas Konntz, "What Do We Know and Need to Know about the Environmental Outcomes of Collaborative Management？", *Public Administration Review*, Vol. 66, No. 1, 2006.

理念尚未完全建立。跨域公共事务及其治理具有公共性、外部性、系统性和复杂性等特征，这些特征决定了无论是传统公共行政基于行政区划刚性约束、囿于"封闭性"的科层治理，还是新公共管理基于市场竞争思维、倡导"原子化"的竞争治理，在跨域公共事务治理上都捉襟见肘、力不从心。依靠命令与控制程序、高度专业化与刻板分工限制维系起来的、严格的官僚制度，尤其不适应处理那些超越组织边界的复杂性问题；① 期望通过地方政府间竞争来推动地方发展的新公共管理运动，导致地方政府间横向联系脆弱，使得地方政府在跨域公共事务治理中合作乏力。

跨域公共事务的公共性和外部性使得地方政府间在跨域公共事务治理关系上是一种"一荣俱荣、一损俱损"的利益和命运共同体，任何一个地方政府所采取的策略与行动都会对其他地方政府利益和区域整体利益产生影响；跨域公共事务的系统性和复杂性决定了任何一个地方政府，仅凭自身能力和治理资源都无法有效解决跨域公共问题或处理跨域公共事务。因而，在地方政府间跨域公共事务合作治理中，各地方政府要摒弃"自我利益为中心"竞争观念，打破"一亩三分地"思维和破除"各自为政、单打独斗"局面，以区域共同利益为价值导向、树立合作共赢的价值理念，从"封闭性"的"分界而治"和"原子化"的"竞争治理"走向"开放性"的"合作治理"。

第二节　地方政府间跨域合作治理的理念检视

一　地方政府间认知差异

古典政治经济学认为，个体在任何环境下的策略选择都取决于他对该策略及其可能结果的理解和估量。跨域公共事务作为一种特殊的公共事务，跨域性的存在是跨域公共事务区别于传统公共事务的本质特征。跨域公共事务

---

① ［美］斯蒂芬·戈德斯密斯等：《网络化治理：公共部门的新形态》，孙迎春译，北京大学出版社 2008 年版，第 6 页。

跨越地理空间、跨越行政边界和跨越组织权限，这就决定了跨域公共事务治理具有主体的多元化、客体的复杂性、外部效应的溢出性、地理空间的依赖性、过程的长期性和结果的不确定性等特点，这些治理特点引发了地方政府间跨域公共事务合作治理中的认知差异。从治理主体上看，地方政府间跨域公共事务合作治理的主体更加多元化。由于跨域公共事务具有跨行政区边界的特征，因此同传统公共事务治理相比，跨域公共事务治理一般涉及两个或两个以上地方政府，治理主体的多元化带来利益取向的多样化，这使得各利益主体间的利益取向存在差异，也使得地方政府间合作治理过程中往往伴随着内部复杂的利益博弈和竞争关系。地方政府是各自行政辖区利益的代言人，各自有独立的利益需求，地方政府大都是从本地利益层面考虑参与跨域公共事务治理，如果没有良好的对话协商机制和公平的利益协调机制，各地方政府在跨域公共事务治理上难以达成合作共识和目标认同，地方政府间也就没有合作的动机和意愿。从治理客体上看，跨域公共事务治理具有较强的外部溢出效应，存在明显的"搭便车"现象。跨域公共事务大多覆盖整个区域或产生于地方政府相邻区域之间，由于治理主体的多元化及其治理主体间错综复杂的利益关系，地方政府在跨域公共事务治理中往往囿于地方利益最大化的追求，容易忽视区域共同利益的考量。地方政府"理性经济人"的自利性和跨域公共事务治理的溢出效应，使得地方政府参与跨域公共事务合作治理的意愿不强和动力不足，而"搭便车"或"不作为"往往成为地方政府在跨域公共事务合作治理中"最明智"的选择，这就造成地方政府在跨域公共事务合作治理中，每个地方政府对于合作的预期收益和付出的预期成本并不相同，地方政府间建立策略性合作伙伴的效益如不能大于其所付出的交易成本，则稳定的地方政府间合作关系难以形成和持续，从而导致跨域公共服务供给不足和跨域公共事务治理低效。

从治理过程及其结果来看，跨域公共事务治理过程具有长期性，其结果具有不确定性。跨域公共事务的系统性和复杂性决定了其治理是一个长期渐进的过程，治理效果难以在短期内得到明显的显现，治理结果因受到合作关系的影响而充满不确定性。中国对地方政府的考核评价主要以行政辖区内所取得的政绩为主，即以行政辖区内的经济社会发展特别是 GDP 增长作为考核评价地方政府的主要标准。因此，在纵向的压力型体制和横向的"政绩"激励模式下，地方政府在跨域公共事务治理方面的投入，往往难以在短时间内产生对地方政府评价有重要影响的"政绩"，受任期约束的地方政府主要领导人出于地方利益的"理性"考虑，势必放弃短期效益不显著的跨域公共事务治理，而将注意力和精力投入辖区内公共事务的治理上。各地方政府只关注各自行政辖区内的公共事务，而对地方政府行政辖区之间的公共事务视而不见或漠不关心，其结果是跨域公共事务治理"公用地悲剧"时常上演。

二　地方政府间竞争博弈

1956 年美国著名学者 Charles M. Tiebout 在《地方支出的理论研究》一文中提出地方政府竞争这一概念，其主要内容为在自由开放的流动社会，公民"用脚投票"的权利引发了地方政府竞争。也就是说，公民通过对地方政府公共服务满意度和财政收入的对比分析，根据自己的偏好选择自己满意的地方，公民"用脚投票"的公共服务偏好表达机制给地方政府公共服务能力建设造成了巨大的压力。为了争取地方发展中最重要的人力资源，地方政府围绕不断改进辖区公共服务展开激烈竞争。尽管中国地方政府竞争的压力来源与西方国家地方政府竞争的压力来源有所不同，但中国地方政府间竞争是客观存在的。因为从地方政府间关系上讲，在任何政治体制下，地方政府间的关系都是一种竞合关系，这是由地方政府间的利益关系决定的。政府间关系"首先是利益关系，然后才是权力关系、财政关系、公共行政关系"。①利益关系是地方政府之间最根本、最实质的关系，也是影响地方政府行为选择的最重要因素。地方政府间跨域公共事务合作治理主体的多元化，决定了各主体间存在不可消弭的竞合关系，各主体围绕自己的利益和依赖彼此间的资源，形成了多元化、分散性、多方式的互动合作治理模式，进而形成了错综复杂的竞合关系。

---

① 谢庆奎：《中国政府的府际关系研究》，《北京大学学报》（哲学社会科学版）2001 年第 1 期。

第五章　地方政府间跨域公共事务合作治理的理念重塑

　　近年来，随着跨域公共事务的日益增多和跨域公共问题的频繁发生，虽然地方政府在跨域公共事务治理上以"协商合作、互惠共赢、共同发展"为目标的合作治理呼声不断，地方政府在跨域公共事务治理上也确实存在共同利益和拥有共同目标，但当真正涉及地方政府自身利益的时候，光鲜的承诺就会黯然失色，合作也就失去了存在的意义。在强烈的"政绩冲动"和较大的"财政压力"下，出于地方政府政绩考核和行政辖区利益最大化的考虑，地方政府的"理性经济人"属性显著增强，追求自身利益的最大化尤其是经济利益的最大化就成为地方政府行为选择的根本动因。地方政府在跨域公共事务治理中表面上是打着合作共赢旗帜的共同行动者，暗地里却是争取各自利益的实际行动者，地方政府间依然存在着激烈的竞争。例如，在长三角区域一体化进程中，为了避免产业布局的雷同化和同质化，增强区域整体竞争力，尽管区域内的江苏省、浙江省和上海市等地方政府联合制订了区域产业布局的空间规划，但是在实践中，作为地方利益代表的各地政府往往注重本地的利益、经济增长和发展速度，在招商引资过程中竞相出台各类优惠政策，甚至相互实行"倾销式"和"压价式"的竞争，争相用"跳楼价"来吸引和争夺外资。这样不仅导致区域内产业结构大幅雷同和区域整体利益无法实现，而且进一步激化了区域内地方政府间的利益矛盾和利益冲突。压力型体制下的政绩考核评价机制，在某种程度上决定了地方政府在跨域公共事务合作治理中追求地方利益最大化的目标导向和行动逻辑，地方政府间的竞争意识强于合作意识。经济发展意识强于社会治理意识。从国内地方政府间合作的主题看，经济发展仍然占据主导地位，而社会治理就显得严重不足。各地方政府在跨域公共事务治理中围绕行政辖区利益的竞争博弈，往往使地方政府间跨域公共事务合作治理实施不力或无疾而终。

三　地方政府间各自为政

　　地方政府间跨域公共事务合作治理是一个开放的复合系统。按照系统论的观点，任何一个开放、复合、稳定系统的形成，都是依照一定的方式通过子系统之间的协同合作、有序运作，经过自组织有序化程度不断增加的努力，从而使系统从无序状态转变为具有一定结构的有序状态。集成并不是系统各要素之间的简单相加，而是在人们有意识的行动下，促使系统各要素协同运作，产生集体效应大于各部分总和的效用。同样，地方政府间跨域公共事务合作治理系统的有序运行及其功能的发挥，需要地方政府间进行合理分工、有序参与、良性竞争和充分协同，这样才能更好地发挥各地方政府在合作治理中的职责和功能，产生集体行动效应大于个体单独行动总和的效用，有助于地方政府处理区域一体化进程中经济和社会发展领域出现的跨域性公共事务，从而实现地方政府共同利益和提高区域整体竞争力。

虽然中国地方政府在跨域公共事务治理上已开展广泛合作，但在合作治理实践过程中仍存在各自为政的问题，主要表现在以下两个方面。一是在政策制定与资源投入层面。地方政府在跨域公共事务治理上往往寻求自身利益的最大化，导致各地在跨域公共事务治理政策标准、监管措施、质量监控、结果评价等方面各行其是，经常出现"上有政策，下有对策"的局面，导致合作治理政策效能不高；在跨域公共事务治理资源投入上"画地为牢"，往往侧重将治理资源投入本行政辖区内，难以实现地方政府间资源互补与整合、交流与共享，无法实现治理资源投入的聚合效应。二是在服务与管理层面。服务协同既是各主体在合作治理中对自身角色的定位，也是各主体的行为取向。"如果在单一主体独自承担社会职能的时候，所表现出来的是对无所不在控制的追求，而在多元主体合作治理条件下，每一个进入合作治理系统的要素都必然具有相对于系统其他要素的服务定位。"① 地方政府间合作治理需要相互间提供服务，表现为地方政府间相互配合与支持，但在传统行政观念及行政文化的影响下，地方政府间相互服务意识不强和能力不足，这将进一步影响到地方政府间合作关系的发展。管理协同需要理顺合作主体之间的关系，明确各主体的职责与权限、权利与义务，进行合理分工、密切配合，但受属地治理模式的影响，地方政府在跨域公共事务管理上往往"力不

---

① 张康之：《在后工业化进程中构想合作治理》，《哈尔滨工业大学学报》（社会科学版）2013年第1期。

从心"。各地方政府只有本辖区公共事务的管理权，对不具有行政隶属关系的其他行政辖区的公共事务却不愿过问或无能为力，这就无法实现地方政府在跨域公共事务合作治理中的分工合作与统一管理，这将进一步影响到地方政府间合作治理的整体绩效。地方政府在跨域公共事务合作治理中的"各自为政、单打独斗"问题，难以充分实现地方政府间政策与资源、服务与管理等方面的协同合作，这势必最终影响到地方政府间合作治理的效能。

四　地方政府间信任不足

"信任是在一个社会团体中，成员对彼此常态、诚实、合作行动的期待，基础是社团成员共同拥有的规范以及个体隶属那个社会的角色。"[1] 信任是社会资本的核心要素，也是合作行动的"黏合剂"，充分的信任关系使自发的合作成为可能。这是因为信任能够促进集体行动的产生与达成，信任代表了合作双方共享的价值观及合作共事的组织管理能力，可以节省合作过程中不必要的协商与强制所带来的交易成本。集体行动中各主体间充分的信任关系就像润滑剂一样，能够减少合作主体之间的摩擦，从而使集体行动的运作更加和谐高效。地方政府间的信任关系是合作网络运行的基本前提，地方政府间信任度越高，其进行互动与合作的意愿就越强。在跨域公共事务治理中，由于地方政府间认知差异、利益博弈、责权划分以及信息不对称等诸多因素的影响，地方政府间彼此信任不充分，在合作中疑虑重重、相互猜测，表面上重视、实际上轻视，语言上说得动听、行动上做得有限。

地方政府间信任不足对其合作治理产生如下影响。首先，在地方政府间合作治理共识形成过程中，信任缺失会导致地方政府间彼此信赖、相互理解和相互支持大幅下降，而讨价还价、利益博弈、对立冲突等妨碍合作的阻滞性因素大幅增加，这样就增加了合作共识达成的时间成本。其次，信任缺失也增加了地方政府间合作治理的信息成本。在跨域公共事务治理中，各相关

---

① [美] 弗兰西斯·福山：《信任——社会道德与繁荣的创造》，李宛蓉译，远方出版社 1998 年版，第 35 页。

地方政府所了解和掌握的信息资源分布不均，而跨域公共事务治理的决策制定需要地方政府间充分的信息共享，而信任就如同情感黏合剂，能够将相关地方政府牢牢地结合在一起，以信任为基础的合作能够增进合作者之间的信息交流与共享。相反，如果合作者之间信任不足，信息交流和知识共享将变得困难重重，这就会影响到合作治理的开展和合作治理的绩效。再次，信任缺失使地方政府在合作协议的执行过程中，可能会遭遇合作各方的心理抵触和行为抵制。这会导致合作协议行政强制执行的大量运用，从而使合作治理的执行成本不断增加并影响到合作的持续性。最后，信任缺失使地方政府间合作充满不确定性和风险。地方政府间信任不足使得地方政府在合作过程中可能出现"背信弃义"的违约行为，从而导致对合作成员行为进行监督并对违约行为进行惩处的监督成本的上升，甚至可能出现一些合作成员的"背信弃义"而迫使合作行动中断。地方政府间信任不足不仅影响了地方政府间合作的顺利开展，而且增加了地方政府间合作的交易成本，这成为影响与阻碍地方政府间跨域公共事务合作治理的又一个重要因素。

第三节　地方政府间跨域合作治理的理念培育

一　持续推进服务型政府建设

服务型政府是一个以人为本、为民服务、被民监督、清正廉洁的政府，也是一个与社会共治的政府。"建设服务型政府，首先是要创新行政管理体制。要着力转变职能、理顺关系、优化结构、提高效能，把公共服务和社会管理放在更加突出的地位，努力为人民群众提供方便、快捷、优质、高效的公共服务。"[1] 随着区域经济社会一体化的发展，跨域性公共事务日益增多及其对人们生活的影响逐渐加大，人们对跨域性公共服务的需求也日益增长，这一变化超出了任何一个地方政府治理能力的阈限。"合作治理"作为现代

---

[1]　胡锦涛：《扎扎实实推进服务型政府建设　全面提高为人民服务能力和水平——在中共中央政治局第四次集体学习时的讲话》，《中国行政管理》2008 年第 3 期。

社会治理最重要的变革之一，是一种寻求解决社会各主体间利益冲突的新思路，也是解决复杂性社会问题的一种新方式，主要是指政府之间、政府与其他社会主体之间在社会治理过程中实现互动与合作。跨域公共事务的有效治理及地方政府在跨域公共事务治理中的互动与合作，都离不开地方政府治理理念的转变和治理方式的变革，将服务型政府理念贯彻落实到跨域公共事务治理中是对地方政府的基本要求。

1. 增强地方政府服务理念

德国学者厄斯特·福斯多夫在《当成是服务主体的行政》一文中最早提出了"服务行政"的概念。按照他的理解，当人们不能依靠自己的能力或小团队的力量获得个人生存与发展所需的服务时，政府就应该出面为社会公众提供生存及发展所需的一切服务。中国学者张康之把服务行政视为与统治行政、管理行政相对应的一种新型的政府行政理念。他认为服务行政就是政府在行政管理及社会公共事务治理中要以为公众、社会服务为宗旨，政府存在的理由就是为广大人民群众提供其所需的各种服务。跨域公共事务治理显然超出了社会公众和社会组织的能力阈限，但跨域公共事务治理又事关广大人民群众的切身利益，这就要求地方政府在跨域公共事务治理中发挥其关键作用，以满足人民群众对跨域公共服务日益增长的需求，维护社会公共利益。

服务理念要求地方政府在跨域公共事务治理上做到以下几点。第一，从官本位思维转向民本位思维。"官本位"最初源于经济学上的专用名词"金本位"，是指以黄金为本位货币的一种货币制度，即以黄金作为单一的尺度去衡量其他商品的价值。由此可见，"官本位"至少含有这样一层意思，即把是否当官作为一种核心的社会价值尺度来衡量个人价值和社会地位。① "官本位"价值取向容易使地方政府及其行政人员在跨域公共事务治理上偏离公共利益的轨道，漠视人民群众的利益与需求。江泽民曾强调："当前，'官本位'意识的要害，就是对党和国家事业的不负责，对民族和人民的利益不负

---

① 李向国等：《从"官本位"走向"民本位"——政治文化学视角下的研究》，社会科学文献出版社 2008 年版，第 8 页。

责，只对自己或亲属或小集团负责，因此，对历史上遗留下来的'官本位'意识，必须狠狠地批判和坚决破除。"①"民本位"就是指以人民为本，即把人民视为国家和社会发展的根本，并放在主人的位置上。"在'民本位'的范畴中，人民是主体，人民是本体，人民是主人，人民是目的，人民是标准，人民是价值的本源和前提。"②"民本位"要求地方政府及其行政人员在跨域公共事务治理上树立服务行政理念，把为人民群众服务当作衡量自身工作的价值标准，一心想着人民，一切为了人民，以人民群众的需求为导向，以人民群众的满意度为评价标准，积极推进跨域公共事务治理。第二，从政府本位思维转向社会本位思维。服务行政认为政府在社会公共事务治理中不应高高在上，成为脱离社会的特权组织。社会公共事务治理的根基还在于聆听民众的意见和聚合社会的力量。因此，地方政府在跨域公共事务治理上要准确定位自己的角色，不能仅从政府立场出发唱"独角戏"，而应多听人民群众的呼声和意见。将人民群众的意见和建议融入跨域公共事务治理的政策制定中，由"为民做主"转向"由民做主"，为社会公众参与跨域公共事务治理提供政策及制度上的服务支持。第三，从管制思维转向服务思维。管理型政府是适应工业社会的需要而建立的一种政府治理模式，其最重要的理论原则是现代官僚制。管理型政府出于管理效率和管理秩序的考虑，政府与社会之间以及上下级政府间是一种命令与服从、管理与被管理的关系，这就为跨域公共事务合作治理中政府与公众以及地方政府间冲突的产生埋下了伏笔，不利于政府与公众及地方政府间在平等协商的基础上开展跨域公共事务治理。政府治理方式从注重管制向注重服务转变是政府的一场自我革命，也是社会发展的必然逻辑。服务行政不仅要求地方政府在行政管理实践中和社会事务治理中要为社会公众服务，同时也要求地方政府在处理涉及地方政府间共同问题时要相互服务，这有利于地方政府在跨域公共事务合作治理中形成良好的府际关系，从而推动地方政府间跨域公共事务合作治理的顺利开展

---

① 《江泽民文选》第 3 卷，人民出版社 2006 年版，第 133 页。

② 李向国：《论"官本位"与"民本位"政治文化学研究的理论和实践意义》，《理论导刊》2007 年第 5 期。

和目标实现。

2. 培养政府官员公共精神

公共精神是指孕育于现代市场经济和公民社会之中的，位于社会层面的基本道德观念和位于政治层面的价值理念，是以促进社会和谐、经济繁荣、政治稳定和维护与实现公共利益为依归的一种价值取向，它包含基本的社会公德、社会规范以及对民主、自由、平等、参与等一系列公共规范、公共原则的维护和最基本的政治价值理念的认同。当代西方著名的政治学家罗伯特·D. 帕特南曾指出："公共精神是一种关心公共事务，并愿意致力于公共生活的改善和公共秩序的建设，以营造适宜于人生存和发展条件的政治理念、伦理追求和政治哲学。"① 公共精神不仅是民主社会每一个公民应该具备的基本素质和社会公德，也是一个国家政治、经济、社会和文化可持续发展不可或缺的基本要素。公共精神不仅表现为公民的一种静态的社会观念形态，更体现为公民参与公共行政的一种动态的社会行动过程。也就是说，公民公共精神的塑造不仅要通过对公民的教育来确立，更有赖于通过公民积极参与公共事务，维护社会共同利益的行动来提升。正如密尔在《代议制政府》中指出："每当人民普遍倾向于只注重个人的私利而不考虑或关心他在总的利益中的一份时，在这样的事态下好的政府是不可能的。政治机器不会自行运转，它需要的不是人们单纯的默认，而是人们积极的参与。"② 在地方政府间跨域公共事务合作治理中，地方政府官员作为跨域公共事务治理政策制定与执行的关键主体，培养政府官员公共精神就成为践行以人民为中心发展理念，推动地方政府间跨域公共事务合作治理的重要抓手。

培养政府官员跨域公共事务治理的公共精神。首先，培养政府官员跨域公共事务治理的主体意识。主体意识是公共精神的前提，是指公民在参与国家政治生活和社会公共事务管理过程中主动行使公民权利和承担公民义务，在追求和实现自我权益的过程中，自觉地维护公共利益和社会秩序，增进社

---

① ［美］罗伯特·D. 帕特南：《使民主运转起来》，王列等译，江西人民出版社 2001 年版，第 56 页。

② ［英］J. S. 密尔：《代议制政府》，汪瑄译，商务印书馆 1982 年版，第 26 页。

会公共福祉和维护社会公平正义。跨域公共事务及其治理事关人民群众的切身利益，作为跨域公共事务治理关键主体的政府官员，要想人民之所想、急人民之所急，主动担当作为，充分发挥关键少数的带动作用。其次，培养政府官员跨域公共事务治理的公共意识。公共意识是公共精神的内核，是指一个组织、一个社会所形成的基本一致的思想观念或认识，即独立自由的个体所具有的一种整体观念或整体意识。跨域公共事务具有公共性、外部性、系统性和复杂性等特征，地方政府基于自身利益以行政区划界限的各自为政或单打独斗的"碎片化"治理，根本无法有效处理跨域公共事务或解决跨域公共问题。这就要求政府官员在跨域公共事务治理上，正确处理地方利益与区域利益间的关系，以人民群众利益和区域共同利益为价值导向，树立整体性治理意识与协同合作治理理念，在跨域公共事务治理上积极主动寻求合作并维护区域共同利益。最后，培养政府官员跨域公共事务治理的责任意识。责任意识是公共精神的本质，是指一定的主体在社会生活和政治活动过程中对自己应该做的事或自己理应承担的责任的一种理性认识和自觉判断，是对自己应该或者必须做出某种行为的合理性和必然性的主动认可。人民将国家治理权力赋予政府及其官员行使，政府及其官员就必须对人民负责。这就要求政府官员在跨域公共事务治理上以人民需求为导向，增强公共关怀和公共责任意识，自觉履行政府官员应尽的责任和义务，不断满足人民群众对跨域公共服务日益增长的需求，主动维护社会公共利益和促进社会公平正义。

3. 推动地方政府职能转变

政府职能是对政府活动内容的总体概括，反映了政府管理活动的实质与方向，在很大程度上决定了政府的规模、结构、组织形态和管理方式。政府职能通常称为行政职能，在某些条件下亦称公共行政职能。政府职能一般是指政府作为国家行政机关，依法对社会实施公共管理所承担的具体职责和应发挥的作用。就国家管理而言，政府是国家机器的最主要组成部分，是国家职能的具体体现。政府职能的核心价值涉及政府"应该做什么""不应该做什么""如何做什么"的问题。正如托马斯·伍德罗·威尔逊所说，"行政学研究的目标，在于首先要弄清楚政府能够适当且成功地承担的是什么任务，其次要弄清楚政府怎样才能够以尽可能高的效率和尽可能少的金钱或人力上的消耗来完成这些专门的任务"。① 地方政府的主要职责是通过对本地域的治理来维护本地社会的秩序和稳定，促进当地经济社会发展，因而它所承担的政府职能主要是以当地经济社会事务为主要内容。地方政府固有的职能是所有地方政府都必须承担和完成的，但随着经济、社会、文化和技术等行政生态环境的变化，地方政府的职能重心及履职方式也应转变，使其适应经济社会发展的需要和公共事务治理的要求。

　　跨域公共事务治理视域下的服务型政府建设，要求地方政府职能在以下两个方面实现转变。一方面，地方政府的职能重心由经济建设为中心转向公共事务治理为中心。尽管经济建设和公共事务治理是地方政府职能的两个重要方面，但长期以来在以经济建设为中心思想的影响下，单一的 GDP 增长成为地方政府施政及履职的主要目标。重经济增长而轻社会服务，致使地方政府在公共服务供给和社会事务治理上欠账较多，导致地方经济发展与社会发展不平衡，经济增长的成果没有较好地惠及人民群众的日常生活，也就无法满足人民群众的需求。直接及时地满足人民群众最基本的需求，即应把与人民群众日常生活直接相关的社会事务作为地方政府履职的重点。在当今社会公众需求多元化和社会公共事务复杂化的背景下，这就要求地方政府将职能重心由经济建设转移到社会治理方面。不仅要注重本辖区公共事务的治理，也要关注跨域性公共事务治理，以满足人民日益增长的需求和对美好生活的向往。另一方面，地方政府的履职方式由独自履职向合作履职转变。在传统的农业社会乃至工业社会，由于社会的相对封闭性，公共事务和公共问题大都局限于某一行政辖区范围内，因而地方政府通过自己职能的履行就能够独自应对辖区内的事务和处理辖区内的问题。但在后工业社会和信息化社会，随着区域一体化的深入发展，诸多公共事务呈现出"跨界性"和"外溢性"的特征。这不仅超出了行政区政府的职责权限，而且超出了行政区政

---

① Thomas Woodrow Wilson, "The Study of Administration", *Political Science Quarterly*, No. 2, 1887.

府的治理能力。这就要求地方政府在跨域公共事务治理上的履职方式由独自履职向合作履职转变，不仅要加强地方政府与其他社会主体间的协同合作，更要加强地方政府间的协同合作。

二　培育地方政府间合作文化

社会中每一个成员都是在一定的文化环境中成长起来的，他们之间的相互行为和相互关系都不能独立于特定的文化环境而存在。现实告诉我们，文化影响已经渗透到社会的各个领域，在研究和探讨社会不同领域的问题时，都必须高度重视文化这一因素所起的重要作用。文化作为一种复杂的社会现象，在不同的社会生活领域具有不同的内容和表现形式，在行政活动领域则表现为行政文化。行政文化是与行政相关的文化，是指政府及其行政人员的行政态度、行政信仰、行政感情和价值观，以及所遵守的行政习惯、行政方式和行政原则等。行政文化虽然受到社会文化环境以及行政体系和行政活动的很大影响，但行政文化作为一种行政软力量，对政府及其行政人员的行政观念、行政行为和行政活动等产生重要影响，发挥着制约、规范和指引等作用。行政文化是影响地方政府行政行为的深层次因素，促进地方政府间跨域公共事务合作治理，就要培育地方政府合作行政文化，为地方政府间跨域公共事务合作治理提供精神动力。

1. 培育开放行政文化

卡尔·波普尔在其《开放及其敌人》一文中将人类社会分为两种：开放社会和封闭社会。开放社会提倡理性与自主，反对狂热与盲从；尊重个人权利的实现与发展，倡导公众参与社会公共事务管理；个人有明辨是非与批判权力的权利，权力应接受民众的批判与监督。[①] 只有开放的社会才能产生现代文明与现代社会，只有开放的社会才有开放的政府，政府的治理理念及模式应随着社会的发展变化而变化。人类社会发展经历了一个由传统农业社会

---

① 段伟文：《人间正道：卡尔·波普尔的〈开放社会及其敌人〉》，《民主与科学》2012 年第1 期。

到工业社会，再到后工业和信息化社会的演进过程。传统农业社会乃至工业社会基本上是一个封闭社会，与传统农业社会和工业社会相适应的官僚制行政，其中一个鲜明的特点是"封闭性"。"封闭性"行政可能使政府治理面临两个方面的窘境：一方面是政府的封闭性致使政府行政行为和行政权力运行缺乏外部有效监督，容易导致行政权力的滥用和行政官员的贪污腐败；另一方面是政府的封闭性致使政府资源禀赋及治理能力不足，容易导致政府社会管理能力不足和社会治理的失灵。虽然"封闭性"行政容易使政府内部治理出现混乱和外部治理出现失灵，但这种"封闭性"行政模式基本上适应了传统农业社会乃至工业社会的治理要求。

　　然而，人类社会进入后工业社会和信息化社会之后，人口流动的日益频繁和地区交往的日益密切使社会具有鲜明的开放性，由此带来诸多社会公共事务的日益复杂化和多变化，单凭政府自身以及某一个政府的力量难以实现对社会公共事务的高效治理。"封闭性"行政使"政府巨舰仿佛变成了一条小船，既饱受外部狂风巨浪的冲击，又面临内部'中空化'的风险"。① 基于"封闭性"行政给政府治理带来困境的反思，人们适时提出的"治理"理论成为世界各国治道变革的理论指导和实践指南。"'治理'是各种公共部门、私人机构、社会组织和公民个人在管理其共同事务过程中采取的诸多方式的总和。"② 社会治理的"多中心"，实质上是政府行政的"开放性"。"开放性"行政意味着，政府之间、政府与其他社会主体之间，基于一定的集体行动制度与规则，通过资源共享与能力互补共同致力于社会公共事务治理。从社会现实来看，后工业社会诸多公共事务的"跨界性"和"外溢性"，已大大超出了单一地方政府治理能力的阈限，这就要求地方政府在跨域性公共事务治理上树立"开放性"行政理念，加强政府之间、政府与其他社会主体之间的协同合作。"开放性"行政反映了人类社会发展变革和社会治理运动的内在逻辑，在社会现代化和政治民主化的进程中，无论是推动政府民主行政，还是实现社会有效治理，都需要

---

　　① Amita Sing, "Questioning the New Public Management", *Public Administration*, Vol. 63, No. 1, 2003.

　　② 俞可平：《治理与善治》，社会科学文献出版社 2000 年版，第 4 页。

政府具有"开放性"行政理念。

2. 培育契约行政文化

契约行政是为了治理公共事务和实现公共目标，政府与行政相对人之间在平等的基础上经过相互协商签订契约来治理公共事务的一种方式。契约行政实际上就是把民事商事活动中的契约精神引入公共行政和公共治理活动中，是行政性与契约性的有机结合，也是民事商事合作方式在行政实践中的具体应用。相对于行政命令的强制力，即行政命令是行政主体要求相对人进行一定的行为或不作为的意思表示；而行政契约具有协商性，即行政契约是指行政机关为达到维护与增进公共利益，实现行政管理目标之目的，与相对人之间经过协商一致达成的协议。契约行政是现代公共行政和公共治理的一种新理念和新方式。契约行政不仅适用于政府与行政相对人签订契约治理公共事务，也适用于政府与政府之间签订契约治理公共事务。人类的合作行动大都是通过签订契约，明确合作双方的权利和义务，共同展开集体行动。

地方政府在跨域公共事务合作治理实践中，也是通过行政契约明确合作各方的权利义务，共同致力于跨域公共事务治理。就地方政府间跨域公共事务合作治理而言，地方政府间通过订立契约，可以整合与聚合地方政府分散的资源，在明确权利和义务的前提下进行合作。尽管地方政府间签订契约需要花费一定的成本，但相对于地方政府间因权责不明而相互推诿、相互扯皮产生的成本，契约不仅可以节省大量的交易成本，而且有助于地方政府间在这种和谐的关系中高效率地实现合作治理目标。因为地方政府间签订契约不仅是在平等协商的基础上进行的，各地方政府在合作治理中的合法权益都能够在对话协商中得到最大限度的实现，这有助于提高地方政府间跨域公共事务合作治理的积极性和主动性；而且地方政府间签订契约时要进行充分的沟通与协商，这样一旦签约后出现矛盾与纠纷，合作双方可以依据契约来公平地处理彼此间的关系，这有助于地方政府间建立一种良好而持久的合作关系。契约行政要求地方政府在跨域公共事务合作治理中以契约的方式进行合作，相关地方政府都是身份和地位平等的治理主体，通过签订契约明确双方的权利与义务关系，各方也要按照签订的契约来约束自己，展开跨域公共事务治理行动。良好的契约精神有助于地方政府在跨域公共事务合作治理中形成良好的合作关系。

　　3. 培育法治行政文化

　　法律和制度是社会秩序的基础，也是公共治理的前提条件。随着中国依法治国战略的不断推进和深入实施，法治观念逐步深入人心，成为人们交往及社会生活中的基本行为准则及处理各种关系的依据。人们对"法制"与"法治"内涵的深入探讨和认同理解，印证了中国法治化进程所取得的非凡成效。法治的要义在于正义的法律具有至高无上的权威，更能规范人们的行为方式和社会关系，对一切社会主体的行为选择具有普遍的约束力和强制性，有助于良好社会秩序的形成。党的十八大以来，以习近平同志为核心的党中央明确提出全面依法治国，并将其纳入"四个全面"战略布局予以有力推进。2020 年 11 月，中国全面依法治国工作会议在北京召开，会议明确了习近平法治思想在全面依法治国中的指导地位，习近平法治思想成为新时代全面依法治国的根本遵循和行动指南。全面深入推进依法治国，首先要推进法治政府建设，培育各级地方政府的法治行政理念。因为政府公权力存在滥用的可能而对法治秩序造成巨大破坏，所以法治的核心首先在于治官而不是治民，即"治国者先受制于法"。推动地方政府间跨域公共事务合作治理，就是要发挥地方政府在跨域公共事务治理中的关键作用。相对于其他治理主体及合作方式，地方政府在跨域公共事务治理中承担着更重要的职责，发挥着更重要的作用，地方政府间的合作也是其他合作方式所不能替代的。

　　我们在强调地方政府及其合作在跨域公共事务治理中的重要作用时，必须重视法律制度对地方政府及其官员合作理念、合作行为的法律约束，避免合作治理进程中"人治"代替"法治"，人际关系和利益圈子影响地方间合作治理。地方政府在做出合作决策、处理合作关系、供给合作资源等方面必须遵循法律规定，不得将地方权威或官员权威凌驾于合作的法律制度权威之上。这样就可以避免一些地方政府滥用职权及其官员滥用权威而侵害合作伙伴的正当权益，有助于地方政府间形成良好的合作伙伴关系。此外，地方政府间跨域公共事务合作治理属于地方政府治理模式的创新范畴，在一些跨域公共事务治理上具有局部性、实验性等特点，但这种实验与创新必须遵循国家和地方相关规定，不得因为局部实验的理由而突破现有的法律制度框架，任何逾越现行法律制度框架的合作行为都是不值得提倡和坚决反对的。以法治化为基础的地方政府间合作有助于地方政府间合作关系持续稳定发展，也有助于提高地方政府的公信力，为其他社会主体及其合作做出遵纪守法的表率，进而推动全面依法治国在社会各领域的落实。

三　促进地方政府间权力共享

合作治理共识的达成和目标的实现，需要合作主体间通过权力共享和权威分享来推进。合作治理中各主体间的关系不再是简单的管理与被管理、控制与被控制、命令与服从的等级关系，而是一种权力共享和权威分散基础上的平等协商关系，各主体在合作治理过程中都可以依据自身拥有的资源发挥和体现其权威性。同样，地方政府在跨域公共事务合作治理中的观点、矛盾和利益冲突的协调，不能再依赖某一地方政府的权力和权威，而是地方政府间通过合作治理权力的共享和权威的分享来消解矛盾与冲突，进而达成合作共识和增进政策认同。如果地方政府在跨域公共事务合作治理中的权力高度集中于某一地方政府，权威来源于某一地方政府，无法实现权力共享和权威分享，这将必然影响到合作的稳定性和有效性。为了凝聚合作共识、增进合作认同，就要消除权力的不平等和权威的专断性，促进地方政府间跨域公共事务合作治理中权力共享。

1. 权力开放

权力系统的开放性是合作治理行动得以发生与发展的必要条件，决定着合作治理的广度和深度。权力作为一种支配性力量，其合法性来源于合作各主体的认同。如果权力系统的开放性受限，则意味着合作治理中的认同度降低。目前中国地方政府在一些跨域公共事务治理上的合作，主要源于中央政府或上级地方政府的权威高位推动，是一种压力型体制下外生力量推动的被动式合作。跨域公共事务治理中的地方政府间合作离不开中央政府或上级地方政府的主导和推动，特别是在地方政府间合作意愿不强或地方政府间合作治理模式建立之初。这种由上层权威高位推动的合作治理模式可以发挥很大的作用，能够解决地方政府间合作意愿不强和合作动力不足的问题，有助于增强合作治理政策的权威性和提高合作治理政策的执行力。但这种由上层权威高位推动的地方政府间合作，因体制吸纳限制了权力系统的开放性，可能带来权力系统的封闭性，造成权力的不平等，导致合作治理中出现"中心—边缘"地带、次级治理主体参与不足等问题。这在一定程度上削弱了一些地方政府的合作意愿，难以调动地方政府参与合作的积极性和主动性。

　　地方政府间跨域公共事务合作治理是一种基于权力开放和权力平等的双向互动博弈，正是通过平等互动来实现地方政府间在合作治理中的对话与沟通、谈判与协商，进而增进政策认同，促进合作治理目标的实现。因此，在地方政府间跨域公共事务合作治理过程中，无论是上层权威高位推动的"外源式"合作，还是地方政府间自发的"内源式"合作，都要保证合作治理中权力系统的开放性。让利益相关的地方政府充分参与到合作治理过程中，确保相关利益者共享跨域公共事务治理权力，通过治理权力共享培育合作理念、凝聚合作共识、增进合作认同，促进地方政府间合作伙伴关系的建立。

　　2. 权力平等

　　平等是社会发展之基础，既是人们的基本信念和价值追求，又是一切人都可以享受的政治权利和社会正义，更是一种具有普遍性和永恒性的政治与法律原则。在民主政治视域下，真正的平等是一个国家和社会的灵魂。① "理想的社会"是一个"致力于平等的社会"，"一个比较平等的社会是一个较好的社会"。② 平等理念是一个传之久远、应用广泛且纷繁复杂的理论形态，人们从不同的角度出发对平等的概念进行阐述。一般认为，平等是指社会主体在社会关系、社会生活和政治生活等领域处于同等地位，享有同等的权利，具有相同的发展机会。就合作治理而言，平等是各主体间开展合作行动的基础，也是确保各主体间进行有效合作并产生合作效能的前提。合作治理

---

① ［法］孟德斯鸠：《论法的精神》（上册），张雁深译，商务印书馆1987年版，第45页。

② R. Dworkin, *Taking Rights Seriously*, revised edition, Harvard University Press, 1978, p. 239.

过程中的权力运行方向不再是自上而下、简单的命令控制，而是基于权力平等、双向互动的管理过程。

地方政府间跨域公共事务合作治理中的平等主要包括两个方面的内容。一方面是指主体地位与治理权力平等。主体地位平等是指参与跨域公共事务合作治理的各地方政府都是重要的治理主体，各地方政府在跨域公共事务合作治理中都应该享有平等的主体地位；治理权力平等是指无论政治地位高低，还是权力大小存在差异，各地方政府在跨域公共事务合作治理中都应该享有同等的权利和机会。另一方面是指合作形式平等与合作实质平等统一。合作形式平等仅意味着地方政府在跨域公共事务合作治理的制度及机制安排上，拥有主张权利和表达意见的机会，只关心合作规则上的正义和公平，而不述及合作实质上的正义和公平；合作实质平等要求不仅在合作制度及机制的安排上要明确地方政府主张权利的方式和表达意见的途径，而且在合作治理实践中要将合作制度及机制上的安排贯彻落实，保证地方政府参与跨域公共事务合作治理权利和机会的实现。跨域公共事务治理中的地方政府合作是多主体平等参与、充分表达、谈判协商的互动过程，确保各地方政府在合作治理中具有平等地位和享有对等权力，拥有同等发言权和表决权，实现治理身份与地位、形式与实质平等的有机统一，才能公平公正地开展对话交流和进行谈判协商，并在各方自愿的基础上达成合作共识，进而确保地方政府间合作的有效性。

3. 权责一致

权力共享是合作治理的基本要求，但权力共享意味着合作主体间权力界限和责任边界的模糊性，造成合作主体间权力界限和责任边界的不明确，进而影响到合作治理行动的有效性。地方政府间跨域公共事务合作治理是建立在多主体权力和利益共享、风险和责任共担的基础上，地方政府间联合行动处理共同面临的跨域公共事务。这种基于共同利益和共同命运的地方政府间联合行动，在超越地方政府"封闭性"治理和"竞争性"治理诸多弊病的同时，也使得地方政府间职责权限变得相对模糊，责任分割和认定就变得十分困难。责任不仅是一个控制问题，更是一个平衡问题。促进地方政府间跨域公共事务合作治理中权力共享的同时，明确地方政府间的权责关系，使其各司其职、各尽其责，这是权力共享的必然要求，也是避免陷入"联合决策陷阱"和实现合作治理效能的关键。

确保地方政府间跨域公共事务合作治理中的权责一致，需要从以下两个方面着手。一方面，建立地方政府间共同的责任意识。有权必有责，没有人只行使权力而不承担责任，权力的分散共享必然要有责任的共同承担。共同的责任意识是合作治理中权力共享的必然要求，当所有参与跨域公共事务合作治理的地方政府都认为应当对合作治理的结果负责时，地方政府间跨域公共事务合作治理就有蓬勃发展的机会。增进地方政府对合作治理本质的认识，形成责任共担的意识，使各地方政府"心往一处想，力往一处使"，这是地方政府间跨域公共事务合作治理的基本要求。另一方面，建立地方政府间明确的责任机制。明确的治理责任机制是责任落实和实现的保障，如果合作治理主体间权责划分不清晰，就难以明确责任归属和进行责任追究，容易造成合作治理过程中出现"人人负责、都不负责"的责任追究失灵窘境。地方政府在跨域公共事务合作治理权力共享过程中，容易出现地方政府间责任不清、相互推诿的局面，因而在权力共享的同时要坚持权责一致原则。通过地方政府间责任的清晰划分，激发各地方政府积极作为、恪守职责，尤其在责任模糊不清的情况下更要明晰各地方政府的责任归属。明确的责任机制包括地方政府间责任的划分、地方政府各自责任的履行、地方政府共同责任的承担、地方政府不履行职责的后果等，这对于地方政府间跨域公共事务合作治理的顺利开展和合作治理效能的提升是不可或缺的。

四 增进地方政府间相互信任

信任是最重要的社会资本之一，正如埃里克·尤斯拉纳指出，"信任是社会生活的鸡汤"。罗素认为，信任是一方建立在对另一方意图和行为的正向估算基础上的一种不设防的心理状态。① 美国经济学家乔治·阿克洛夫

---

① Dennis M. Rousseau et al., "Not so Different After All: A Crossdiscipline View of Trust", *Academy of Management Review*, No. 3, 1998.

（George A. Akerlof）等提出，信任关系通常被认为是合作之本质。① 人类社会发展进程中的任何合作关系的形成都是以相互信任为基础的。信任之于合作的价值，不仅在于如果缺乏信任，合作很难达成，还在于信任是促进合作的润滑剂。"信任以降低交易成本的方式解决集体行动的问题，即降低了比尔和简（合作双方）获得相互信任的必要信息所付出的代价。"② 在地方政府间跨域公共事务合作治理体系中，信任发挥着极其重要的作用。只有每个地方政府对符合自己利益和愿望的其他地方政府予以相信并有所预期时，地方政府间的广泛协同与合作才能发生，合作治理价值理念的生成需要增进地方政府间的相互信任。

1. 加强地方政府信用建设，提高地方政府的公信力

政府公信力一般是指政府的影响力和号召力，它是政府行政能力的客观结果，体现了政府的权威性、民主性、法制性、廉洁性和服务性等方面的建设程度；同时它也是人民群众对政府及其工作的评价，反映了社会公众对政府的满意度和信任度。③ 政府公信力包含了公众对政府的信任和政府对公众的信用，其中政府信用是政府公信力的核心内容。政府信用是社会组织和民众对政府信誉的一种主观评价或价值判断，是政府行政行为所产生的信誉和形象在社会组织和民众中所形成的一种心理反映。它包括民众对政府整体形象的认识、情感、态度、情绪、兴趣、期望和信念等，也体现在民众自愿地配合政府行政，以减少政府公共管理成本，提高公共行政效率，是现代民主和法治条件下责任政府的重要标识。地方政府信用体现地方政府的公信力，地方政府信用与地方政府信任密切相关。社会公众对地方政府的信任主要建立在地方政府的信用上面，它反映了社会公众在何种程度上对地方政府行为持信任态度。地方政府公信力的强弱，取决于地方政府所拥有的信用资源的丰富程度。这种信用资源既包括意识形态上的（如公民对政府的政治合法性

---

① ［美］乔治·阿克洛夫、［美］罗伯特·席勒：《钓愚：操纵与欺骗的经济学》，张军译，中信出版集团2016版，第39页。

② ［美］埃里克·尤斯拉纳：《信任的道德基础》，张敦敏译，中国社会科学出版社2006年版，第20页。

③ 唐铁汉：《提高政府公信力　建设信用政府》，《中国行政管理》2005年第3期。

的信仰)、物质上的（如政府的财力），也包括政府及其工作人员在公民心目中的具体形象、地方政府实事求是的行为品格和行为方式、地方政府言行一致的行为品格和行为能力等。地方政府公信力的高低不仅直接关系到社会公众对地方政府行政行为和行政过程的认同与支持，而且影响地方政府间合作关系的建立和发展。在这个充满高度复杂性与不确定性的后工业社会，诸多跨域公共事务的有效治理离不开地方政府间的合作。而地方政府间合作的有效开展离不开合作主体之间的相互信任与承诺，也就是说，合作的开展需要在合作者之间建立信任关系。加强地方政府信用建设，提高地方政府公信力，促进地方政府间互信，这种相互信任有助于地方政府间打破隔阂、消除壁垒，进行跨领域、跨地区、跨部门合作。

2. 完善地方政府信用制度建设，强化政府失信行为惩戒

信用制度是指关于信用及信用关系的"制度安排"，是对信用行为及关系的规范和保证，即约束人们信用活动和关系的行为规则。信用制度在社会交往中通过对个体或组织行为的约束来减少个体之间或组织之间社会交往活动中的机会主义和不确定性行为。由于信用制度使得他人或组织的行为变得更有预见性，从而为社会交往中的个体或组织提供了一种确定的秩序与结构或"外在支架"。① 信任制度本身孕育着信任关系，信任制度是信任关系赖以存在的基础和保障，并塑造了信任关系的广度、范围、结构以及程度。现代社会信任关系是建立在一系列正式的信用制度规则约束体系基础上的，人们基于信用制度规则体系约束的有效性来对他人的行为进行理性预期。在地方政府间跨域公共事务合作治理中，地方政府间信任关系的维系同样离不开信用制度的保障，信用制度的建立和执行能够规范和约束地方政府的行为，使地方政府信守承诺、履行约定，在获得一定利益的同时，出让相应的利益或履行一定的责任和义务，实现责权利的互置，从而有利于地方政府间合作关系的形成和稳定。因而，在地方政府间跨域公共事务合作治理信用制度建设中，一方面是要完善地方政府间合作信用的记录、警示、公示制度，建立

---

① 陶振:《试论政府公信力的生成基础》,《学术交流》2012 年第 2 期。

健全地方政府信用档案。定期对地方政府合作治理的政策执行和协议履行情况进行制度性评估，进行信用评级并公示公告，促使地方政府信守承诺、履行职责。另一方面是要建立地方政府间合作失信行为惩戒机制，加强对地方政府失信行为的责任追究和利益赔偿。有效的失信惩戒机制的功能就在于使失信者清楚地认识到，其失信行为带来的实际利益和好处，不足以弥补他将要为此付出的代价。加强对地方政府合作治理中失信行为的责任追究和利益赔偿，从而促使地方政府在合作治理过程中做出守诺践约的行为选择。通过信用制度的建设和实施，能够增强地方政府间合作行为的预期性，降低地方政府间合作行为的随意性，从而有助于地方政府间建立稳定的合作关系。

第六章　地方政府间跨域公共事务合作治理的制度优化

　　制度是人类社会所独有的现象，调整与规范着人类社会关系，推动着人类社会的进步与发展。人类社会任何一个共同体的生存与发展都离不开制度，如果没有或缺乏一定的制度，也就无所谓共同体，更谈不上共同体的生存与发展了。可以说，制度是理解人类社会变迁和人类合作行为的一把钥匙。"所谓制度，是指稳定的、受到尊重的和不断重视的行为模式。……制度化是组织与程序获得价值和稳定性的过程。"[①] 美国学者斯蒂芬妮·波斯特认为，所有地方政府间的合作，无论是正式合作还是非正式合作，实际上都是一种制度性集体行动——通过一组共同起作用的制度来实现共享的政策目标。[②] 治理的艺术首先在于治理规则的建立，共同规则的制定和遵守是"共同生活"的基础。在当下地方政府间跨域公共事务合作治理的实践中，特别值得关注的问题之一就是如何通过政策协同与制度优化，为地方政府间跨域公共事务合作治理提供有力的制度支撑。

---

　　① ［美］塞缪尔·亨廷顿：《变化社会中的政治秩序》，李盛平等译，华夏出版社 1988 年版，第 12 页。
　　② ［美］斯蒂芬妮·波斯特：《大都市地区治理与制度性集体行动》，载 ［美］理查德·C.菲沃克：《大都市治理——冲突、竞争与合作》，许源源、江胜珍译，重庆大学出版社 2012 年版，第 45 页。

第一节　地方政府间跨域合作治理的制度功能

一　制度有助于形成地方政府间跨域合作治理的规范化秩序

　　"制度是一个社会的博弈规则，是人为设计的、形塑人们互动关系的约束体系。"① 就其功能而言，制度约束着人们的行为；就其作用而言，制度保障着人类活动的秩序。也就是说，制度通过为人们提供日常生活和社会交往中的规则，旨在规范与约束社会活动过程中行为主体的行为符合某种特定要求，以达到维护秩序和实现价值的目的。"社会公正、合理的前提在于所有社会成员独立于不同个体之外的、客观公正的标准——制度，并赋予它权威。"② 历史经验已经充分证明，制度能够确保社会秩序稳定，而稳定的社会秩序又为人类行为的确定性提供了保证。正如弗里德利希·冯·哈耶克所说："社会秩序，在本质上便意味着个人的行动是由成功的预见所指导的。这亦即说人们不仅可以有效地运用他们的知识，还能够极有信心地预见到他们能从其他人那里所获得的合作。"③ 制度所提供的社会秩序正是人们成功地预见他人行为的保证。当人们开展某一项集体行动的时候，就能预知他人在集体行动中的下一步行为选择。只有在预知了他人的下一步行为选择的情况下，才能够采取相应的行为选择去与之配合，或加以防范。如果没有一个相对稳定的因素去保证和限定他人的行为选择的话，那么，自己在集体行动中的每一个环节上如何进行行为选择，也就变得不可预知。这样整个集体行动就会陷入盲目混乱的无序状态，因而也就不是集体行动了，更别说达到集体行动的目标了。制度作为人们共同行动的框架和空间，对人们的行为选择产生规范作用，使人的行为选择变得可以预测，这也是人类共同行动得以展开

---

　　① ［美］道格拉斯·C. 诺思：《制度、制度变迁与经济绩效》，杭行译，上海人民出版社 2008 年版，第 4—5 页。

　　② 李松玉：《制度权威研究》，社会科学出版社 2005 年版，第 53 页。

　　③ ［英］弗里德利希·冯·哈耶克：《自由秩序原理》，邓正来译，生活·读书·新知三联书店 1997 年版，第 160 页。

的前提和基础。①

　　地方政府间跨域公共事务合作治理是一项制度性集体行动，制度不仅影响着地方政府的行为选择，而且影响着地方政府间合作的秩序。如果缺乏外部制度的规范与约束，那么地方政府"经济人"的理性选择将使地方政府间合作陷入集体行动的困境。在区域政治、经济、社会、文化和生态一体化的大背景下，地方政府间跨域公共事务合作治理，不仅面临着跨域公共事务性质的高度复杂性和高度不确定性，而且面临着单个行政主体利益的独立性与跨域公共事务治理的整体性之间的矛盾，以及区域内各地方政府行政权力和治理能力存在较大差异的客观现实。这就增加了地方政府间跨域公共事务合作治理的复杂性，加大了地方政府间跨域公共事务合作治理的难度。面对跨域公共事务成因的复杂性和治理权责边界的模糊性、地方政府间治理理念和利益诉求的差异，地方政府间跨域公共事务合作治理的内在秩序——合作共赢的价值理念往往难以自觉生成并维持。如何使得地方政府间跨域公共事务合作治理行为变得可预期，由外而内的制度就成为影响地方政府间跨域公共事务合作治理秩序变局的重要基石。因为制度不仅能够使地方政府对地方政府间合作产生"普遍承认"的合法性，增强地方政府对制度引导、规范和控制作用的认同和服从，而且制度能够使地方政府对其合作行为有预期，避免地方政府间合作陷入无序混乱的状态。地方政府间跨域公共事务合作治理过程中始终面临着集体行动逻辑的困境，即在治理权力分散和责任分割的情况下，由于跨域公共事务的公共性、外部性及共有产权等问题，地方政府在跨域公共事务合作治理中往往存在着"搭便车"等机会主义行为。单个地方政府基于自身利益的利己性选择行为，不仅无法达到集体行动最优结果的情形，还破坏了集体行动的秩序。这就需要设计与建立适合地方政府间合作治理的制度安排，对地方政府的行为选择进行规范与约束的同时，使地方政府间合作行为变得可预期。制度的建构与安排能够对地方政府的行为选择进行强有力的规范与约束，还能为地方政府间合作治理提供规范化的制度框架，

---

　　①　张康之：《合作的社会及其治理》，上海人民出版社 2014 年版，第 185—186 页。

可以确保合作治理中成员的行为选择更符合集体共同利益，有利于规避合作行动中成员的理性选择，降低成员的违规率，预防集体行动因制度缺失而陷入非理性所引发的合作秩序失范，从而保证地方政府间跨域公共事务合作治理的秩序化。

二　制度有助于降低地方政府间跨域合作治理中的交易成本

交易成本思想最先由科斯（Ronald H. Coase）提出，他认为："市场上每一笔交易所进行的谈判签约都是有成本的，这就是交易成本。实际上，交易成本就是价格机制运行的成本。"科斯还强调了"交易成本对经济运行的影响"。[①] 20 世纪 60 年代，公共选择学派的代表性人物詹姆斯·布坎南就开始将市场体系中"经济人"假设和复杂交易范式引入对政府行为的分析中。那么，将交易成本理论应用到对政府行为的分析中是否确切合理呢？新制度经济学认为，"交易"与"合作"两个概念在交易成本理论中起着关键性作用。无论是经济关系还是其他关系，只要在这种关系中有合同或签约问题的表述，就能够根据交易成本经济学的概念做出评价。[②] 事实上，政府社会治理过程与市场经济交易过程一样，也进行着各种交易活动和充斥着各种交易成本，"政治活动本身就是一种交易"。只不过政府公共管理过程与市场经济交易活动相比，政府公共管理过程更为复杂，因为政府公共管理面对的是社会多元主体而不是市场经济交易中相对单一的主体。由此可见，在人类的集体行动中，交易成本是普遍存在的。集体行动困境产生的原因也包括了多个行动者之间面临的交易成本和不确定性，其中交易成本及其影响主要包括：信息成本限制了有限理性的行动者们所能考虑到的决策方案，谈判成本增加了行动者们在有限备选方案中达成一致的难度，执行成本降低了行动者们做出可靠承诺的可能性，监督成本增加了行动者们的合作成本；而不确定性主要源自各行动者之间行动的低匹配性产生的协调风险，行动者不执行承诺的

---

　　① 唐方杰：《科斯定理、交易成本与产权制度》，《经济评论》1992 年第 6 期。

　　② ［美］奥利弗·E. 威廉姆森：《资本主义经济制度：论企业签约与市场签约》，段毅才、王伟译，商务印书馆 2004 年版，第 538 页。

违约风险以及合作收益的分配不公带来的风险等，交易成本和不确定性成为集体行动达成一致意愿的主要障碍。那么，如何降低集体行动中的交易成本和不确定性，确保集体行动的意愿达成和目标实现呢？这就需要求助于制度。因为制度不仅具有秩序供给的功能，而且对于人们之间的交往活动而言，可以大大地降低交往（在经济学中也被称作交易）成本。特别是在充满矛盾和冲突的合作行动中，制度能够为集体行动提供较好的支撑，从而降低行动者之间的交易成本。

在地方政府间跨域公共事务合作治理过程中，必然会产生为达成合作的各种交易成本。一般而言，地方政府间合作的交易成本越高，合作过程中产生矛盾和冲突风险的可能性越大，合作就越不容易达成。就交易成本的构成而言，新制度经济学认为，交易成本是指信息不对称、有限理性及机会主义等因素，所导致的信息成本、谈判成本、执行成本、外部决策成本等交易成本的总和。[①]地方政府间跨域公共事务合作治理中的交易成本主要包括以下四部分：（1）信息成本。信息是实现地方政府间跨域公共事务合作治理的关键，为了能够实现地方政府间跨域公共事务合作治理，各行政区政府需要识别具有共同利益的潜在合作者，并能够准确判断谁是具有共同利益的合作对象。但跨域公共事务的复杂多变性和地方政府在跨域公共事务治理中条块分割，导致地方政府间信息不对称是普遍存在的。为了收集信息和消除信息不对称，地方政府必须在信息获取、加工、处理以及共享等方面花费大量成本，信息不完善和信息不对称导致产生对合作利益认知的信息成本。（2）协调成本。即使地方政府拥有跨域公共事务及其治理的完全信息，但这并不意味着地方政府间合作就会自然达成。因为地方政府间围绕合作治理中的权责划分、成本分担和利益分配等核心问题还要进行协商谈判，由于受地方政府政治地位的强弱、治理能力的差异、资源禀赋的不同、利益诉求的差异等影响，地方政府间协商谈判往往难以达成一致，这就需要加强地方政府间的协调。但地方政府间的协调并不是在"真空"

---

① ［美］奥利弗·E.威廉姆森：《资本主义经济制度：论企业签约与市场签约》，段毅才、王伟译，商务印书馆 2004 年版，第 27—54 页。

中完成的，这样就产生了围绕利益分配与成本分担、权力共享与责任共担进行反复协调以达成合作方案的协调成本。（3）执行成本。地方政府间跨域公共事务合作治理协议及政策的执行必定会产生成本，除非合作各方做出完全可置信的承诺。由于合作协议的不完全性、外部环境变化的不可预测性等带来合作协议价值的变化，容易引发参与合作的地方政府产生违约行为，导致集体行动的执行风险。这种由于合作协议的不完善、执行环境的不可预见性、执行者的理性选择及"搭便车"行为所产生的成本，构成了合作协议履行过程中修正完善的执行成本。（4）监督成本。地方政府在跨域公共事务合作治理中也是具有自身利益的"经济人"，特别是在跨域公共事务治理具有正外部性和缺乏外部考核评价激励机制时，地方政府在跨域公共事务合作治理中为了追求自身利益最大化，有可能做出有损于区域整体利益的不当行为。为了预防地方政府在合作过程中可能出现的"道德风险"，建立相应的监督机制加强对地方政府行为监督与约束的各种投入就形成了监督成本。

总而言之，地方政府间跨域公共事务合作治理过程中的交易成本是客观存在的，交易成本是影响集体行动的关键因素。集体行动的逻辑关注的首要问题不是人们如何成功地采取集体行动，而是如何降低造成集体行动失败的影响因素。交易成本影响着地方政府间合作，地方政府间合作的有效开展需要降低交易成本。制度能够通过明确信息公开的标准及范围、强制信息公开，促成信息共享，可以降低信息成本；提供磋商谈判的具体规则和框架，规范与约束谈判行为可以降低谈判成本；形成科学规范、公平正义、运转有效的制度运行机制，增强行动者的承诺可以降低执行成本；发挥选择性激励机制的作用，提升地方政府的责任感、使命感、义务感可以降低监督成本，从而有效降低地方政府间跨域公共事务合作治理中的交易成本。

三　制度有助于整合地方政府间跨域合作治理中的资源要素

制度具有合法性分配和协调整合功能，即制度对于各种不同的利益关系和组织力量具有协调性和整合性功能。表面上，制度具有规范性和约束性功能；实质上，制度具有社会价值的合法性分配功能。制度作为利益的合理性和合法性分配方案，决定着利益分配、产品和产权所有。制度的合理性和合法性能够推动社会资源在各主体间的分配达到均衡。生活在一定组织关系中的人们为了各自的利益追求，必然在组织交往中形成不同的利益关系和结成不同的利益集团。制度作为一种在一定历史时期、一定程度和一定范围内的社会关系的规范体系，能够对组织资源和财富进行形式合理性分配。因而它能够在一定程度上协调和平衡人们之间的各种利益关系，把人们的利益矛盾和冲突控制在一定的范围内，并能够整合因利益分化而产生的组织力量和资源分散的问题，防止和减少各种组织力量和资源的内耗，形成促进组织发展的合力。就跨域公共事务治理而言，合理的资源配置是跨域公共治理的重要保证。跨域公共事务治理的系统性和复杂性、地方政府间拥有资源和治理能力的差异，决定了地方政府间跨域公共事务合作治理过程中，需要对合作主体拥有的治理资源进行整合与优化配置，从而增强合作治理中资源的协同效应和聚合效应，这有利于降低跨域公共事务治理成本、提高跨域公共事务治理效能。

随着中央政府向地方政府权力的下放和地方政府拥有自主权的增加，地方政府的"自我意识"和"本位意识"增强，由"执行性政府"转向"竞争性政府"，其追赶超越的竞争意识不断增强，利益博弈的能力不断提高。承载着不同利益需求和行动目标的地方政府，在跨域公共事务合作治理中大都致力于寻求自我利益的最大化，受"理性选择"行为的影响和资源要素有限的制约，极力隐瞒对自身不利的信息或放大对自身有利的信息，优先选择将跨域公共事务治理的各种资源要素投入本行政辖区内，造成跨域公共事务治理资源要素配置的离散化和"碎片化"问题，难以实现跨域公共事务治理资源要素的协同效应与聚合效应，降低了跨域公共事务治理资源要素投入的规模效应，增加了跨域公共事务治理成本。制度通过其合法性的分配功能和权威性的整合功能，明确与确认地方政府间跨域公共事务合作治理利益的公共性和统一性，约束着地方政府主体福利或利益最大化效用的资源投放方式。经过特定的制度化程序把地方个体偏好转化为区域共同偏好，动员和组织地方政府积极参与跨域公共事务合作治理，对整合、调整与优化地方政府间跨域合作治理中的资源要素配置，构建地方政府间跨域合作治理中互补与共享的资源运行机制、统一调配和使用机制，增强资源的聚合与协同效应，实现资源的节约与增效具有重要作用。

四 制度有助于推动地方政府间跨域合作治理的可持续发展

"制度是一系列被制定出来的规则、守法程序和行为的道德伦理规范，它旨在约束追求主体福利或效用最大化利益的个人行为。"① 制度作为人们活动和行为合法性的规范体系，规定着人们行为的选择空间，规范着人们应当做什么，不应当做什么。制度作为利益合理性和合法性的分配方案，形成了对人们活动方式和行为方式选择的激励和导向功能。作为地方政府间对话协商与谈判博弈，以实现互惠共赢与共同发展为目标的跨域公共事务合作治理是一个典型的集体行动问题。在集体行动中，尽管各成员拥有共同的目标，甚至有着一致的利益，但"除非存在强制或其他某些特殊手段以使个人按照他们共同的利益行事，有理性的、寻求自我利益的个人不会采取行动以实现他们共同的或集团的利益"。② 集体行动逻辑内容的实质是个人理性（利益）和集体理性（利益）之间的矛盾与冲突。正如亚当·斯密所言："个体通常既不打算促进公共利益，也不知道他自己是在什么程度上促进那种利益……他所盘算的只是他自己的利益。"③

尽管在经济全球化和区域一体化的浪潮下，中国地方政府间的关系从封闭转向开放、从竞争走向合作，地方政府间合作的范围不断扩展、深度不断延伸，已成为治理跨域公共问题和处理跨域公共事务，推动区域一体化发展和促进区域共同富裕的重要途径。但随着地方政府间跨域合作的深入发展，利益关系日益复杂和利益纷争日渐增多，"理性选择"和"搭便车"等机会主义行为时有发生，合作共识往往难以达成，导致跨域合作走向"短命"。

---

① ［美］道格拉斯·C. 诺思：《经济史中的结构与变迁》，陈郁等译，上海三联书店、上海人民出版社 1994 年版，第 184 页。

② ［美］曼瑟尔·奥尔森：《集体行动的逻辑》，陈郁等译，格致出版社、上海三联书店 1995 年版，第 2 页。

③ ［英］亚当·斯密：《国民财富的性质和原因的研究》（下卷），郭大力、王亚南译，商务印书馆 1974 年版，第 27 页。

因而，推动地方政府间跨域公共事务合作治理的可持续发展，仍离不开制度对地方政府行为的规范、约束、激励和引导。因为"制度提供了人类相互影响的框架，它们建立了构成一个社会，或更确切地说一种经济秩序的合作与竞争关系"。制度能够为地方政府间跨域公共事务合作治理的集体行动提供理性博弈规则，规范合作中的竞争关系和约束合作中的机会主义行为；增强地方政府对合作未来的预期，降低合作前景的不确定性，激发参与跨域合作治理的积极性和主动性；提供权威的利益分配方案以化解利益矛盾与冲突、消除不公平感，维护跨域合作治理的稳定和促进跨域合作治理的发展。

第二节　地方政府间跨域合作治理的制度阙如

一　地方政府间跨域合作治理的区域政策"碎片化"

1. 区域政策的内涵与目标

区域政策（Regional Policy），顾名思义是指区域范围内的公共政策。区域政策目前是一个被广泛使用而理论上尚没有明确界定的概念。美国经济学家约翰·弗里德曼（John Friedman）认为："区域政策是指处理区位方面问题的政策，即经济发展'在什么地方'。它反映了在国家层次上处理区域问题的要求。只有通过操纵国家的政策变量，才能对区域经济的未来做出最有用的贡献。"[1]另一位美国经济学家 C. 罗杰将区域政策定义为，"所有旨在改善经济活动地理分布的公共干预；区域政策实际上是试图修改自由市场经济的某些空间结果，以实现两个相关的政策目标：经济增长和良好的社会分配"。[2] 上述两位学者主要从经济发展的角度出发界定区域政策的含义，即区域政策就是区域经济政策，是指政府根据区域差异制定的促进资源在空间领域实现优化配置，推动区域经济协调均衡发展的一系列政策总和。哈维·阿姆斯特朗和吉姆·泰勒认

---

[1] John Friedman, *Regional Development Policy: A Case Study of Venezuela*, The MIT Press, 1996, p. 5.

[2] N. Vanhove, H. L. Klaassen, *Regional Policy: A European Approach*, London: Saxon House, 1980, p. 43.

为，"区域政策可以定义为一组政策工具集，这些政策工具组合在一起是为了实现某些目标"。① 苏联的 P. S. 克里夫将区域政策描述为"着眼于从地域水平上解决区域问题的决策"。② 中国学者杨龙认为，"区域政策是指政策主体在某种特定的区域秩序和空间结构的基础上，采用各种政策手段去实现某种政策目标的行动或行动方案"。③ 张军扩和侯永志认为，"区域政策是对区域发展格局的形成发挥重大作用的政策，凡是政府采取的对不同地区的发展具有不同影响的政策都可以归属于区域政策"。④ 本书主要分析中国地方政府间跨域公共事务合作治理的现实状况，而公共管理学科中的"跨域"或"区域"是一个综合性概念，既可以是自然区域和社会区域，也可以是经济区域和行政区域，因为在这些不同类型的区域内都有公共治理的问题。因此，结合中国公共管理的实际，将区域政策的概念界定为"由中央或地方政府制定的，旨在处理跨（区）域公共事务和解决跨（区）域公共问题，维护区域共同利益与促进区域协调发展的政策和措施"。它具有如下两方面含义：一方面是区域政策的制定主体包括中央政府和地方政府两个层面；另一方面是区域政策的主要功能在于，通过一系列措施处理跨域公共事务或解决跨域公共问题，协调不同地区间的利益和维护区域共同利益。

区域政策与跨（区）域公共问题或事务密切相关，而跨（区）域公共问题或事务在不同时期、不同区域表现的形式存在差异。区域政策的目标要做到切实可行，还需要考虑具体区域的实际可执行能力。所以区域政策的目标具有多样化特点，而且处在不断变化之中。区域政策的具体目标是由所要解决的跨（区）域公共问题或处理的跨（区）域公共事务的具体类型决定的，根据所要解决的跨（区）域公共问题或处理的跨（区）域公共事务类型，可将区域政

① ［英］哈维·阿姆斯特朗、［英］吉姆·泰勒：《区域经济学与区域政策》，刘乃全等译，上海人民出版社 2007 年版，第 345 页。

② 周文、赵果庆：《中国的区域经济协调发展：空间集聚与政策效应——基于 2136 个市县 1999/2010 年数据》，《经济科学》2016 年第 4 期。

③ 杨龙：《中国区域政策研究的切入点》，《南开学报》（社会科学版）2014 年第 2 期。

④ 张军扩、侯永志：《协调区域发展——30 年区域政策与发展回顾》，中国发展出版社 2008 年版，第 1 页。

策的目标分为经济目标、社会目标、生态目标和政治目标等，如经济目标体现为区域统一市场的建设和区域资源的优化配置；社会目标体现为区域公共服务的均等化和一体化；生态目标体现为保护与治理区域生态环境，合理开发利用区域生态环境资源；政治目标体现为促进区域内各民族间的团结和共同维护区域安全。尽管区域政策因所解决的跨（区）域公共问题或处理的跨（区）域公共事务的具体类型不同而有所差异，但区域政策的总体目标是解决跨（区）域公共问题或处理跨（区）域公共事务，协调与维护区域公共利益，包含"公平""正义""统一""稳定""效率""效能"等几方面的内容。通过区域政策的调整实现区域资源在空间上的优化配置，推动区域经济高质量发展，是协调与维护区域公共利益的重要内容和基本前提，体现了区域政策追求效率和效能的一面；而针对不同的跨（区）域公共问题或公共事务制定具体的政策解决各种现实问题，满足人民群众日益增长的多元化需求和促进各地区共同发展，体现了区域政策追求社会公平和正义的一面。

2. 区域政策"碎片化"内涵与呈现

"碎片化"的本义是指完整的东西破碎成诸多零块。在公共行政领域，"碎片化"一般是指政府部门内部各类行政业务之间、一级政府各部门之间、各级地方政府之间以及各行政层级之间分割的状况。具体表现为地方政府在公共事务治理上划分势力范围、争夺地盘、分割而治；在功能上表现为价值理念、政策过程、制度体系等存在大量的"碎片化"现象，治理权力分散于各地方政府之间，权力与责任相互脱节，缺乏协同合作，处于"四分五裂"的状态。正如 Perri 6 等认为，"如果不同职能部门在面临共同的社会问题时各自为政，缺乏相互沟通、协调与合作，致使政府的整体性政策目标无法顺利达成，那么"碎片化"政府就由此形成"。[①] 基于"碎片化"的本义及其在公共行政学研究中的使用定位，可以将区域政策"碎片化"理解为本应统一、完整、协调的政策目标、内容或过程，却因行政体制的分割和行政功能

---

① Perri 6 et al., *Towards Holistic Governance: The New Reform Agenda*, New York: Palgrave, 2002, p.33.

的裂解被分割和零散化了，以至于出现政策之间相互独立、矛盾、冲突或打架的一种系统状态。区域政策"碎片化"是区域政策系统完整和关系稳定的一种相对状态，严重影响了区域政策的整体功能和实施效果，甚至造成了区域公共资源被破坏和引发了新的区域公共问题。[①]

正确认识与理解区域政策"碎片化"的内涵，还需要把握以下几点。(1) 区域政策"碎片化"实质是对区域政策系统性和整体性的破坏。无论是中央政府制定的区域政策，还是地方政府制定的区域政策，都是区域政策系统的构成要素。它们之间只有相互配合与协调，才能保证区域政策系统的稳定性和有效性。而区域政策"碎片化"是指不同主体制定的区域政策出现了上下脱节、横向冲突、前后矛盾等问题，造成了区域政策系统的不完整。(2) 区域政策"碎片化"严重影响和制约了区域政策正面效应的发挥。不仅由于政策的分散化，政策实施过程中协调成本增加，而且政策系统的不完整影响到政策实施的预期效果。(3) 区域政策"碎片化"不等同于区域政策多样化。由于跨域公共事务的多元化及地区之间的差异化，中央政府及地方政府为了解决某一领域的公共问题，必然基于不同事务性质及地区差异出台多样化的区域政策，这体现了中国跨域治理政策的灵活性和多样性。区域政策的灵活性和多样性是管理分工和执行需要的必然产物，与区域政策的系统性和完整性并不矛盾，且恰恰是实现区域政策统一性和完整性的前提。我们要研究的区域政策"碎片化"不是区域政策的多样化，而是要研究多样性政策与某一具体政策之间缺乏有效衔接、统一协调，而导致无法实现区域政策统一、完整的状态。

区域政策的功能在于处理跨域公共事务和促进区域协调发展，实现区域共同发展和共同富裕目标。区域政策作为跨域治理的重要工具，其制定的完整性和执行的统一性，不仅关系到跨域公共事务治理的效果，而且事关区域共同发展目标的实现。然而，中国地方政府间跨域公共事务合作治理中的区

---

① 张玉强：《政策"碎片化"：表现、原因与对策研究》，《中共福建省委党校学报》2014 年第5 期。

域政策呈现明显的"碎片化"特征，主要体现在政策制定和执行过程中。

政策制定过程的"碎片化"。根据美国政治学家李侃如（Kenneth G. Lieberthal）和兰普顿（David M. Lampton）提出的公共决策"碎片化权威主义"概念，"政府各部门的官僚会根据其所在部门的利益进行政策制定或影响政策制定过程"。[1] 尽管中国实行的是中央集权的政治体制，但中央政府最高权力之下的地方政府间的权力是分散的。政府组织结构的层级体系与属地管理的政府权力划分相结合，造成每一个地方政府均有独立权威的来源。特别是在行政分权和财税分灶改革后，地方政府由执行性政府转向追求辖区利益的竞争性政府，成为具有独立经济利益的主体。各地方政府在分管的"政策领域"中具有排他的政策制定权，这就出现了政策制定过程中大量的讨价还价和行政协调，这样的政策过程往往是相互间不衔接和"碎片化"的。由于地方政府间权力结构的"碎片化"，在许多跨域公共事务治理中，没有哪一个地方政府可以拥有比其他地方政府更高的权力。各地方政府会根据地方利益进行政策制定或影响政策制定过程，区域政策制定过程实质上是中央政府各部门间、中央政府和地方政府间、各地方政府间围绕各自利益进行争论、谈判和妥协的结果。虽然地方政府及其官员在推动跨域公共事务治理中扮演了重要角色并发挥了主要作用，但地方政府及其官员在跨域公共事务治理中并非铁板一块，也不是始终与区域整体利益保持一致；相反，跨域公共事务治理的政策制定过程中充满着地方政府及其官员个体的理性选择和行动痕迹。因为地方政府及其官员在推动跨域公共事务治理的政策制定过程中，很大程度上都在寻求自己的损益平衡、权衡各方面的成本与收益，按照自身发展的内在逻辑和实际需求，而不是从整个区域发展的内在要求出发来展开协调与合作行动。地方政府在区域政策的制定过程中往往以自我利益为中心，利用自身拥有的独立权威对区域政策的制定过程加以左右或施加影响，造成跨域治理中的中央政策、区域政策与地方政策往往难以协调。"碎片化权威主义"下制定出的政策存在"真空地带"，极其

---

① Kenneth G. Lieberthal, David M. Lampton, *One Introduction: The "Fragmented Authoritarianism" Model and Its Limitations*, Berkeley: University of California Press, 1992, p. 278.

容易造成政策的裂解和"碎片化"。

政策执行过程的"碎片化"。政策执行过程的"碎片化"是指地方政府在执行区域政策的过程中，基于自身利益的考虑和受主客观因素的影响，未能按照区域政策精神和区域政策目标全面贯彻落实区域政策，致使区域政策目标未能有效实现的特定行为的总和。由于中国宪法对中央政府与地方政府之间的权限划分并没有做出明确的规定，各级地方政府的权限是由中央政府根据国家治理的需要授予和划定的，可以予以扩大也可以予以削减，这就容易造成地方政府对区域政策的变通执行，再加上跨域公共事务成因的复杂性模糊了地方政府间的权责边界，在地方利益最大化动机的驱使下，地方政府在区域政策执行过程中往往表里不一。一些地方政府通过揣摩中央政府的政策意图和观察其他地方政府的政策执行情况等，从中权衡区域政策执行的利弊得失，视其为自己执行区域政策的导向，通常以"能拖则拖、勉强应付"为其行动宗旨，往往造成区域政策空转，导致跨域公共事务得不到有效治理；一些地方政府通常将区域政策的贯彻落实只停留在一般性的宣传号召层面，而未能采取积极的行动付诸实施，不仅阻碍了区域政策目标的实现，而且损害了区域政策的权威性；一些地方政府把区域政策当成"橡皮泥"，采取选择性执行手法，"对我有利的就贯彻执行，对我不利的就不贯彻执行"，千方百计"避约束"，想方设法"钻空子"，导致区域政策无法真正得到全面贯彻落实，区域政策效果无法全面体现；一些地方政府以区域政策的多样性和执行的灵活性为借口，打着"实事求是、因地制宜"的旗号，执行时"貌合神离、偷梁换柱"，致使区域政策精神名不副实和区域政策意图得不到落实。地方政府间跨域公共事务合作治理中区域政策过程的"碎片化"，不仅增加了区域政策制定和执行的成本，而且不利于区域政策处理跨域公共事务和促进区域共同发展目标功能的实现。

二 地方政府间跨域合作治理的制度权威不足

1. 地方政府间跨域合作治理的制度权威释义

制度权威是衡量制度发挥功用和制度运行效能的重要标尺，是人们对制度规则及规范等客体性要素的尊重和服从，或对特定场域中一整套整合行为模式的认可，是社会权威关系的形式之一。制度权威反映了人们内在心理上对制度的认同和外在行为上对制度的服从，体现了人类社会活动一定场域中社会关系和组织规范的要求，实现了制度所承载的维护秩序和实现价值的一种状态。

地方政府间跨域公共事务合作治理的制度权威是指以法律、法规作为地方政府间合作的基本准则，它包括两个方面的基本内涵。一是地方政府合作行为的共同准则，不是任何单个或少数地方政府意志的表达，而是地方政府共同制定和认可的与跨域公共事务合作治理要求相吻合的制度规则。这些制度规则是由各个地方政府共同参与制定、熟悉和知晓的法律、规章等，不是地方政府间通过行政首长会议、区域合作论坛等达成的"行政协议"。二是地方政府合作行为的标准化，具有普遍性、规范性和稳定性，它能够为区域内各个地方政府所理解、认同和服从。尽管地方政府间跨域公共事务合作治理中的制度包括正式规则和非正式规则，但其制度权威主要是以法律、法规为基础所形成的。

2. 地方政府间跨域合作治理中制度权威不足的表现

随着中国区域一体化进程的加快和地方政府间跨域合作治理的兴起，无论是中央政府还是地方政府，都围绕地方政府间跨域公共事务合作治理进行了一系列的制度设计、制度安排和制度创新，这些制度的建立与完善是增强地方政府间跨域公共事务合作治理制度权威的前提和基础。但在地方政府间跨域公共事务合作治理内容复杂化和合作治理形式多样化的今天，地方政府间跨域公共事务合作治理中的制度权威仍存在以下问题。

其一，制度权威失灵。地方政府间跨域公共事务合作治理中制度权威的核心目标是能够保证既有的制度安排得到有效贯彻实施，以相对稳定的运行规则与程序来应对与解决复杂的地方政府间跨域公共事务合作治理问题，降低地方政府间合作治理的交易成本、促进地方政府间合作治理的稳定发展。但从制度设计和制度安排的现实角度来看，中国地方政府间跨域公共事务合作治理中的制度设计与制度安排往往以处理某一具体的跨域公共事务为导向和中心，主要通过以"行政协议"为纽带的区域首长联席会议、地方政府间合作发展论坛等更加灵活的制度体系和富有弹性的制度框架来解决地方政府间跨域公共事务合作治理中的具体问题。尽管以"行政协议"为纽带的联席会议制度搭建了地方政府间沟通与交流的重要平台，在推动地方政府间就某一具体的跨域公共事务治理进行沟通与协商等方面发挥着积极的作用，而且地方政府间合作协议也较为容易达成，但这种制度安排只适用于问题明确具体和合作关系简单的地方政府间跨域合作治理，难以处理更为复杂的跨域公共事务和进行复杂层级关系情形下的地方政府间跨域合作。① 因为以"行政协议"为纽带的联席会议等制度规范化程度较低、约束力不足、权威性不强，缺乏稳定性和长远规划，事务一旦处理就意味着合作的终止。随着中国地方政府间跨域公共事务合作治理的范围扩展和深度增加，地方政府间跨域公共事务合作治理的内容日趋复杂、风险日益加大、交易成本迅速提高，具有不同发展水平，不同隶属关系、不同层级地方之间的合作日益增多，现有的制度规范大多无法有效解决地方政府间跨域公共事务合作治理中的深层次问题，无法协调复杂的府际关系。

其二，制度权威"碎片化"。地方政府间跨域公共事务合作治理中制度权威的"碎片化"是指由于权力分散，利益缺乏协调与整合，制度设计注重部门、地方权力和利益，不同主体制定的制度规范缺乏内在的一致性和统一性，"制度之间彼此分割与独立、无法有效整合引发制度性的利益割裂，造成制度之间相互冲突，运行低效或目标偏离等低效能治理现象"。② 究其主要原因：一是科层制政府组织结构的影响。传统的政府组织结构是按照马克斯·韦伯的官僚制理论建立起来的，过分强调纵向层级节制和横向职责分工，轻视政府、部门之间协调合作，造成政府组织、部门之间行政壁垒森严，地方保护主义、部门本位主义盛行，导致政府职能割裂和功能裂解，出现条块分割的管理现象。各个地方政府都有自己的利益诉求和表达手段，围绕跨域公共事

---

① 邢华：《我国区域合作治理困境与纵向嵌入式治理机制选择》，《政治学研究》2014年第5期。
② 李松玉：《乡村治理中的制度权威建设》，《中国行政管理》2015年第3期。

务治理出现"文件打架"的现象。二是属地化行政管理体制的影响。中国在社会公共事务的管理上，实行以中央指导、地方管理为主的属地化管理，地方政府在社会公共事务管理上具有较大的权力和权威。这就造成在具有外部性和关联性的跨域公共事务治理上，相关地方政府都具有管辖权和独立权威。而地方政府在跨域公共事务合作治理规则的制定过程中却往往以自我利益为中心，利用自身拥有的权力和权威左右或影响跨域治理规则的制定过程，造成地方政府间跨域公共事务合作治理中的制度规则往往难以协调。三是中国地方政府间跨域公共事务合作治理的问题导向和问题驱动特点较强，缺乏长远的规划和整体性治理思路。这就造成在制度的设计与安排上出现"临时性"与"前瞻性不足"问题，导致制度设计前后目标不一致、缺乏连续性，无法实现制度之间的无缝对接，引发制度之间的相互矛盾与相互冲突，产生制度性的利益裂痕。

其三，制度权威悬浮。制度权威悬浮是指既有的制度规范未被有效遵守和贯彻执行。在地方政府间跨域公共事务合作治理中主要表现为地方政府对跨域合作制度的选择性执行、变通执行、表里不一等。造成地方政府间跨域公共事务合作治理中制度权威悬浮的主要原因有两个方面。一方面是地方政府的自利行为选择。在地方政府间跨域公共事务合作治理的结构体系中，地方政府承担着实现国家利益、区域利益和地方利益的多重利益角色。这种多重利益角色要求在国家、区域与地方之间构建起一套利益共享和责任共担的制度联系结构，使得地方政府既要在跨域公共事务合作治理体系中遵循制度规则以保障国家利益和区域利益的实现，又要通过制度规则的实施实现地方利益。但是在实际的地方政府间跨域公共事务合作治理体系中，地方政府往往不是从区域整体利益的内在要求出发来展开协调与合作行动，而是按照自身发展的内在逻辑和实际需求，基于理性自利人的角色追求地方利益最大化，其行为往往突破制度的限制与约束。另一方面是制度实施环境的约束。制度权威不仅依赖于行为者对制度的广泛认同，而且取决于行为者对制度的遵守和执行程度。从行为者的角度来看，制度实施的相关保障与激励机制是制度有效遵守和贯彻执行的关键。但在中国地方政府间以行政协议所形成的跨域合作制度体系中，大都没有建立完备的行政协议履行的保障、监督、纠纷解决以及违约责任机制，导致行政协议的缔约机关消极不履行甚至公然违约的现象屡见不鲜。① 在这样的制度实施环境下，缺乏保障与惩戒机制造成地方政府漠视制度权威，刺激了地方政府追求自我利益最大化的行动逻辑，很难保证地方政府跨域合作制度规则的有效遵守和贯彻落实。

三　地方政府间跨域合作治理的政绩考评缺失

1. 地方政府间跨域合作治理的政绩考评内涵

"政绩"一词在现实生活中被广泛应用，通常是指社会各主体（组织和个人）在不同领域履行各自职责后所取得的成绩。那么究竟何为政绩？《现代汉语词典》中的解释为"官员在任职期间的业绩"。学术界也从不同的视角出发对政绩的内涵进行了界定，如刘江宏认为政绩是公共权力主体在社会各领域投入公共资源而产生的收益；② 庄国波认为，"政绩是指在掌握公共权力的广义政府中，各级领导班子和领导干部正确行使人民赋予的权力，在其任期内履行职责所取得的扣除成本以后的'纯'的业绩"。③ 范柏乃认为，"政绩就是政府治理绩效，从其表面意义上来说是指领导干部行使人民赋予的权力、任职履行岗位职责所取得的成绩和所取得的效果"。④ 由此可见，政绩主要是政府及其官员施政成绩的简称，是指政府及其官员在行使权力和履行职责之后，所取得的工作上的成绩和所做出的贡献。这种成绩或贡献是行政人员尤其是行政领导干部，运用所掌握的公共权力和所支配的公共资源获取公共利益的行为结果。换句话说，政绩是公共行政主体运用公共权力和公共资源获得的收益，包括政治民主、经济发展、社会进步、文化繁荣和生态文明等方面。

政府及其官员的政绩偏好与其政绩观有着密切的联系，有什么样的政绩

---

① 叶必丰等：《行政协议：区域间政府合作机制研究》，法律出版社 2010 年版，第 184 页。
② 刘江宏：《地方政府政绩扭曲的政绩分析》，《北京行政学院学报》2008 年第 1 期。
③ 庄国波：《领导干部政绩评价的理论与实践》，中国经济出版社 2007 年版，第 3 页。
④ 范柏乃：《政府绩效评估理论与实务》，人民出版社 2005 年版，第 21 页。

观，就有什么样的政绩偏好选择，政绩观在一定程度上影响着政府及其官员的政绩选择。所谓政绩观就是政府及其官员对政绩的根本认识、看法和态度，对政府履职和官员施政具有重要的导向性作用，是行政人员尤其是行政领导世界观、价值观和人生观的集中体现，包括了对政绩内涵的理解、创造政绩的目的和政绩考核评价等的认识和态度，是影响政府及其官员施政理念的重要因素。地方政府间跨域公共事务合作治理的政绩是指，相关地方政府在处理跨域公共事务和解决跨域公共问题中所取得的成绩或做出的贡献。

政绩考评在中国主要考核各级党委、政府执行上级派发任务的实际落实情况和政策执行效果。政绩考评是对地方党委、政府及其官员工作成绩的客观评价，也是"依据政绩奖惩地方政府"和"依据政绩选拔任用干部"奖优罚劣的重要参考依据。政绩考评是引导政府及其官员施政理念和行政活动的重要"指挥棒"。政府政绩考评就是按照一定的绩效标准，如政策执行效果、公共服务质量、职能履行程度、社会公众满意度等，对政府社会治理过程中的投入与产出、效率与效益、公平与正义所反映出的绩效进行评定和等级划分。政府政绩考评的依据是政绩考核评价指标体系，该考核评价指标体系以政府及其官员为基本考核评价对象，重点关注的是政府及其官员行政行为所产生的结果，对被考核的政府及其官员有着直接的影响。政绩考核评级体系对政府及其官员的行政理念和行政行为具有强大的导向作用，有什么样的政绩考核评级体系，就有什么样的政府施政理念与行政行为，科学合理的政绩考核评价体系是政府依法行政、民主行政、科学行政和高效行政的有力保障。

地方政府间跨域公共事务合作治理的政绩考评就是指确定考核评价具体内容、建立考核评价指标体系、依照考核评价方案、遵循考核评价程序，对地方政府在跨域公共事务合作治理中的职责履行、义务承担、政策执行、资源投入等方面的工作质量和工作效果进行考核评价。地方政府间跨域合作公共事务治理的政绩考评是针对地方政府在跨域公共事务合作治理中取得的实绩或做出的贡献，其客观对象是跨域公共事务。跨域公共事务与传统公共事务相比具有复杂性和特殊性，使得地方政府间跨域公共事务合作治理的政绩考评具有责任界定的模糊性、信息的不对称、地方政府理性选择等特征。尽管地方政府间跨域公共事务合作治理的政绩考评存在各种困难，但科学合理的政绩考评对推动地方政府间跨域公共事务合作治理起着不可替代的作用。地方政府间跨域公共事务合作治理中科学合理的政绩考核评价体系，不仅有助于调动地方政府参与跨域公共事务合作治理的积极性和主动性，充分发挥各行政区政府在跨域公共事务治理上的比较优势，通过寻求合作谋求区域共同发展和实现区域共同利益，还能够对地方政府在跨域公共事务合作治理中的不当行为进行规范，对阻碍地方政府间合作的政府行为进行有效约束，从而促进地方政府间合作关系的持续健康发展。

2. 地方政府间跨域合作治理的政绩考评缺失

政绩考核评价体系是中央政府鼓励地方政府及官员认真履职、积极施政的一种制度性政治激励模式，带有明显的"压力型体制"特征。科学合理的政绩考核评价体系是推动地方政府治道变革创新的重要工具。地方政府作为一个具有自身利益追求和相对独立的行为主体，外在的考核评价约束和内在的利益需求构成了现实中地方政府履行职能的外推动力和内驱动力，进而塑造了地方政府行为选择的偏好、策略和手段。[①] 地方政府作为跨域公共事务治理的关键主体和主要责任者，跨域公共事务的有效治理离不开相关地方政府的大力推动和协同合作，政绩考评制度已经成为推动地方政府在跨域公共事务治理中履职与尽责极其重要且不可或缺的制度杠杆。[②] 但长期以来，"GDP至上"的政绩考核评价体系和不完善的分税财政体制，造成地方政府的"政绩冲动"和"财政饥渴"，导致"重经济发展、轻社会服务"成为地方政府行为选择的基本取向，追求地方利益最大化成为地方政府行为选择的基本动力。

虽然随着科学发展观、服务型政府、生态文明建设、高质量发展等施政理念的先后提出，政绩考核评价体系的"风向标"已经明显转向，中央政府

---

① 时影：《利益视角下地方政府选择性履行职能行为分析》，《甘肃社会科学》2018年第2期。
② 盛明科、朱玉梅：《生态文明建设导向下创新政绩考评体系的建议》，《中国行政管理》2015年第7期。

明确提出不以一时的、单纯的经济增长速度作为考核评价地方政府及其党政领导干部政绩的唯一指标，大幅提高绿色发展、生态保护、环境治理、公共服务、社会治理等指标在地方政府及其党政领导干部政绩考核中的权重，努力扭转地方政府及其党政领导干部狭隘的政绩观，如中组部早在 2013 年印发的《关于改进地方党政领导班子和领导干部政绩考核工作的通知》中规定，"地方各级党委政府不能简单以地区生产总值及增长率排名评定下一级领导班子和领导干部的政绩和考核等次"。但在地方政府及其党政领导干部的政绩考核评价实施过程中，当中央政府规定政绩考评内容和制定政绩考核指标并委托给地方政府后，在地方并没有得到全面有效贯彻落实，也未能从根本上改变一些地方政府及其党政领导干部"GDP 至上"的发展理念和对"显性政绩"的追求。

特别是在地方政府间跨域公共事务合作治理中，由于跨域公共事务治理的公共性和外部性、治理成效的潜在性和收益的长远性，地方政府对地方利益的追求和官员个人对其政绩的谋求，使地方政府在跨域公共事务合作治理中面临区域共同利益和地方自身利益抉择时，地方政府的自利性驱使追求地方利益最大化往往成为其行为选择的主要目标，规避与虚置跨域公共事务治理责任，"搭便车"等机会主义行为往往成为地方政府在跨域公共事务治理中"最明智"的选择。科学合理的政绩考核评价体系是调动地方政府参与跨域公共事务治理积极性和主动性，有效预防地方政府在跨域公共事务合作治理中责任规避和偷懒行为的重要抓手，但在现有的地方政府间跨域公共事务合作治理制度框架中和现行的地方政府政绩考核评价体制下，对地方政府及其党政领导干部政绩考核评价指标的统计仍以行政区划为界限，没有将地方政府参与跨域公共事务治理的成绩或贡献纳入对地方政府及其党政领导干部的政绩考核评价中，缺乏对地方政府参与跨域公共事务治理绩效的考核评价和激励约束，地方政府参与跨域公共事务治理的热情更多地源于合作所带来的预期收益，地方政府合作的动机很大程度上取决于地方政府的利益偏好及角色定位。如果对跨域公共事务治理中地方政府合作情况缺乏科学的绩效评价和强力的激励约束，那么地方政府参与跨域公共事务治理的动力就不会被充分调动起来，地方政府在跨域公共事务治理中各自为政、相互竞争、"搭便车"等机会主义行为就在所难免，最终影响到地方政府间跨域公共事务合作治理的成效。

四　地方政府间跨域合作治理的法律供给不足

1. 地方政府间跨域合作治理的法律依据

地方政府间跨域公共事务合作治理涉及强烈的政府间协同关系，而这一关系的实现需要法律制度的保障。马克思说："无论是政治的立法或市民的立法，都只是表明和记载经济关系的需求而已。"① 这就表明，任何一项法律制度都不是凭空产生的，都有其深刻的社会根源。法是社会关系的反映，社会关系特别是以利益为核心的关系是法的本源。地方政府间跨域公共事务合作治理中的法律制度是协调地方政府间关系和推动地方政府间合作的需要。

其一，地方政府间跨域合作治理中的无序竞争需要法律调节。地方政府间跨域公共事务合作治理中的不当竞争和竞争失序是地方政府间合作治理的重要问题，也是区域协调发展和区域共同富裕的重要问题。在当前，由于中央政府的相关法规与政策在地方推行的保障措施并不健全，加之对地方政府的行为选择并没有进行全方位的监督与约束，因而出现了地方政府既是跨域公共事务合作治理的重要主体，又是跨域公共事务合作治理中一个追求自身利益的独立主体现象。由于跨域公共事务治理的公共性和外部性以及地方政府间合作治理的多层级和多主体，地方政府间的利益关系错综复杂，各地方政府作为行政辖区利益的代表者，在跨域公共事务合作治理中往往热衷于追求行政辖区利益的最大化。在激烈的利益竞争和资源争夺中，地方政府出于对行政辖区利益的追求与维护，必然引发地方政府间跨域公共事务合作治理中紧张关系，导致地方政府间的不当竞争和无序竞争，如地方保护主义、重复建设、以邻为壑等问题纷纷出现。要解决地方政府间跨域公共事务合作治理中的不当竞争和无序竞争，就需要通过法律制度来规范与约束地方政府间

---

① 《马克思恩格斯全集》第 4 卷，人民出版社 1958 年版，第 121—122 页。

的关系。法律制度是一种抽象的规则体系，尽管法律制度难以改变地方政府间竞争的局面，但可以保障地方政府间有序和良性竞争，可以将地方政府间合作关系法律化，最大程度避免地方政府间无序和恶性竞争。

其二，地方政府间跨域合作治理的有效开展需要法律保障。随着区域一体化的持续推进和跨域公共事务的日益增多，如何突破现有行政区划的限制，加强地方政府间跨域公共事务合作治理是新时代区域协调发展与区域共同富裕的关键。但由于跨域公共事务的"跨界性"，其治理经常处于"谁都可以管"和"谁都不好管"的困境之中，即一些地方政府尽管愿意承担治理责任，但由于其自身权力的有限性，也经常陷入不了了之的结局。因而，跨域公共事务的治理并不是单一地方政府的责任，其有效治理需要相关地方政府从合作的视角来谋求解决之道。然而，地方政府间跨域公共事务合作治理一般都涉及多层次和多主体的利益，容易导致地方政府间利益相互博弈和责任相互推诿，最终影响到跨域公共事务的及时有效治理。虽然地方政府间通过联席会议制度、领导磋商制度和行政协议制度等在诸多跨域公共事务治理中展开合作，但这些合作模式更多属于地方政府间的政策宣言和行政承诺，既缺乏法律效力，又没有强制约束力。地方政府间跨域合作治理中法律法规的缺失，使得地方政府间合作中的主体责任、权力、利益不清，造成地方政府间合作动力不足和地方政府行政权超越法律边界等，最终影响到地方政府间跨域公共事务合作治理预期目标的实现。地方政府间跨域公共事务合作治理是地方政府间权责利的协调问题或者权责利的让渡问题，合作困境源于地方政府间权责利的协调困境，权责利的协调困境源于地方政府间合作的专门性法律缺失。因此，只有从法律上理顺地方政府间关系、明确地方政府间权责利的划分，才能推动地方政府间跨域公共事务合作治理的有效开展。

其三，地方政府间跨域合作治理的制度创新需要提供法律依据。新制度经济学的制度创新理论阐明，制度也是一种重要的资源，政府要不断地进行制度创新来提供社会发展必需的制度供给。国外地方政府间跨域公共事务合作治理的经验和教训证明，能否进行制度创新不仅关系到地方政府间合作的成败，而且关系到区域协调发展的成败，应该以法律为主导，树立立法先行理念，为制度创新提供法律依据。随着中国跨域公共事务的日益增多和跨域公共问题的频繁发生，地方政府间跨域公共事务合作治理模式正处在发展和完善过程中，各种制度、体制、机制正在发展和磨合。在这样一种现实情况下，无论是地方政府间跨域合作治理的制度供给，还是地方政府间跨域合作治理的模式创新，都需要法律的指引和保驾护航。以法律来引导和保障地方政府间跨域合作治理制度创新在中国已有先例，如 2000 年 4 月 29 日第九届全国人民代表大会常务委员会第十五次会议通过的《中华人民共和国大气污染防治法》，为地方政府间大气污染联防联控机制建设与创新提供了法律依据；2022 年 10 月 30 日第十三届全国人民代表大会常务委员会第三十七次会议通过的《中华人民共和国黄河保护法》，为沿黄流域地方政府在黄河流域生态保护和高质量发展中协同合作的制度建设提供了法律依据。地方政府间跨域公共事务合作治理的法律制度指明了地方政府间合作的方向、路径和程序，为地方政府间合作治理的制度创新提供了思路和保障，这也符合地方政府间跨域合作治理的法治化发展目标。

2. 地方政府间跨域合作治理的法律供给不足

地方政府间跨域公共事务合作治理是一项系统复杂、长期艰巨的工程，需要有完善的法律制度作为地方政府间合作的依据，合理有效的法律制度是化解地方政府间冲突的有效依据和有力保障，从而确保地方政府间合作治理的顺利开展。中国在相关跨域公共事务治理中有一些法律依据，如与跨域环境治理相关的法律法规主要有《中华人民共和国环境保护法》《中华人民共和国水污染防治法》《中华人民共和国水污染防治法实施细则》《中华人民共和国固体废物污染环境防治法》等，这些环保法律法规对跨域环境问题治理都有所涉及，为地方政府间跨域生态环境合作治理提供了些许法律依据。但从整体上来看，目前的法律法规还不能满足地方政府间跨域公共事务合作治理的迫切需要，突出表现在以下几个方面。

其一，现有的法律侧重于纵向府际关系调整而忽视了横向府际关系规范。现行宪法只明确了中央政府与地方政府、上下级地方政府之间存在领导与被领导的法律关系。而地方政府间跨域公共事务合作治理涉及的大都是横

227

第六章　地方政府间跨域公共事务合作治理的制度优化

向平行的或纵向互不隶属的政府间关系，地方政府在跨域公共事务合作治理中的关系如何定位、共同组建的组织机构地位如何确立等问题都难以找到明确的法律依据。法律供给不足给地方政府间跨域公共事务合作治理带来的不利影响包括：首先，地方政府间自发组建的跨域组织管理机构的权威性得不到法律的认可，在地方政府间合作中的协调作用难以有效发挥；其次，地方政府间合作权限大部分掌握在上级政府手中，地方政府对自身拥有的自主权缺乏稳定的心理预期，在跨域公共事务治理中难以放眼未来有效履行职责；最后，如果没有法律的规范和限制，各地方政府在跨域公共事务治理中往往采取"有利争着上，有责绕着走"的做法，进一步激化了地方政府间矛盾，导致外溢性较强的跨域公共事务得不到有效治理。

其二，地方政府间跨域公共事务合作治理的共同处置权得不到法律保障。按照中国现行宪法、地方政府组织法和立法法等的规定，地方政府主要享有的职权包括三大类：第一类是行政决定权，即规定行政措施、发布行政决定和行政命令的权力；第二类是行政规章制定权，省一级的人民政府及其所在地的市人民政府和国务院批准的较大市的人民政府可以制定行政规章；第三类是地方行政管理权，即管理本行政辖区内的政治、经济、社会、文化和生态等各项行政工作的权力。① 以上地方政府的这些职权仅限于在其行政辖区范围之内行使，而跨域公共事务治理则超出了地方政府的职责权限，任何地方政府都没有权力对跨域公共事务治理做出单方面的安排。这些法律规定本身并不会给地方政府间跨域公共事务合作治理带来法律上的障碍，但在实践中致使地方政府间协商达成跨域公共事务合作治理的制度安排得不到法律的确认和保护，缺乏一定的权威性和约束力，导致执行效果大打折扣。以行政协议为例，从目前中国地方政府间跨域合作治理的实践来看，行政协议已经成为地方政府间跨域公共事务合作治理的一种主要机制，但其实施效果并不理想，根本原因在于该合作机制缺乏有效的法律保障。行政协议对跨域

---

① 何渊：《地方政府间关系——被遗忘的国家结构形式维度》，《宁波广播电视大学学报》2006年第4期。

公共事务合作治理中地方政府如何履行协议以及出现纠纷如何解决等问题均没有明确的法律规定,使行政协议缺乏对地方政府行为的有效约束,经常沦为"一纸空文"。

其三,地方政府间跨域公共事务合作治理的法规较为笼统且缺乏协调。虽然中国宪法和相关法律对地方政府间跨域公共事务合作治理做了一些规定,但主要是原则性的规范,实际可操作性并不强。地方政府间跨域公共事务合作治理的法律法规主要以国务院部门规章、地方性法规、地方政府规章和政策文件为依据,但国务院各部门和各地方政府制定的法规、规章等规范性文件具有很大的笼统性,没有形成科学、严密的法律制度体系,导致其实施具有较大的随意性。由于地方政府间合作没有完整的法律体系,缺少统一的立法规划,地方政府间跨域公共事务合作治理的法律制度往往是令出多门、各自为战,缺乏相互间的协调与配合,没有形成有效的合作法律规范机制,相关法律法规的实施效果也并不理想。尽管现有的相关法律法规为地方政府间跨域公共事务合作治理提供了法律依据,在一定程度上规范了地方政府间合作关系和约束了地方政府的行为选择,但由于缺乏统一性和具体性,对推动地方政府间跨域公共事务合作治理并没有发挥应有的作用。

其四,地方政府间跨域公共事务合作治理中的争议处理缺乏司法救济途径。地方政府间跨域公共事务合作治理难以避免地方政府间的矛盾冲突和利益纠纷,因而需要通过各种途径化解地方政府间的矛盾冲突和解决地方政府间的利益纷争,才能推动地方政府间合作伙伴关系的发展和提高地方政府间合作治理的效能。但目前中国地方政府间跨域公共事务合作治理中争议的解决主要通过行政途径,根据《行政区边界争议处理条例》的规定,地方政府间的行政边界争议的处理主要分为两步:第一步是地方政府间自行协商解决,即由争议的双方从实际出发、实事求是,本着互谅互让、合作共赢的原则,自愿通过对话沟通、协商谈判解决问题;如果协商谈判解决不了,第二步才是由共同的上级领导机关进行行政仲裁。由此可见,目前中国地方政府间跨域公共事务合作治理中矛盾冲突和利益纷争的解决,遵循在行政系统内部自行解决的原则,缺乏诉讼救济的途径,在某种程度上排除了从法律层面进行协调的可能性。尽管通过协商谈判和行政仲裁化解地方政府间争议的行政途径，能够相对灵活地处理地方政府间的矛盾冲突和利益纷争，但如果地方政府间反复协商谈判或相关地方政府对上级行政仲裁不满，行政途径就难以对地方政府间合作关系进行有效协调。

第三节　地方政府间跨域合作治理的制度优化

一　促进地方政府间跨域合作治理的区域政策协同

政策协同就是使不同主体在政策认同上达成一致、政策执行上相互配合。区域政策协同包括宏观、中观和微观三个层面：宏观层面上的政策协同是指地方政府间共同制定的具体区域政策应以中央的宏观政策为依据和指南，并能够与国家的宏观政策保持一致；中观层面上的政策协同是指各级地方政府制定的政策应以解决跨域公共事务和促进区域发展为共同目标，并服务于区域政策；微观层面上的政策协同是指各级政府内部不同部门、不同机构之间政策的协同，其目的是使地方政府内在的具体政策保持一致性。[①] 从合作治理状态有序的维度上来看，解决地方政府间跨域公共事务合作治理中政策"碎片化"问题，需要坚持合作主义的政策导向，以实现跨域公共事务有效治理和推动区域共同发展为目标，通过政策协同来实现政策过程的统一。

1. 以中央政府宏观区域政策为指导，统筹协调地方政府间跨域公共事务合作治理中区域政策"碎片化"问题

区域政策协同旨在确保单个政策之间的相互配合与支持，尽量避免政策目标的相互冲突或政策内容的不一致，即实现中央政策、区域政策、地方政策以及地方政府部门政策在目标和内容上的兼容性。首先，为了解决目前地方政府间跨域公共事务合作治理中政策"碎片化"问题，亟须以中央政府宏

---

① 周志忍、蒋敏娟：《整体性政府下的政策协同：理论与发达国家的当代实践》，《国家行政学院学报》2010 年第 6 期。

观区域政策为指南，对地方政府现有跨域公共事务合作治理的相关政策，从政策价值、目标、资源分配以及与其他政策之间的关系方面进行评估，对那些与中央区域政策不一致以及地方政府间相互矛盾与冲突的区域政策进行清理。其次，充分发挥中央政府在区域政策制定中的统筹协调职能，根据中国现行区域政策体系，成立一个中央政府直接领导的专门的区域政策管理机构。这个机构的主要职责在于根据不同时期区域经济发展态势和不同地区面临的跨域公共事务，科学地制定每一时期区域政策的实施对象和重点内容，使其成为地方政府区域政策制定的直接依据；协调区域政策与其他政策、中央政策与地方政策之间的关系，从而实现政策目标和内容上的兼容；对地方政府区域政策制定及其执行进行评估和监督，督促地方政府依据中央区域政策制定地方政策和保证中央政策贯彻落实等。最后，理顺中央政府与地方政府在区域政策制定中的关系，明确各自应承担的角色和责任。中央政府与地方政府在制定区域政策方面都有各自的优势和劣势。一般而言，中央政府制定的区域政策配套性和协调性较好，但由于对具体地区的情况了解不够深入以及地区的差异化较大，中央政府制定的区域政策对一些地区有效，而对另外一些地区并不能起到很好的效果。地方政府制定的区域政策相对更加贴近面临的公共问题，因而具有较强的针对性，不过地方政府间的利益博弈使区域政策缺乏稳定性。因而，为了增进中央政府与地方政府区域政策的科学性和协同性，避免中央政府与地方政府、地方政府之间区域政策制定过程中的冲突，原则上，在全国范围内具有普遍性的跨域公共事务政策由中央政府统一制定，而只存在于局部地区的跨域公共事务政策，相关地方政府应以中央宏观区域政策为指导，协商共同制定。

2. 以公共价值和公共利益为政策制定基点，促进地方政府间跨域公共事务合作治理区域政策制定过程的统一

地方政府在跨域公共事务合作治理区域政策制定过程中具有举足轻重的地位，尤其是随着中央政府赋予地方政府管理权限的不断扩大以及跨域公共事务的日益增多，诸多跨域公共事务的治理问题需要地方政府间共同制定具体的区域政策予以解决，而且地方政府在跨域公共事务合作治理区域政策制

定中的地位还会进一步提升。所以，地方政府在促进跨域公共事务合作治理区域政策统一和解决跨域公共事务合作治理中区域政策"碎片化"问题方面肩负着不可推卸的责任。虽然近年来中国各级地方政府在跨域公共事务管理和治理方面的区域决策能力显著提升，但地方政府间区域政策价值的认知差异和跨域公共事务合作治理中的利益冲突，导致地方政府在跨域公共事务合作治理中制定的区域政策呈现"碎片化"。

促进地方政府间跨域公共事务合作治理中政策制定的协同统一。一方面是地方政府要以政策公共价值为导向，树立正确的区域政策价值观。公共政策无论从它是权威性的价值分配方案，还是政府作为或不作为的行为来说，都与决策层的价值观不可分离。政策制定者信奉的价值观不同，即使针对同一个社会目标和解决同一个社会问题，持不同价值观的政策制定者也会制定不同的政策，致使政策所引导的行动方向也会不同。区域政策价值是区域政策内在、稳定的实质性要素，其取向如何直接决定着区域政策本身的属性。区域政策的价值取向就是对区域政策系统行为的选择，即对区域资源的提取和分配以及行为管制的选择。在地方政府间跨域公共事务合作治理的区域政策制定过程中，各地方政府总是面临着不同的政策价值偏好，在公平与效益、权利与权力、理想与现实、地方利益与区域利益、眼前利益与长远效益等方面都需要进行政策价值选择。各地方政府区域政策价值取向的差异，导致区域政策制定过程中"碎片化"问题的产生。所以地方政府在跨域公共事务合作治理的区域政策制定过程中，更要准确把握区域政策应有的价值因素，将公平、正义、平等、民主、效率、责任、义务、自由、秩序等政策公共价值作为区域政策制定的价值旨归，促进地方政府间跨域公共事务合作治理政策价值理念的统一。另一方面是地方政府要以区域共同利益为政策制定基点，寻求政策制定中地方政府间利益的合法均衡。"公共利益是一切公共政策的出发点和最终目标，一项公共政策的社会效果如何，要看一个时期的公共政策是否回应了社会的不同利益主体。"[①] 解决地方政府间跨域公共事务

---

① 　张国庆：《公共政策分析》，复旦大学出版社 2004 年版，第 182 页。

合作治理中区域政策制定的"碎片化"问题，利益问题是不可回避且必须要解决的问题。因为地方政府间跨域公共事务合作治理的区域政策，不仅关系到区域共同利益的实现，而且关系到地方政府自身利益的实现。这就要求地方政府在跨域公共事务合作治理的政策制定过程中，以区域共同利益为政策制定基点，在承认区域共同利益与地方各自利益差异、地方政府间利益矛盾与冲突的前提下，努力寻找和获得区域共同利益与地方各自利益、地方政府间利益的均衡点，确保相关地方政府在地位平等和权力对等、具有同等发言权和表决权的基础上，就问题界定、利益分配、方案拟订、方案抉择等进行充分讨论与协商，并使最终的决策方案在实现区域共同利益的同时兼顾地方政府的各自利益，从而增强地方政府对区域政策的认同，实现地方政府间跨域公共事务合作治理区域政策制定的统一。

3. 完善地方政府间跨域公共事务合作治理政策执行的资源要素，确保地方政府间区域政策执行过程的统一

政策执行是指通过建立组织机构、运用各种政策资源，采取检查监督行动等，将政策观念形态内容转化为实际效果，从而使既定的政策目标得以实现的动态过程。政策执行不仅是一个动态过程，而且是一个包含建立政策执行机构、运用政策资源和实施监督控制等诸多环节的复杂过程。在这个过程中，不仅各个环节相互影响、相互制约，而且任何一个环节或参量出了问题，都会直接或间接地影响到政策功能的有效发挥和政策执行的实际效果。为了保证地方政府间跨域公共事务合作治理区域政策执行的统一，就需要完善地方政府间跨域公共事务合作治理中区域政策执行的资源要素。

设立地方政府间区域政策执行的组织机构。区域政策终归要由一定的机构来组织实施，区域政策制定之后首先要做的事情就是组建地方政府间区域政策执行的组织机构，以保证地方政府间区域政策执行过程的统一。区域政策执行组织机构要统一领导和统一指挥，以防因政出多门、多头领导而造成区域政策执行组织机构功能紊乱；区域政策执行组织机构设置要职能健全、功能完备，确保区域政策执行过程中的各项工作能够有效落实；区域政策执行组织机构还要加强地方政府间政策执行过程中的沟通，防止地方政府间因

沟通不畅而出现政策执行的各自为政。

完备地方政府间区域政策执行所需的各种资源。无论区域政策本身制定得多么理想，如果缺乏必要的用于区域政策执行的资源，区域政策执行的结果也不能达到区域政策规定的要求。就地方政府间区域政策的有效执行而言，它所需要的资源主要包括财力资源、信息资源和权威资源。必要的财力是地方政府执行区域政策的物质基础，财力资源的丰富程度在很大程度上决定着地方政府区域政策执行能力的强弱；信息是影响地方政府区域政策执行活动的一个重要变量，地方政府对区域政策的有效执行是以其对政策执行信息的全面掌握和准确理解为基础的；权威是影响地方政府区域政策执行的一个重要资源，因为权威增强了地方政府对区域政策执行的认同和责任心。推动地方政府区域政策的有效执行，就需要从财力资源、信息资源和权威资源三个主要方面完备政策执行所需的资源要素。

加强地方政府间区域政策执行的检查监督。区域政策制定出来以后，关键的工作就在于地方政府正确地贯彻执行。然而，区域政策执行是一项极为复杂的跨域治理实践过程，由于地方政府在区域政策执行过程中基于地方利益最大化做选择，常常出现地方政府区域政策执行活动偏离区域政策目标，即区域政策失真的不良现象，因而必须加以有效的检查监督。检查监督是区域政策有效执行必不可少的重要保障，在地方政府间跨域公共事务合作治理的区域政策执行过程中，要加强中央政府、区域政策执行机构对各地方政府区域政策执行的检查监督，同时地方政府间也要进行相互监督，通过检查监督及时发现和纠正各地方政府区域政策执行偏差问题，提高各地方政府区域政策执行效能，促进区域政策目标向预期结果转化。

二　加强地方政府间跨域合作治理的制度权威重构

地方政府间跨域公共事务合作治理发展的一个重要目标是要形成开放、参与、有序、协调、共享的治理制度体系，为地方政府间跨域公共事务合作治理提供一个公平正义、良性竞争、合作共赢的制度体系和制度框架，防止和避免地方政府的理性选择和投机行为，导致地方政府间合作治理的不可持续性。制度权威的形成是制度本身、制度执行目标群体、制度实施条件等各方面效果的累加。因而，地方政府间跨域公共事务合作治理中的制度权威重构，既要遵循制度权威建设的内在逻辑和一般要求，又要紧密结合地方政府间跨域公共事务合作治理的现实状况，从实际出发探寻制度权威建设的有效路径。

1. 增加制度供给，提高制度质量

地方政府间跨域公共事务合作治理中制度权威的建构，必须增加能有效适应与满足地方政府间合作治理需求的制度安排。制度有效执行是以高质量的制度为基本前提的。正如美国政策科学家安德森所言，对政策的"不服从还可能产生于法律的含糊不清，规定不具体或冲突的政策标准"。① 中国经济学家张曙光也曾指出，"制度实施的不完全还来自制度本身的不完善"。② 随着中国地方政府间跨域公共事务合作治理的广泛开展，地方政府间合作治理制度规则的供给出现滞后性，即地方政府间通常以问题为导向的跨域合作制度安排：一方面使原有的制度安排具有临时性和灵活性；另一方面原有的制度安排又无法适应合作发展的内在要求，对合作治理中出现的新问题无能为力。这种临时规则与现实矛盾、制度的稳定性与灵活性冲突在一定意义上造成制度不被遵守的状况，从而影响到制度权威的确立。因而，地方政府间跨域公共事务合作治理中的制度供给要做好长远规划，加快制定各种制度规范，创新制度供给方式，用适应当前及未来地方政府间合作发展要求的新制度来规范地方政府的行为。另外，制度供给中要注意制度稳定性与灵活性的有效兼容，加快制定《区域合作章程》《区域合作公约》《区域合作条例》等相关法规，为地方政府间跨域合作提供制度规范和基本架构，使其成为地方政府间跨域合作的基本准则，为地方政府间跨域合作临时性协议的制定提供指南，从而使制度的稳定性、刚性与跨域治理的多样性、灵活性有效兼容，建立起在法律法规框架约束范围内灵活多样的治理体系。

---

① ［美］詹姆斯·E. 安德森：《公共决策》，唐亮译，华夏出版社1990年版，第147页。

② 张曙光：《制度·主体·行为——传统社会主义经济学反思》，中国财政经济出版社1999年版，第139页。

2. 优化权责关系，完善制度设计

制度权威的形成离不开权力结构的调整和责任关系的优化，为增强地方政府间跨域公共事务合作治理的制度权威，需要从政府间权力结构调整和责任关系优化两个方面同时着手以完善制度设计。一方面是要加强地方政府间权责关系的优化与整合。消解地方政府间行政壁垒和打破地方政府间行政区划界限，破除权力分散和责任分割，促进权力共享和责任共担，构建地方政府间跨域公共事务合作治理的整体性模式。由于跨域公共事务治理具有外部性，因而治理思路上要具有整体性，合作共识的达成是各个地方政府朝着整体性治理目标协调一致行动的前提，而合作共识的达成需要以权力共享和责任共担为基础。应紧紧围绕区域共同治理与区域共同发展这个目标，以合作共赢为理念、利益融合为着力点，优化与整合地方政府间的权责关系，逐步建立起权力结构合理、责任分工明确、行为统一规范、行动协调一致的地方政府间合作治理制度体系，为促进地方政府间合作治理的制度化转型奠定权威基础。另一方面是要理顺纵向中央、部门、地方三者之间的权责关系。明确中央、部门、地方三者在跨域治理中各自的权力与责任，避免三者之间由于权责关系不清所带来的制度设计上的相互冲突与打架。地方政府间跨域公共事务合作治理的有效开展，离不开中央政府的统筹规划与指导协调，维护中央制度权威和贯彻落实好中央顶层制度设计是地方政府间合作制度设计的基本前提。增强地方政府间跨域公共事务合作治理中的制度权威，首先要在中央顶层制度设计方面形成卓有成效、高效严格的制度规范，保证地方政府间合作治理的全局性、战略性、根本性的法律法规制度优先，为部门与地方制度设计提供基本的准则和框架，避免地方政府"上有政策、下有对策"的投机行为。同时也要加强部门和地方制度的设计与创新，以中央顶层制度设计为准则和框架，整合与完善地方政府间合作治理中的部门和地方制度设计，实现地方政府间合作治理中的中央制度、部门制度、地方制度之间的协调一致、无缝对接。

3. 开放平等参与，增进制度认同

"共同体的治理不仅要由共同体的结构及特点决定，而且也受到参与治理的各方对合法政治秩序所遵循原则看法的影响……治理的核心在于不同主体不尽相同的喜好通过治理所涉及的内容和手段体现到治理的制度规则和措施当中，共同体内部的各种利益能够转化为统一的行动，获得各个成员的同意和认同。"① 地方政府间合作治理实质上是地方政府间围绕权力分享与责任分担、利益共享与成本共担，在积极互动和利益博弈中寻求合作共识。制度提供了地方政府间合作治理的框架，规定了地方政府间合作治理中具体的权利与义务要求。因此，正当、合理的地方政府间合作制度必须获得各个地方政府的认同。从这个意义上讲，重构地方政府间合作治理中的制度权威，制度必须体现各个地方政府合理的利益诉求，是相关地方政府共同参与、协商讨论的结果。同时，还要承认各地方政府权力大小和经济发展水平的不同、治理能力和资源禀赋的差异，在充分考虑和兼顾各地方政府合理利益诉求的基础上，建立一个地位和身份平等、权利和机会均等的开放性参与制度和民主协商的有效表达机制。这种制度化框架内的平等参与和协商讨论，能够在制度设置不能平衡和不能满足各方利益需求的情况下，传播一种通过多元民主参与、充分对话与交流、深入谈判与协商的交往过程讨论跨域公共事务治理的价值观，这有助于疏导情绪、消弭分歧、化解矛盾、寻求共识，减少非制度化行为的作用机会，在真实表达利益诉求和尊重各方意愿的过程中培育和增强制度权威的认同基础。

4. 健全实施条件，增强服务保障

制度权威的形成还依赖于其运行所需的相关实施条件的服务保障。制度的有效实施离不开相关实施条件来保障其运转的效率和消除其变迁过程中的"路径依赖"。地方政府对跨域合作治理中旧有制度的习以为常、墨守成规，对新制度缺乏认真学习、研究理解，制度执行过程中沟通协调、监督控制的缺失等都会导致制度无法有效执行，进而影响到制度权威。为此，地方政府间跨域公共事务合作治理中的制度执行和制度权威确立都需要健全制度实施

---

① J. Hergenhan, "Quelle Gouvernamce Pourl' Europeenne Apres Nice?", *Eurocities Magazine*, No. 13, 2001.

的保障条件。首先，不断加强制度学习。通过宣传、教育、引导等途径和手段促进地方政府的制度认知，增强它们的制度认同，消除路径依赖，减少制度执行中的阻碍。其次，确保制度执行资源。无论制度本身设计与制定得多么理想与完善，如果缺乏必要的用于制度执行的资源，制度执行的结果也不能达到制度规定的要求。从制度有效实施的角度来看，制度实施所需要的资源主要包括财力资源、信息资源和人力资源等。再次，正确的沟通协调。地方政府间合作治理制度执行过程中，难免会出现误解与分歧、矛盾与冲突，这就需要通过有效地沟通与协调以弥合意见分歧，减少矛盾冲突，增进彼此之间的了解与合作。最后，有效的监督控制。地方政府在跨域公共事务合作治理制度执行过程中，由于认知缺陷和理性选择，容易产生制度执行表面化、缺失、替换等制度失真的不良现象，为此需要建立制度执行的统一标准，构建上级政府监督、地方政府间相互监督、社会监督和新闻媒介监督等完善的监督系统，加强对地方政府制度执行的有效监督控制，确保制度贯彻落实。

三　建立地方政府间跨域合作治理的政绩考评制度

政府的政绩考核评价体系是政府及其官员施政理念和施政行为的风向标、导航塔和指挥棒，也是推动政府及其官员行政管理创新和社会治理变革的动力源。建立地方政府间跨域公共事务合作治理的政绩考核评价体系，将地方政府参与跨域公共事务治理的成绩或贡献作为重要指标纳入地方政府及其官员的政绩考评指标体系之中，作为考评地方政府及其官员政绩的重要指标之一，实现跨域公共事务治理责任压力型目标嵌入传导与地方政府及其官员政绩考核评价体系创新有机结合，[①] 是克服当前地方政府重视行政辖区内部公共事务治理、轻视行政辖区间公共事务（跨域公共事务）治理，盲目崇拜和追求 GDP 增长显性政绩顽疾的重要制度创新，是督促地方政府履行跨

---

① 胜明科、李代明：《生态政绩考评失灵与环保督察——规制地方政府间"共谋"关系的制度改革逻辑》，《吉首大学学报》（社会科学版）2018 年第 7 期。

域公共事务治理职能和承担跨域公共事务治理责任的重要制度安排。科学合理的地方政府间跨域公共事务合作治理的政绩考核评价体系，既能调动地方政府参与跨域公共事务合作治理的积极性，又能促进地方政府间合作关系的持续稳定发展。

1. 优化中央对地方政府的政绩考评体系，将地方政府参与跨域公共事务合作治理的绩效纳入地方政府政绩考评之中

地方政府在跨域公共事务治理中的行为选择和行动逻辑受到中央与地方关系制度的限制与影响，而中央政府对地方政府的政绩考核评价制度是极为重要的影响制度之一。长期以来，中国中央政府对地方政府的管理实行的是行政区行政管理模式，也是现阶段中国居主流地位的政府管理模式。行政区行政管理模式下，中央政府对地方政府及其官员的政绩考核主要以地方政府行政辖区内的 GDP 增长速度、投资规模、税收情况、生态保护、公共服务等方面的工作绩效为主，作为对地方政府及其官员政绩考核评价的主要依据。中央政府对地方政府及其官员政绩这种以地方政府行政辖区内工作业绩为主进行考核评价的方式，有助于调动地方政府的积极性和集中地方官员的注意力，集中精力发展地方经济和提供地方公共服务，满足本地区人民群众日益增长的需求，能够推动当地经济社会的快速发展。但中央政府对地方政府及其官员政绩考评以其行政辖区内工作业绩为主的考核评价方式，极其容易造成地方政府及其官员将注意力和精力集中到行政辖区内的公共事务上，而对行政辖区外或行政辖区间的公共事务却不甚关注，这也是一些跨域性公共事务长期得不到有效治理和跨域性公共问题长期不能有效解决的重要原因。

特别是在纵向压力型行政管理体制和横向政绩锦标赛政治激励模式下，地方政府间竞争的动力和压力主要来源于中央或上级政府对地方政府及其官员工作绩效的考核，同级地方政府间的竞争实际上就是一种如何完成上级任务的绩效竞争。这种情况下以行政辖区内工作绩效为主要考核内容的政绩考核评价制度，使地方政府的注意力和精力难以投入跨域公共事务治理中，也弱化了地方政府间跨域公共事务合作治理的动力，导致地方政府间跨域公共

事务合作治理陷入困境。基于此，为了有效引导和激励地方政府在跨域公共事务治理中的协同合作，推动地方政府跨域公共事务治理行为的转变，就需要将地方政府参与跨域公共事务治理的绩效纳入对地方政府及其官员的政绩考评之中，通过中央对地方政府政绩考核评价方式的变革与优化，推动地方政府间跨域公共事务合作治理。

2. 合理设定政绩考评内容和指标体系，确保地方政府参与跨域公共事务合作治理政绩的"科学性""可测性""可控性"

政绩考核评价的依据是政绩考核内容、指标体系，合理设定评价内容和科学设计指标体系是政绩考核的核心，前者表现为能不能全面反映政府绩效的内容，后者则表现为能不能真实反映政府绩效的水平。如果考核内容不全面、指标体系不科学，那么政绩考核本身就失去了意义。① 只有合理设定评价内容、科学设计评价指标，政绩考核评价工作才能做到有的放矢，才能使政绩考评更全面、更客观、更准确地反映政府及其党政领导干部工作的真实情况；才能引导政府突出工作重点，并实现以重点工作带动全面发展的目标；才能使人民群众有客观标准来判断并监督政府及其党政领导干部的工作。由于跨域公共事务及其治理的复杂性和地方政府间跨域公共事务合作治理权责的模糊性，相对于地方政府行政辖区内公共事务治理绩效评价，地方政府参与跨域公共事务合作治理的绩效评价更加困难。

地方政府参与跨域公共事务合作治理的绩效考核要高度关注内容的全面性和指标的科学性。一方面是要合理设定评价内容。科学合理的政绩评价内容是全面、完整、客观和与时俱进的，要体现党的基本路线和国家战略要求，具有鲜明的时代特征。党的二十大报告中明确强调"促进区域协调发展"，而推动地方政府间跨域公共事务合作治理是推进区域协调发展、贯彻新发展理念的重要内容。地方政府间跨域公共事务合作治理的政绩考核内容设定，就要以区域协调发展战略为指导思想，将政治、经济、社会、文化和

① 何文盛、王焱、蔡明君：《政府绩效评估结果偏差探析：基于一种三维视角》，《中国行政管理》2013 年第 1 期。

生态等方面的跨域性事务，全部纳入地方政府及其党政干部政绩的考核内容之中；就某一项具体的跨域公共事务治理而言，要将地方政府贯彻落实中央区域政策、行使跨域治理职能、承担跨域治理责任、投入跨域治理资源、履行跨域治理义务等，作为考评地方政府及其党政干部政绩的主要内容。另一方面是要科学设定评价指标。如果地方政府参与跨域公共事务合作治理绩效的评价指标具有模糊性和缺乏客观性，那么地方政府就会无所适从，其激励作用也就大大减弱。绩效考核评价的指标越模糊、越主观，政绩考核对地方政府及其党政干部的激励作用就越弱。因而要科学设置指标体系和指标权重，确保地方政府参与跨域公共事务合作治理政绩指标的"科学性""可测性""可控性"。"科学性"是指地方政府参与跨域公共事务合作治理的政绩指标设立要有可信的技术基础；"可测性"是指地方政府参与跨域公共事务合作治理的政绩指标能够容易且准确测度；"可控性"是指地方政府参与跨域公共事务合作治理的政绩指标要能与地方政府的努力密切相关。

3. 科学建立政绩评价路径和机制保障，充分发挥政绩考核评价推动地方政府间跨域公共事务合作治理的激励作用

建立科学合理的政绩考核评价体系，其出发点和落脚点是通过对地方政府及其党政干部工作绩效的客观、公正和准确的评价，以此引导与激励地方政府更好地履行职能、地方党政干部更好地履行职责。地方政府参与跨域公共事务合作治理的政绩考核评价结果，对推动地方政府间跨域公共事务合作治理具有重要的意义，必须寻求科学合理的政绩评价路径以保障政绩评价结果的客观、公正和准确。

合理选定评价主体。评价主体的组成结构是否科学合理，直接关系到政绩考核评价结果是否客观、公平和公正。评价主体的多元化结构是保证政府政绩评价科学性和有效性的一个基本原则，这是因为，任何一个业已确定的评价主体都有其自身特定的评价角度和不可替代的比较优势；同时，具有特定身份的评价主体亦有其自身难以克服的评价局限性。当然，选择评价主体必须要考虑评价成本，并不是主体越多就越好，人人参与政府政绩评价是不现实的，企业管理中的360度全方位评价技术指的是从不同视角进行的评

价，并非全员评价。基于此，地方政府参与跨域公共事务合作治理的政绩评价主体，应由中央有关部门、相关地方政府、社会公众代表和新闻媒体代表等主体组成，以保证政绩评价结果的客观、公平和公正。

严格信息审核标准。政绩考评"在很大程度上就是一个信息的收集、加工和处理的过程"，政绩信息的真实性和完整性是政绩考评的生命线。① 信息是地方政府参与跨域公共事务合作治理政绩考评的基础，只有客观、真实、准确的信息才能真正反映地方政府在跨域公共事务合作治理中的成绩或贡献状况，从而对其参与跨域公共事务合作治理的绩效进行科学考评。由此可以看出，地方政府间跨域公共事务合作治理的政绩考评要达到预期功能和目标，就必须确保地方政府参与跨域公共事务合作治理政绩考评信息的真实性和准确性。由于各种因素的影响和制约，在信息的采集、传递和使用等各个环节都可能损害信息的完整性，进而形成地方政府参与跨域公共事务合作治理政绩考评信息失真的局面。信息失真是指信息在采集、传递和使用过程中，其客观性、完整性、真实性和准确性等方面存在缺陷。② 信息失真是制约地方政府间跨域公共事务合作治理的政绩考评功能实现的一个重要因素。为确保信息的真实可信，需要在信息的采集、传递和使用等方面设立明确标准，对信息进行严格审核，从源头上为政绩评价结果的公正、客观、准确奠定坚实的基础。

组建评价管理机构。政绩评价的实施必须具有一整套运行机制，加强政绩评价的组织领导工作，是政绩评价实施的一个基本条件和评价基础，也是政绩评价客观公正进行的保障，评价的实施应当由一个符合评价内容的组织来进行。由于地方政府间跨域公共事务合作治理的政绩具有复杂性和利益相关性，为了使地方政府参与跨域公共事务合作治理的政绩考评有计划、有步骤地开展，需要成立评价管理机构或小组。"英国绩效评估制度之所以能取得比较明显的效果，关键在于有专门的评估领导机构，负责该项制度的组织

---

① 彭国甫：《地方政府绩效评估程序的制度安排》，《求索》2004 年第 10 期。
② 曹胜：《政府信息失真对政府权能的影响及其对策探析》，《中国行政管理》2009 年第 7 期。

实施。"① 地方政府间跨域公共事务合作治理的政绩考核评价机构，其主要职能是拟订评价方案、制订评价计划和指导评价工作。通过评价组织机构的统一领导和组织实施，确保政绩考评工作的常态化、规范化和专业化，增进考核评价工作的客观性、公正性和权威性。

四　增强地方政府间跨域合作治理的法律制度供给

"以治理（Governance）为题材的理论著述的涌现，反映着社会科学界对统治以不同方式体现出来的模式感到的兴趣。"② 治理理论在中国已经被党和国家所接纳，并成为中国特色社会主义国家治理话语体系中的重要词汇。在中国，治理与法治是紧密联系在一起的。党的十八届四中全会明确提出推进多层次多领域依法治理，提高社会治理法治化水平。跨域治理是国家治理体系的有机组成部分和重要的前提性因素，也是国家治理现代化在具体区域的体现。跨域治理现代化需要对现有治理方式进行创新，而法治无疑成为推动跨域治理现代化的最佳方式。加强地方政府间跨域合作治理的法律制度供给，是推动地方政府间跨域合作治理法治化发展，完善地方政府间跨域合作治理体系，提高地方政府间跨域合作治理能力，实现地方政府间跨域合作治理现代化的重要途径。

1. 推进地方政府间跨域公共事务合作治理的权力立法

地方政府是跨域公共事务治理的核心主体，发挥地方政府整体性功能对于跨域公共事务治理具有重要的意义。正如菲利普·J. 库珀所言："有些政府间关系是自愿形成的，而有些则是强制或命令的结果。不过即便是前者，也可能是因某种驱动机制的存在而形成的。"③ 麦可尔·巴泽雷也指出："后官僚范式得承认，有些人可能没有去尽力遵守规范。因为这个原因，即便要

---

① 佟宝贵：《英国现行公务员绩效评估制度概述》，《政治与法律》2001 年第 2 期。
② 俞可平：《治理与善治》，社会科学文献出版社 2000 年版，第 31 页。
③ ［美］菲利普·J. 库珀：《二十一世纪的公共行政：挑战与改革》，王巧玲、李文钊译，中国人民大学出版社 2006 年版，第 228 页。

强调遵守规范，强制执行也是不可缺少的。"① 因此，在增强地方政府间跨域合作治理的法律制度供给时，首先应考虑地方政府间关系及地方政府间合作权力的法律授权。尽管中国宪法关于中央与地方的关系有明确的规定，"中央与地方的国家机构职权的划分，遵循在中央的统一领导下，充分发挥地方的积极性、主动性原则"，但这种对中央与地方职责划分的规定过于泛化，在实践中难以充分调动地方政府的积极性和主动性。而对于地方政府间的关系，无论是竞争还是合作，则无明确的法律规定。地方政府间合作协议是目前中国地方政府间合作的普遍现象，然而中国现行法律体系对地方政府间协议尚无明确的法律依据。地方政府间合作方面的立法缺失，不仅容易造成地方政府间协议的约束力欠缺，而且会造成地方政府间合作自主权和权威性缺乏。地方政府间协议无法律规制的状态及地方政府间合作的自主权和权威性只能通过法治化的途径解决。随着跨域公共事务的日益增多以及地方政府间跨域合作的广泛开展，必须加快地方政府间跨域合作治理的权力立法工作：一方面要在宪法和地方组织法中明确规定地方政府间跨域公共事务合作治理的权力、权限和职责等相关事项，通过立法赋予地方政府自主合作的法定权力，使之有权自主决定和开展跨域公共事务治理府际合作，为地方政府间跨域公共事务合作治理提供法律基础；另一方面应从法律上进一步扩大地方政府的自主权，借鉴西方国家在区域经济发展和跨域公共事务治理中分权与地方自治制度的经验，逐步扩大地方政府在跨域公共事务治理中的自主权。这有利于充分发挥中央与地方两个治理主体的能动性，也有利于保障地方政府治理权力的稳定性，推动地方政府间跨域公共事务合作治理的法治化发展。

2. 制定地方政府间跨域公共事务合作治理的专门法律

目前地方政府间跨域公共事务合作治理还没有专门的法律，无论是地方政府间如何合作处理跨域公共事务，还是对地方政府间合作权责的划分，都没有明确的法律依据。只是在一些单行法律中略有提及，如《水污染防治

---

① ［美］麦可尔·巴泽雷：《突破官僚制：政府管理的新愿景》，孔宪遂等译，中国人民大学出版社 2002 年版，第 139 页。

法》第 31 条规定："跨行政区域的水污染纠纷，由有关地方人民政府协商解决，或者由其共同的上级人民政府协调解决。"这些法律大多只是粗略地规定了在处理跨域公共事务或解决跨域公共问题时，相关地方政府及部门要给予配合与支持，但如何配合与支持，如何划分权限与责任等，都没有涉及地方政府间合作的具体问题。地方政府间跨域合作治理的法律约束力不足，如中国珠三角各级地方政府在跨域合作的过程中已经签订了数百项跨域合作协议，但目前尚无法律对这种协议的效率做出具体规定，故而容易使地方政府间协议容易流于形式；同时，珠三角九市之间权力互不隶属，运行机制各不相同，权责利的规定比较模糊，如果仅靠行政协议的方式来开展协调，容易导致执行力不足，珠三角一体化进程中已经暴露出法律供给不足的问题。法律不健全或法律缺失，必然引发地方政府间跨域合作中诸多问题的产生。地方政府间跨域合作只有通过法律保障，才能促进合作稳定发展和提高合作治理效能。西方国家大都通过立法来保证合作机构的权威性和合作方案的有效实施，许多国家制定了一系列与跨域治理有关的法律，如美国 1993 年通过了《田纳西河流域管理局法》，依法组建对流域进行统一开发与管理的专门机构——田纳西河流域管理局，并对其职能、任务和权力等做了明确规定；英国 2000 年的《地方政府法》对地方政府制订地方发展计划的权力有所扩展，促进了地方政府间合作的发展与深化；日本的《地方自治法》对地方政府间合作事务，从协议会议、机构的设置到事务的委托等都有明确规定。因而，中国在推动地方政府间跨域公共事务合作治理进程中，应制定《地方政府间合作法》或《地方政府间跨域公共事务合作治理条例》，明确规定地方政府间跨域合作治理的方式、架构、权责划分、资源配置和组织建设等问题，为地方政府间跨域公共事务合作治理提供法律依据和指导；同时，加强地方政府间跨域治理立法的沟通协调，促进地方政府间跨域治理法律法规协调一致。

3. 探索地方政府间跨域公共事务合作治理中争议解决的司法途径

跨域公共事务的公共性和外部性以及地方政府间的竞争，使得合作中的各方始终存在利益纠纷冲突、职责权限冲突和责任划分冲突三对矛盾。地方政府作为行政辖区利益的代表者，加之其在府际竞争中行为选择的自利性，在追求地方利益最大化动机的驱使下，地方政府间跨域公共事务合作治理中不可避免地会产生摩擦、争议和冲突等矛盾，致使出现合作协议履行困难的情况。换言之，在现行的行政区划管理体制、压力型体制、政治锦标赛和财税体系下，各方在合作中产生争端是难以避免的。虽然地方政府间通过协议对合作各方的权利和义务进行了规定，但合作协议的效力取决于地方政府间争端解决机制作用的发挥。合作各方签订协议的目的，就在于通过形式化的方式来明确合作各方的权利与义务，从而按照明确的合意条款保护各方的信赖利益以实现相互配合与协调发展。地方政府间跨域公共事务合作治理通常涉及各行政区之间的重大项目、重点工程和基本公共服务，甚至涉及国家层面的战略规划，因而一旦出现合作违约或合作终止情况，就会造成难以估量的损失，这种损失往往是合作各方难以承受的。从这个角度而言，地方政府间跨域公共事务合作治理中争议解决方式的探索意义更加深远。目前，中国地方政府间合作争端的解决主要有地方政府间自愿协商解决和合作各方共同的上级政府行政仲裁两种方式。这两种合作争端解决方式具有灵活性和成本低的优势，但缺乏权威性和法治化基础。域外很多国家将政府间纠纷解决纳入司法管辖，如《西班牙公共行政机关及共同的行政程序法》第8条第3款规定，在不违反协议涉及的实施机构的法律条款的前提下，"解释和履行中可能产生的争议问题应属行政纠纷法庭过问并管辖，否则，可由宪法法院负责"。① 因而，中国应将相关法律引入地方政府间协商解决机制和上级政府行政仲裁机制中，逐步推进行政系统内部地方政府间合作争端解决的法治化。同时，在一些地方政府间协商解决不了或上级政府行政仲裁存在争议的事务中，积极探索地方政府间合作争端解决的司法途径，有助于增强地方政府间合作争端解决的公正性和权威性，还有助于推动地方政府间跨域合作治理法治化发展目标的实现。

---

① 叶必丰：《行政法与行政诉讼法》，高等教育出版社2006年版，第154页。

第七章　地方政府间跨域公共事务合作治理的机制完善

　　"机制"一词最早源于希腊文，原指机器的构造及其工作原理，是一个机械工程学词汇。在社会科学领域，机制是指在正视事物各个部分存在的前提下，协调各个部分的关系以更好地发挥其作用的具体运行方式。地方政府间跨域合作治理机制就是指在跨域公共事务治理上存在利益关联的地方政府，为了某种合作意愿、实施某种合作战略而采取的彼此认可的合作方式和合作途径。① 地方政府间跨域公共事务合作治理是由不同层级地方政府组成的涉及纵向、横向、斜向的受协商和竞争动力支配的权力对等与地位平等的合作关系，② 是对地方政府在跨域公共事务治理中权责利的调整与规范，这势必引发地方政府间的利益矛盾和冲突，进而影响到合作关系的稳定和合作治理的效能。故而需要建立健全协商机制、协调机制、监督机制和激励机制等主要合作机制，以统筹协调地方政府间合作治理过程中的各种棘手问题，化解矛盾冲突和平衡利益博弈，推动地方政府间跨域公共事务合作治理持续发展。

---

　　① 费文胜：《蓝色经济区建设中的地方政府合作机制与模式研究》，《行政论坛》2012 年第 2 期。

　　② ［美］理查德·D. 宾厄姆：《美国地方政府的管理：实践中的公共行政》，九洲等译，北京大学出版社 1997 年版，第 162 页。

第一节　地方政府间跨域合作治理机制的内涵与目标

一　协商机制的内涵与目标

1. 协商机制的内涵

正确认识"协商"的概念是理解协商机制的前提。在社会生活领域，协商是处理人与人、组织与组织间关系的润滑剂；在政治行政领域，协商则是一种重要的民主政治形式或民主行政方式。学术界从不同的视角出发，对协商的概念有不同的认识。戴维斯和史密斯从组织社会学的视角，将协商看成一种把任务与解决问题有效地结合起来的"组织原则"，他们认为协商是由参与各方围绕协商议题，在双向的信息交流沟通、自主平等的协商讨论、正确合理地评估自己及他人提出的观点后，最终通过相互选择达成一致意见的过程。[①] 普鲁特和金盛熙从社会心理学的角度出发对协商的概念进行了定义，他们认为交流与决策是协商的基本构成元素，协商始于认知差异和矛盾冲突，是由双方或多方联合决策的过程。协商过程是一个相互妥协的过程，协商者通过相互让步或寻求新的解决办法以达成一致的意见。[②] 埃哈尔·费埃德伯格则从组织行动者的视角来理解协商的本质，他认为协商与规则是密不可分的，规则抑制协商过程中的投机行为，保证协商过程的有序和协商结果的有效。协商是合作各方的一种妥协互让、利益交换和相互约定的义务。[③] 美国学者詹姆斯·博曼（James Boman）从政治学的角度对协商进行界定，他认为"公共协商是交换理性的对话过程，目的是解决那些只有通过人际协作与合作才能解决的问题"。同时他又指出，"协商与其说是一种对话或辩论的形式，不如说是一种共同的合作性活动"。[④] 经济学家则从交易成本的视角出发，认为协商的主要目的是降低交

---

① 李常洪等：《合作管理引论》，科学出版社 2008 年版，第 55 页。

② ［美］普鲁特、［美］金盛熙：《社会冲突——升级、僵局及解决》，王凡妹译，人民邮电出版社 2013 年版，第 3—19 页。

③ ［法］埃哈尔·费埃德伯格：《权力与规则——组织行动的动力》，张月等译，上海人民出版社 2005 年版，第 54 页。

④ ［美］詹姆斯·博曼：《公共协商：多元主义、复杂性与民主》，黄相怀译，中国编译出版社 2006 年版，第 25 页。

易成本。当双方或多方发生交易时就产生了合作成本或交易成本，而交易成本会影响合作的效果。从这个意义上讲协商即交易，这一过程也反映了交易活动需要通过协商谈判以促成交易达成和降低交易成本。综合以上学者从不同学科出发对协商的各种认识，我们可以发现协商是人们开展合作行动的必要前提。协商就是有着合作意愿的双方或多方在处理共同事务时进行信息交流、讨价还价、寻求妥协和达成合作共识的过程。

所谓地方政府间跨域公共事务合作治理的协商机制，是指参与跨域公共事务治理的各地方政府及相关利益主体，通过一定的协商渠道或平台表达其利益诉求，并本着自愿平等、互惠互利、合作共赢的原则，就各方想要达成的合作目标与合作内容进行充分的沟通与磋商，使各方的价值偏好和利益诉求基本得到满足，并达成一种合作共识的机制。在地方政府间跨域公共事务合作治理的机制系统构成中，协商机制是地方政府间合作行动得以开展的首要环节和逻辑起点，只有通过对话沟通和协商谈判，各合作参与方才能达成合作共识和展开合作行动。可以说，协商机制是地方政府间跨域公共事务合作治理行动开展的发动机。协商机制作为地方政府间跨域公共事务合作治理机制的子系统，其构成要素主要由协商主体、协商议题和协商手段等构成。协商主体主要由中央政府及其所属相关部门、存在直接利益竞合关系的地方政府和作为积极参与方的社会组织及公众等相关利益者构成，在实践中这三个合作协商主体并不是截然分开的，而是作为合作协商的共同参与者交织在一起。协商议题主要由事关区域协调发展的重大问题、地方政府间合作的政策与规章制度、跨域重大突发公共危机事件治理等组成，随着区域一体化的深入推进、生产要素流动性的加快和地区间交往的日益密切等，地方政府间跨域合作治理的协商议题将涉及政治、经济、社会、文化和生态等各个领域。协商手段是指地方政府在跨域公共事务合作治理中主要采取的协商渠道和方式，包括正式手段和非正式手段。正式手段是指地方政府在跨域公共事务合作治理中主要通过制度化的渠道和方式进行协商；非正式手段是指地方政府在跨域公共事务合作治理中，政府官员及其行政人员各种"软化性"的协商手段或渠道。协商机制作为地方政府间跨域公共事务合作治理机制的重要组成部分，其本身的运作过程及其功能目标的实现是由其构成要素共同决定的。

2. 协商机制的目标

在地方政府间跨域公共事务合作治理中，协商机制的主要功能目标是通过对话交流、谈判协商以促进地方政府间就特定跨域议题达成合作共识。地方政府间跨域合作治理的协商过程，实际上就是相关地方政府利用其拥有的权威、合法性、资源和信息等，通过对话交流、谈判协商、评价审议和相互妥协过程形成一个横向协调系统，并通过这一系统使地方政府间分散的资源得以流动和聚集，推动地方政府这一"集体行动"协调一致从而达成一个共同问题的解决方案。① 根据戴维·伊斯顿的政治系统论方法，可以把协商机制的运作过程分为输入、转化、输出和反馈等阶段。② 输入阶段是合作各方意愿的充分表达、转化阶段是合作各方的争论妥协、输出阶段是合作各方的共识达成，同时把协商结果反馈给相关合作者，并对没有形成一致意见的议题进行再次协商。协商过程主要解决合作主体的偏好问题，这种协商不仅发生在合作初始，它还贯穿于合作的全过程。在这一过程中，协商机制的作用在于搭建协商平台、确立协商规则、规范协商行为以保证协商的有效性。合作型治理与科层式治理不同，科层式治理是依靠等级和权威，通过权力自上而下的指挥命令实行管控式治理，而合作型治理更加强调相关利益者平等参与、互动博弈，通过平等参与、充分表达、对话协商、谈判博弈等探讨共同事务，在观点利益碰撞中妥协平衡，进而形成合作共识。由于跨域合作治理中地方政府间关系的复杂性，且不相隶属的地方政府间在法律地位上是平等关系，一个地方政府无权对另一个地方政府进行指挥和命令，故而合作关系也就无法自然生成。地方政府间要在跨域公共事务治理上达成合作共识，就必须在平等自愿和互惠互利的前提下充分阐释各自的合作意愿，形成平等对话、权力共享、责任

---

① ［澳］布赖恩·多莱里等主编：《重塑澳大利亚地方政府——财政、治理与改革》，刘杰等译，北京大学出版社 2008 年版，第 173 页。

② ［美］戴维·伊斯顿：《政治生活的系统分析》，王浦劬译，华夏出版社 1999 年版，第 7 页。

共担的协商机制。唯有通过协商达成合作共识，才能保证地方政府间跨域公共事务合作治理后续行动的开展。

二 协调机制的内涵与目标

1. 协调机制的内涵

目前关于协调的概念众说纷纭，尚未达成一致。在福勒看来，协调便是将诸多不同部分的事务调整到某种必要的关系中并确保这些事务有效进行。① 柯林斯英语词典中将协调定义为整合或组织不同或多样的要素使其能够顺畅地运行，从而形成一种稳定和谐的运行秩序。新标准英语词典则将协调定义为创造和谐与互惠的关系。现代汉语词典对协调最基本的解释是和谐一致、配合得当。可以说，人类社会自从出现分工以来，协调就成为人们一直关注的问题。在任何组织管理活动中，冲突或卡壳等不虞现象时常发生。尽管组织管理中存在控制手段，但一些无法预见的内部或外部的矛盾和问题在所难免，这就需要一种综合性的管理职能——协调来解决。现在一般认为，协调就是正确处理组织内外部的关系，为组织的正常运转创造良好的条件和环境，进而促进组织目标的实现。协调是组织运行过程中的特有现象，只要存在组织活动，就会产生协调问题。协调作为保证组织高效运作和提高组织绩效的关键，其解决之道和实行手段包括化异和求同：化异是消除不同主体间的差异，减少主体间彼此冲突的机会，排除彼此间可能的伤害，其运用的方式从软性的劝导至半硬性的警告，再到强硬式的惩罚；求同则是创造各主体间的内在相近性，即创造彼此乐于沟通与合作的互惠诱因。② 协调的缺失将导致组织无法整体运作和绩效低下。同样，在政府组织管理和行政活动中亦是如此。政府组织管理或行政活动中的协调，就是指为促使各主体履行各自职责和有效实现行政目标，把各

---

① 曾凡军：《基于整体性治理的政府组织协调机制研究》，武汉大学出版社 2013 年版，第 29 页。

② Perri 6, "Joined-up Government in the Western World in Comparative Perspective: A Preliminary Literature Review and Exploration", *Journal of Public Administration Research and Theory*, Vol. 14, No. 1, 2004.

项行政管理工作或行政管理活动加以协调，引导各行政组织之间、行政机
关之间和行政工作人员之间分工合作、相互配合，同步地、和谐地完成工
作和任务，有效地实现行政目标和提高整体行政效能的行为。由于协调的
外延十分广泛，在不同的组织运行中可根据实际情况建立相应的协调机
制。

　　组织之间的协调最早可以追溯到 20 世纪 60 年代 Litwack 和 Meyer 的研
究，他们在社会服务组织的研究中提出了“协调机制”。① 协调机制是通过
采取一系列的协调方法和方式，形成组织间相互联系、相互作用、相互促进
的模式，即在组织系统中各要素间、要素与系统间、系统与系统间相互联
系、相互作用、相互促进时，为了实现共同行动所建立的一系列协调规则、
规范、模式和机理等协调组织形式和运行规则的总称。协调机制就是为了解
决组织因分工和专业化所带来的冲突问题。因此，有效的协调机制是促进组
织间长期合作共赢的基础，是组织能否取得绩效和竞争优势的关键。所谓地
方政府间跨域公共事务合作治理的协调机制，是指针对地方政府间跨域公共
事务合作治理过程中出现的利益纷争和矛盾冲突，采取行政、经济、法律等
各种协调手段和方式，建立利益协调、资源整合和纠纷调解等各种协调机
制，化解地方政府间矛盾冲突和利益纷争，引导与促进地方政府间为实现跨
域公共事务治理目标和促进区域公共利益实现而建立良好的合作伙伴关系。
在地方政府间跨域公共事务合作治理中，因在价值取向、利益共识、资源禀
赋、合作能力和行政文化等各方面存在差异，相关地方政府间难免会产生摩
擦和冲突。如果处理不好地方政府间的关系，地方政府间彼此排斥、相互摩
擦，就会对地方政府间跨域公共事务合作治理造成不利影响。因而，协调机
制对地方政府间跨域合作治理的有序推进非常必要。协调机制是保证合作治
理活动得以有序开展的关键，是地方政府间跨域公共事务合作治理机制的重
要内容。根据协调机制的构成系统分析，协调的目标、对象、措施、过程和

---

① 　Eugene Litwak, Henry J. Meyer, "A Balance Theory of Coordination Between Bureaucratic Organizations and Community Primary Groups", *A dministrative Science Quarterly*, No. 11, 1966.

管理等是影响协调状态和协调效应的重要因素。协调目标受到价值共识和利益共识的影响，是协调组织和协调过程的依据；协调过程是协调目标实现的前提，受协调能力和资源禀赋的制约；协调组织通过制度规范和伦理约束对协调过程进行控制保障。这些因素相互影响、共同作用，决定着协调机制作用的发挥和目标的实现。

2. 协调机制的目标

在地方政府间跨域公共事务合作治理中，协调机制的根本作用和主要目标是解决地方政府间合作过程中所发生的各种矛盾和冲突，即研究如何通过制度化、非制度化、多层次的协调及仲裁等机制的建立，及时化解地方政府间合作过程中可能出现的利益矛盾和责任冲突。在任何事物整体和部分之间以及各个部分相互之间，都不可避免地要发生这样或那样的矛盾和冲突，地方政府间跨域公共事务合作治理尤其如此。地方政府间跨域公共事务合作治理的过程，实际上就是相关地方政府围绕跨域产业结构调整、跨域基础设施建设、跨域生态环境保护、跨域公共服务供给和跨域公共危机防治等跨域性公共事务治理，反复不断地进行协商、谈判、博弈和协调的过程。由于跨域公共事务的公共性、外部性、系统性、整体性和开放性等跨界特征，在很大程度上模糊了地方政府间的权力范围和责任边界，而且"合作治理"意味着在为经济和社会问题寻求解决方案的过程中，存在着权力界限和责任方面的模糊点。这就使得在地方政府间跨域公共事务合作治理过程中，各地方政府应该行使多大的权力、承担多大的责任，很难给出一个合理的划分标准及清晰的界定；再加上各地方政府在跨域公共事务合作治理中因价值取向、利益需求、资源禀赋、治理能力等方面的差异，围绕责权利的调整与分配势必引发分歧、争论和冲突，这就为地方政府间争夺利益、相互推诿、转嫁责任提供了可能，进而导致合作行动出现困难。而协调机制的建立能够降低地方政府间合作运行成本和交易费用，避免地方政府间内耗和冲突；能够将分散的力量和资源集中起来，消解各地方政府治理资源和治理能力的不足，使每个地方政府的努力成为集体努力，单独行动成为合作行动，实现"众人拾柴火焰高"；能够化解地方政府间利益冲突和矛盾纠纷，使地方政府间职责权限明确和各地方政府恪尽职守，促进合作行动有序化进行。总之，协调机制能够化解地方政府间合作过程中的矛盾和冲突，防止地方政府各自为政，凝聚地方政府向心力，从而使地方政府间合作持续稳定发展。

三　监督机制的内涵与目标

1. 监督机制的内涵

"监者，临下也、领也、察也、视也。督者，监察也。"在英文中，监督一词"supervision"是由"Super"（在上）与"Vision"（观察）组成的。现在一般认为，监督是指对现场或某一特定环境、活动过程进行监视、督促和管理，使结果能够达到预期目标。在行政管理领域，所谓行政监督是指为了维护公共利益，法定监督主体依法对国家机关及其工作人员的行政活动实施的监控，或行政组织内部的某些人对另外一些人的了解、协助、指导或控制。在多数情况下，行政监督表现为行政上级或行政主管对下级工作情况的监督。从监督主体来看，其主体的身份具有法定性和特定性，包括法定监督主体、授权监督主体和委托监督主体等；从监督内容来看，是对国家行政机关及其工作人员的行政活动和行政行为的监督，目的在于防止权力滥用，提高行政效率；从形式特征来看，是一种多形式的整体性监督活动，也就是说不同的监督主体有不同的监督方式，也正是这些不同监督方式的综合作用，使监督具有全面性的功能。行政监督是法制行政的一个基本范畴，它是一种制度，即通过监督权的有效运用，来保证法律制度和行政决策的全面贯彻执行；它是一种管理功能，即通过对行政资源的优化配置和改进工作方法，以强化组织功能和提高工作效率；它是一种工作方式，即通过有效的启发、激励、辅助和督导，来调动工作人员内在的工作热情；它是一种管制功能，即通过对不当行政行为的惩戒和处置，来约束和促使行政工作人员恪尽职守。

所谓地方政府间跨域公共事务合作治理的监督机制，就是指在地方政府间跨域公共事务合作治理中由监督主体、监督方式、监督制度和监督机构等构成的监督体系，通过对地方政府在跨域合作治理中的行为及合作协议的执行情况进行监督，从而规范与约束地方政府合作行为、督促地方政府有效执行合作协议的管理机制。监督机制具有以下几个层面的含义：一是监督机制是由政府内部和政府外部多个监督子系统组成的复合监督系统，其核心是不同监督主体之间、监督方式之间要形成一个闭环的监督网络体系，加强对地方政府间跨域合作治理过程的全方位监督；二是由于地方政府间跨域合作治理的合作协议执行与合作协议制定过程一样，是一个不断进行交易、谈判、博弈和政治互动的复杂过程，在这一过程中，地方政府对合作协议可能存在选择性执行行为，因而需要发挥监督机制的作用，督促地方政府落实和履行合作协议；三是地方政府间跨域公共事务合作治理依赖于相关地方政府的共同努力和行动，但跨域公共事务及其治理的公共性和外溢性，使得地方政府在跨域公共事务合作治理及合作协议执行中不可避免地出现"搭便车"等机会主义行为，需要监督机制对有悖合作的行为予以制裁，对不当合作行为予以纠正。

2. 监督机制的目标

在地方政府间跨域公共事务合作治理中，监督机制的主要目标是针对地方政府在跨域合作治理中的机会主义行为和道德风险问题，研究如何确立监督主体、完善监督方式、健全监督制度、设立监管机构等，加强对地方政府合作失范行为的监督和控制，防止合作过程中"搭便车"行为和"惰化现象"的出现，确保地方政府有效执行各主体共同签订的合作协议，积极履行合作治理中各自的义务，避免地方政府间跨域合作治理陷入集体行动困境。就合作治理而言，执行一项合作协议比制定一项合作协议困难得多。美国政策科学家艾莉森曾指出："在实现政策目标的过程中，方案确定的功能只占10%，而其余的90%取决于有效地执行。"[1] "正确的政策方案要变成现实，则有赖于有效的政策执行"，[2] 而有效的政策执行又离不开监督的保障。地方政府间合作协议的执行也是如此，无论地方政府经过协商讨论达成多么美好的合作协议，如果没有合作协议的有效执行，仍将导致合作的失败，而合作

① G. T. Allisom, *Essence of Decision*, Boston, Mass: Little Brown, 1971, p. 176.
② 陈振明：《公共政策分析》，中国人民大学出版社 2003 版，第 41 页。

协议的有效执行离不开对地方政府合作协议执行的监督。因为地方政府间跨域公共事务合作治理是一项集体行动，在集体行动中如果缺乏外在的力量对个体行为进行引导、规范和约束，理性的、寻求自我利益的个体不会主动采取行动实现他们的共同利益。集体行动逻辑内容的实质是个人理性（利益）和集体理性（利益）之间的矛盾与冲突。正如亚当·斯密认为："个体通常既不打算促进公共利益，也不知道他自己是在什么程度上促进那种利益……他所盘算的只是他自己的利益。"[①] 集体行动中的个体通常是理性的和自利的，总是希望别人付出行动而逃避自己对集体所应承担的责任。为了预防和规避地方政府在跨域公共事务合作治理中机会主义行为的发生，就需要通过监督机制对地方政府的行为选择进行监督和控制。

四　激励机制的内涵与目标

1. 激励机制的内涵

激励是行为科学的一个重要概念，其基本含义就是激发人的动机，引发人的行为。行为科学认为，人的需要产生动机，动机支配着人的行为，行为导向目标。一个人可能同时有许多需求和动机，但人的行为是由最强烈的优势动机引发和决定的。因而，要使人产生组织所期望的行为，可以根据人的需要设置某些目标，并通过目标导向使人出现有利于组织目标的优势动机并按组织所需要的方式行动，这就是激励的实质。所谓激励，一般是指创设满足个体或组织各种需要的条件，激发个体或组织的动机，使个体产生实现组织目标或组织产生符合集体行动的特定行为的过程。换句话说，激励是指主体通过某些手段激发客体的行为动机，充分调动客体的积极性以实现预定目标的一种行为。激励问题就是如何调动人们积极性的问题，也可以抽象地理解为委托—代理问题，即委托人把某项特定的任务交给代理人，任务完成的情况取决于代理人的努力程度，而代理人努力程度在很大程度上取决于激励

---

① ［美］亚当·斯密：《国民财富的性质和原因的研究（下卷）》，郭大力等译，商务印书馆1972年版，第27页。

诱因的强度。正如美国行为科学家唐纳德·怀特等所言："激励是一个人需求和他所引起的行为以及这种行为希望达到的目标之间的相互作用关系。"①人的行为的动因是人的需要，因此对人的行为的激励就是通过各种诱因来满足人的需要的过程。所谓诱因就是用来诱导行为、实现激励的因素。美国组织行为学家巴纳德将诱因分为经济诱因和非经济诱因两个方面，而美国行政学家西蒙则认为诱因指一切有形的事物和无形事物的总和。

所谓地方政府间跨域公共事务合作治理的激励机制，就是指通过奖励、惩罚、问责等多种激励手段，选择政治、财政、税收等多种激励方式，对地方政府参与跨域公共事务合作治理的行为及其工作成效依据考核评价结果进行奖励或惩罚，从而抑制地方政府在跨域公共事务合作治理中的机会主义行为，激发地方政府参与跨域公共事务合作治理的内生动力。因为地方政府不是中立和万能的代理人，它是兼具经济理性和公共理性双重属性的辩证统一体，往往在不同的情境中呈现出不同的属性。也就是说，在不同的激励与约束条件下，地方政府的注意力分配会发生变化，进而使得其行为选择、行为特征和行为模式呈现出不同的样态。由此可见，地方政府及其官员在跨域公共事务合作治理中的行为选择和内驱动力，还与地方政府及其官员对跨域公共事务合作治理收益成本的认识密切相关，而收益成本的大小往往又取决于激励约束诱因的强度。在地方政府及其官员跨域公共事务合作治理行为动机多元化的情况下，地方政府间跨域公共事务合作治理的有效开展还需要提供"合适的激励"。在强化对地方政府及其官员合作治理行为监督与控制的同时，还需要将注意力转向对地方政府及其官员合作治理行为的激励约束上，以高强度的激励约束实现对地方政府及其官员监督与控制不足的补充，快速调动地方政府及其官员参与跨域公共事务合作治理的内驱动力，促进地方政府间跨域公共事务合作治理的可持续发展。激励机制主要由激励实施的主体和客体、激励的措施和方

---

① ［美］唐纳德·怀特、［美］大卫·B. 贝登纳：《组织行为学》，景光、刘为民译，中国财政经济出版社1989年版，第225页。

式等要素构成，就地方政府间跨域公共事务合作治理的激励机制而言，激励实施的主体为中央政府及相关部门、跨域合作治理组织机构和相关地方政府的上级政府，激励实施的客体是指参与跨域公共事务合作治理的地方政府，激励的手段包括奖励、惩罚和问责等。

　　2. 激励机制的目标

　　在地方政府间跨域公共事务合作治理中，激励机制的主要目标就是针对地方政府参与跨域公共事务合作治理的内驱动力不足及其在合作治理中的机会主义行为，研究如何通过奖励、惩罚、问责等多种措施建立科学合理的激励机制并付诸实施，从而激发地方政府参与跨域公共事务合作治理的积极性，实现地方政府间合作的持续性和稳定性。地方政府间合作关系是一种随情境而变化的关系，激励是影响地方政府间合作关系的重要因素，地方政府间合作关系的失败常常可归结为激励的失败。激励就是采取一定的方式和手段，激发和调动个体或组织积极性的问题。如同在企业管理中，企业经理给予工人适当的激励，他们才可能努力工作一样，在跨域公共事务治理中，如果能够给予地方政府及其官员合适的激励，这对调动地方政府及其官员参与跨域公共事务治理的积极性同样重要。激励依据强化方向不同可分为正激励和负激励，即奖励和惩罚。无论是奖励还是惩罚，它对人的行为的影响都是通过对行为的复制或修改而实现的。人的行为总是为了满足需要而发生的，如果特定主体的某种需要通过一定行为得到了满足，以后每当同样的需要出现时，该主体就会按原来的行为方式再实施同样的行为，而且这种行为方式也会被其他主体学习效仿，这两种情况即谓之行为的复制；而当人们在实施一定行为而得不到满足的情况下，通常又会改变自己的行为方式以寻求别的有效的方式来满足自己的需求，这种情况则称为行为的修正。同样，在地方政府间跨域公共事务合作治理中，激励机制作为促进地方政府间合作治理行为可持续发展的重要方法，奖励和惩罚的实质作用并不在于使地方政府及其官员得到什么或失去什么，而是要对地方政府及其官员的需要和满足产生影响，进而影响地方政府及其官员的行为。也就是说，奖励的作用在于通过给予地方政府及其官员所需的资源，使其需要得到满足，利益得以实现，从而引导地方政府及其官员对其正确合作行为的复制；而惩罚的作用则在于通过对地方政府及其官员一定的资源剥夺，使其利益得以丧失，处于资源匮乏状态，促使地方政府及其官员修正其错误的合作行为。由此可见，通过对地方政府间合作行为的考核评价，正确利用诱因、合理的激励约束可以有效地促进地方政府对合作的认同并接受，进而推动地方政府间的合作持续稳定发展。

第二节　地方政府间跨域合作治理机制的现状与问题

一　协商机制的现状与问题

1. 协商机制的现状

在长期的政治、经济、社会和文化交往互动中，特别是随着中国区域一体化进程的不断加快、城市群及城市圈的迅猛发展，跨域公共事务的日益增多和跨域公共问题的频繁发生，以及跨域公共事务（问题）的公共性、关联性和外部性等跨界特征，使地方政府间的关联性和依赖性不断增强。各级地方政府都开始意识到，开展跨域合作对治理跨域公共问题、处理跨域公共事务、促进区域经济发展、提升本地区公民福祉、增强区域竞争力等各方面具有重要的意义。在国家政策的引导和中央政府的推动下，各级地方政府就经济、社会、文化和生态等领域的跨域性公共事务治理，纷纷采取对话、参观、交流、访问等各种协商方式，展开地方政府及部门间直接或间接的交流和磋商，并逐步形成了地方政府间跨域公共事务合作治理的基本共识，建立了一些协商渠道和协商规则，进行了协商制度层面的整合，组建了一些多层次的纵横向联合的实体性或网络化的协商机构。通过制度化和非制度化协商，地方政府间在诸多跨域公共事务治理上达成了合作共识，从早期的低层次、单向性、窄领域合作，逐步向高层次、网络化、宽领域合作方向发展。

在国家相关部门的推动下和地方政府的共同努力下，地方政府在协商机制建设方面取得了显著成效。一方面，地方政府间跨域公共事务合作治理的共识初步形成。尽管地方政府在跨域公共事务合作治理中还存在这样或那样的利益冲突和利益矛盾，但随着国家区域协调发展战略的实施和区域一体化进程的加快，地方政府逐渐形成了从国家层面到各级地方政府等多层面的跨域公共事务合作治理共识。在地方政府间跨域公共事务合作治理共识形成过程中，国家层面的介入，不仅有利于消除地方政府间的分歧、矛盾甚至冲突，而且能使各地区发展战略与国家整体发展规划和目标诉求协调统一，地方发展战略相互协调。由国家层面推动的合作共识，如 2010 年《长江三角洲地区区域规划》的出台，推动了长三角地区地方政府跨域公共服务供给合作共识；2014 年中央提出的京津冀协同发展战略，最引人注目的就是京津冀三地对京津冀地区大气污染防治达成合作共识。另一方面，地方政府在跨域公共事务合作治理过程中，初步建立了地方政府间正式或非正式的协商制度。正式的制度化协商主要是指各级地方政府间建立的联席会议制度，如省（市）级联席会议制度、地市级联席会议制度以及地方政府职能部门的联席会议制度；非正式的协商是指政府官员之间的会晤与互访、公务员之间的交流与挂职等，这些正式或非正式的协商制度为地方政府间跨域公共事务合作治理共识达成奠定了基础。总之，地方政府在长期的跨域公共事务合作治理实践探索中，在协商机制建设方面取得了一些成效，推动了地方政府在一些跨域公共事务治理上合作共识的达成。但随着跨域公共事务的日益增多，地方政府在诸多跨域公共事务治理中的合作还处于探索阶段，协商机制还存在问题和面临困境，亟须通过协商机制的完善，搭建地方政府间对话交流与协商谈判平台，促进地方政府间跨域合作治理共识达成。

2. 协商机制的问题

良好的协商是地方政府间跨域公共事务合作治理的重要前提，对于达成合作共识和增进合作互信可以起到事半功倍的效果。然而，检视地方政府间跨域公共事务合作治理协商机制的成效时，协商机制的不健全致使议而不决、合作共识难以达成的现象频现，协商效果因而不尽如人意。

其一，协商组织形式过于松散，缺乏权威性的协商组织机构。在 V. W. 拉坦看来，"一个组织一般被看作一个决策单位，对资源的控制由组织实施，制度的概念包括组织的含义"。① 由此可见，协商机制的建设应当考虑协商组织的完善、责权配置的优化和协商规则的建立等，通过协商机构的建设为地方政府间协商提供一个统一的平台，保证地方政府间协商有序开展和进行。然而，目前中国地方政府间跨域公共事务合作治理的协商机构，如长三角地区的长三角发展办公室和长三角协调会办公室等，各种协商组织的形式大都比较松散，缺乏明确的法律地位，没有独立的管理制度，也不是一个实体性组织机构。统一权威的协商组织机构或协商平台的缺失、协商制度规则的不健全，导致地方政府在跨域公共事务合作治理协商中各自为政，往往难以形成合作共识。

其二，协商主体结构单一，没有广泛吸纳利益相关方。目前，中国地方政府间跨域公共事务合作治理主要源于上层权威的高位推动，是一种压力型体制下外生力量推动的被动合作。这种上层权威高位推动的合作，可能带来权力系统的封闭性、造成权力的不平等，导致出现"中心—边缘"地带、次级治理主体参与不足等问题。地方政府间跨域公共事务合作治理中的协商，还存在利益相关地方政府参与不足和协商中地位不平等问题，导致地方政府在协商过程中，无论是协议的达成还是协议的执行都面临很多难题。此外，尽管地方政府在跨域公共事务合作治理中已引入和吸纳社会力量参与协商讨论，但专家学者、社会团体和社会公众等社会主体参与还面临诸多障碍，这不利于协商过程中集思广益、多方面了解社会呼声，从而阻碍了协商的进程，降低了协商的效果。

其三，协商方式的制度化程度较低，增加了"合作共识协议化"的难度。中国很多地方政府间跨域公共事务合作治理共识的达成，主要是通过地方主要党政官员之间非正式协商达成的口头协议，这种口头协议式的合作共识缺乏基本的约束力和稳定性。因为在地方主要党政官员实行任期制的背景下，一旦任职期满或出现中途工作调动和职务变动等情况，新主政的地方主

① ［美］V. W. 拉坦：《诱致性制度变迁理论——财产权力与制度变迁》，刘守英译，上海人民出版社1994年版，第329页。

要党政官员极有可能对原有地方党政官员之间达成的跨域合作协议丧失兴趣，所谓"新官不认旧账"，① 这就增加了合作共识上升成为合作协议的难度，降低了合作共识在合作实践中的效力。此外，地方政府间跨域公共事务合作治理以集体磋商行为为主，面对跨域公共事务合作治理中权责划分和成本收益分配等实质性利益问题时，地方政府间往往会因为利益冲突较大而协商失败，也就无法达成合作协议。

二　协调机制的现状与问题

1. 协调机制的现状

在地方政府间跨域公共事务合作治理中，合作主体的多层次及多主体形成了复杂的关系网络，构成了一个合作治理系统。由于各地方政府在跨域公共事务治理上价值取向和利益需求存在差异，地方政府间难免会产生摩擦与冲突，加之在合作治理过程中涉及地方政府间人员调配、资源供给、行为配合等一系列复杂工作，一旦协调不好地方政府间关系，地方政府间摩擦与冲突的紧张关系，就会对地方政府间跨域公共事务合作治理带来不利影响。中国在推动地方政府间跨域公共事务合作治理的实践中，历来高度重视协调机制的建立与完善，以期协调地方政府间利益冲突、化解地方政府间矛盾纠纷，从而推动地方政府间跨域合作治理的持续和稳定发展。

目前，中国在地方政府间跨域公共事务合作治理中已经建立了相关协调机制。一是政府主导型的协调机制。中国区域经济发展及跨域公共事务治理都具有鲜明的政府驱动特点，而政府行为以行政边界为基础。区域经济发展及跨域公共事务治理，首先需要考虑建立政府间协调机制。特别是在跨域区的能源、交通、环境等基础性建设与运营的体制机制创新方面，要发挥政府的主体作用，构建基础性的地方政府间协调机制。政府主导型协调机制的协调主体是中央政府和各级地方政府，主要通过法律法规、财政管理制度、人事调整和政策引导等法律、政治和行政手段协调地方政府

① 刘娟、马学礼：《跨域环境治理中地方政府合作研究》，知识产权出版社2021年版，第75页。

间利益冲突。中央政府主要通过掌握的财政、金融、政策等杠杆作用统筹区域协调发展，采取税收优惠、公共投资、提供贷款、转移支付、对口支援等方式协调地方政府间矛盾和冲突；地方政府则通过"契约行政"的方式搭建沟通平台，通过协商与谈判化解矛盾与冲突，进而实现共同发展。二是市场主导型的协调机制。在社会主义市场经济体制下，区域经济及市场的一体化都离不开企业的有效参与，企业可以通过技术资源转移、资本投入、承包公共服务以及跨域地区的企业集团等推进区域产业布局合理化，促进区域生态环境改善和区域公共服务一体化。市场主导型协调机制的协调主体是企业，主要通过产业转移、产业融合和产业集群化等协调地方政府间关系。市场主导的利益协调方式具有目的明确、合作灵活的特点，特别是在政府引导下的企业联盟，在突破行政区划对行业的限制、遏制地区间行业的恶性竞争、促进区域资源的有效配置、建立区域统一市场等方面具有重要作用。三是合作组织主导的协调机制。随着区域一体化的发展、人口及生产要素的跨域流动，环境问题、流域治理、公共服务供给、交界边缘地带的发展问题等各种跨行政区划的公共事务陆续出现，单个地方政府很难同时处理好辖区内以及跨辖区的公共事务。地方政府间开始建立政府间区域合作组织予以应对。合作组织主导的协调机制的协调主体是各类跨域行政区的区域性政府间合作组织，如长三角合作与发展联席会议、珠三角九市水务局长联席会议、环渤海区域合作市长联席会议等。地方合作组织大都设有常设性的机构负责行政区之间利益关系的处理和协调，以及跨域性公共事务的治理。从现实来看，区域合作组织在推进跨域产业转移与结构调整、跨行政区的公共设施建设、跨域公共服务供给和跨域生态环境治理等方面发挥了积极的作用。尽管中国在区域发展与跨域治理中，通过上述各种协调机制来协调地方政府间利益博弈和矛盾冲突，但在区域发展与跨域治理中，地方政府间无序竞争与低水平重复建设依然存在，地方政府间在资源开发利用与产业结构调整、生态环境保护与公共服务供给、生产要素流动与统一市场建设等方面利益冲突频现。这表明，现有的协调机制还不能有效地协调地方政府间矛盾冲突和利益纠纷。

2. 协调机制的问题

协调是保持合作网络长久稳定运行的关键。协调有助于实现合作主体之间利益、资源、信息等的共享和流动，有助于各主体在合作中充分发挥自身资源优势和增强协同合作整体能力。虽然中国在地方政府间跨域公共事务合作治理中已建立了一些协调机制，这些协调机制的建立及其作用的发挥，有效推动了地方政府间跨域合作治理的发展，但协调机制还不健全、不完善，制约着地方政府间跨域合作治理的有序和稳定发展。

其一，利益补偿与利益共享机制不健全。"政治发展之不能脱离互惠，丝毫不少于经济发展之不能脱离交换。发展必须源于互惠并服务于互惠。"① 在跨域公共事务合作治理中，地方政府间没有领导与被领导的关系，其合作或者来自中央政府的安排和命令，或者由地方共同利益需求和各自利益驱动。故而，利益补偿与共享机制在地方政府间跨域合作治理中发挥着重要作用。因为利益关系是地方政府间最根本、最实质的关系。在行政分权和财政分灶体制下，地方政府成为地方社会事务的主要负责者，促使地方政府成为相对独立的利益主体。如果在地方政府间跨域公共事务合作治理中缺乏利益补偿与利益共享机制，就难以维持地方政府间跨域合作治理的持续动力。地方政府间跨域公共事务合作治理，既需要确定不同行政区的治理权力与责任，又需要不同行政主体间能够实现利益补偿与利益共享。然而，现实中地方政府间并没有建立起健全有效的利益补偿与利益共享机制。补偿主客体不明确、标准不统一、方式不恰当和共享内容不确定、方式不明确、普惠性不够等，影响到地方政府参与跨域公共事务合作治理的积极性和主动性。例如，在跨界水污染治理中，目前流域各地区普遍认为自己"吃亏"了。没有相应补偿或补偿标准偏低，上游地区没有治理流域污染的动力，下游地区没有购买环境容量的热情。② 此外，地方政府间的利益补偿与利益共享机制更多是一种承诺或协商，并没有受到外

① ［美］V. 奥斯特罗姆等编：《制度分析与发展的反思——问题与抉择》，王诚等译，商务印书馆1992年版，第121页。
② 袁瑞瑞等：《贺江归来，联合专家组解密水危机》，《南方周末》2013年7月16日。

部强制实施机制的制约。由于缺乏相应的强制执行机制，已有的利益补偿与利益共享机制流于形式。

其二，信息共享与互通互联机制不完善。信息共享与互通互联在地方政府间跨域公共事务合作治理中发挥着重要作用，它可以减少信息不对称，促进要素的有序流动，加深合作各方的相互了解，降低地区利益博弈成本。[①] 在有关交流沟通问题上，诸多学者侧重于描述对话沟通过程中的基本要素，如信息的来源、信息内容、信息传递渠道、信息接受者、信息的效应以及信息反馈。[②] 但事实上，对于交流沟通中信息共享的研究更应侧重于分析利益在其中的作用，政府间信息共享与互通互联的根本障碍在于存在信息租金，即利益不一致导致信息无法在合作主体间实现共享与互通。为了促进信息共享，应该实现其利益平衡。合作伙伴们通过交流沟通，即通过彼此信息的传递与反馈来获得想要合作事务的相关信息，揣度通过这种合作所能得到的利益，从而决定是否进行合作。从这一角度来说，地方政府间跨域公共事务合作治理中一个重要的环节就是处理好信息共享问题。分享信息有助于地方政府在跨域公共事务合作治理中增进情感、降低成本，同舟共济、相互配合，齐心合力致力于跨域公共事务治理共同利益和目标的实现。审视地方政府间跨域公共事务合作治理过程可以发现，各合作主体客观上存在发展不平衡现象，各自对跨域公共事务合作治理的利益诉求及利益实现能力也不一样，导致地方政府间信息沟通实际上还很难真正做到坦诚畅通。由于受行政管理体制和行政区划体制的影响，地方政府在跨域公共事务治理信息资源配置过程中，不仅存在以各自行政区划为界的地方本位主义，而且存在一些地方政府隐瞒信息、篡改数据等弄虚作假行为，导致出现"信息孤岛"现象。信息共享与互通互联机制的不完善给合作治理带来了阻力，制约着地方政府间跨域合作治理的深入发展且影响合作成效。

---

① 黄克亮：《论泛珠三角区域信息化建设的合作与发展》，《探求》2004 年第 5 期。
② ［美］多丽斯·A. 格拉伯：《沟通的力量——公共组织信息管理》，张熹珂译，复旦大学出版社 2007 年版，第 3 页。

　　其三，争端解决与纠纷调解机制不完备。地方政府间跨域公共事务合作治理是一项集体行动，在这一集体行动过程中，地方政府间因权责划分和利益分配，不可避免地引发各种争端、产生利益纠纷。唯有有效地化解争端、合理地解决纠纷，才能汇聚合作意愿、凝聚合作共识，从而使合作得以继续进行。这就需要建立地方政府间跨域公共事务合作治理的争端解决与纠纷化解机制，以有效解决地方政府间的争端与纠纷。争端解决与纠纷调解是指按照地方政府间跨域合作框架内制定的规则制度精神，依照相关法律法规框架解决地方政府间跨域合作治理中的争端或纠纷，形成促进地方政府间合作权责明确划分、利益合理分配、合作公平正义和合作秩序有序的一套系统性处理原则和工作办法。该机制在地方政府间跨域合作治理中具有化解争端纠纷、培育合作精神、保障合作利益、维护合作边界等重要作用。但目前中国地方政府间跨域公共事务合作治理的争端解决与纠纷调解机制不完备，主要表现在两个方面。一方面是多元化的争端解决与纠纷调解机制尚未建立。2019年，《中共中央关于坚持和完善中国特色社会主义制度 推进国家治理体系和治理能力现代化若干重大问题的决定》中提出，要"坚持和发展新时代'枫桥经验'，畅通和规范群众诉求表达、利益协调、权利保障渠道，完善信访制度，完善人民调解、行政调解、司法调解联动工作体系，健全社会心理服务体系和危机干预机制，完善社会矛盾纠纷多元预防调处化解综合机制，努力将矛盾化解在基层"。这一关于社会矛盾建立多元化调解机制的指导思想，同样适用于地方政府间跨域合作治理中的争端解决与纠纷调解。目前中国地方政府间跨域合作治理中争端解决与纠纷调解主要是行政调解，即中央政府或上级政府的行政仲裁和地方政府间自行协商解决，司法调解和第三方调解等调解方式尚未完全建立。行政调解虽然能降低调解成本，但行政调解面临着法律效力不高、认识分歧较大和有效执行难等困难。另一方面是争端解决与纠纷调解机制的内容与程序还不完善，且重"软约束"轻"硬约束"。争端解决与纠纷调解机制的构成要件包括争端与纠纷调解机构的设置、管辖范围的界定、程序规则的设定、法律责任的明确等，目前无论是内容还是程序上都还不够完善，难以确保争端解决与纠纷调解结果的公平正义。且对地方政府合作协议违约行为的制裁，主要是取消某种优惠和终止合作行为的"软约束"，而对地方政府违反合作协议规定和拒不履行协调意见所承担的政治责任、经济责任和法律责任等"硬约束"强调不够。

三 监督机制的现状与问题

1. 监督机制的现状

地方政府及其官员在跨域公共事务合作治理中都具有"经济人"特性，要实现地方政府间合作治理的稳定性和长期性，一个健全完善的监督机制是必不可少的。作为地方政府间合作治理监督管理的重要一环，监督机制是有效推进地方政府间合作治理的重要保障，主要是对地方政府合作治理行为及合作协议执行过程进行监督管理。构建有效的监督机制，一定程度上可以规避地方政府的理性选择，降低合作治理过程中相互博弈的成本，提高合作治理效能，实现区域公共利益与地方个体利益的均衡。在中国地方政府间跨域公共事务合作治理实践中，监督主要由行政系统内部监督和行政系统外部监督构成。行政系统内部监督又包括纵向监督和横向监督。纵向监督即行政层级监督，行政层级监督主要是指在行政系统内部，上级行政机关对下级行政机关、行政机关对其所属部门之间因行政隶属关系而形成的一种监督关系。在这种监督关系当中，上级行政机关作为监督主体依靠等级制对下级行政机关的行政行为进行监督和纠正。从纵向政府间关系上看，中国政府间垂直的上下级层级节制的约束关系，给予中央政府及上级地方政府监督地方政府间跨域公共事务合作治理的天然土壤，也是现行地方政府间合作治理监督机制中最为有效的监督方式，主要体现在两个方面。一是中央政府通过人事任命、工作汇报、工作指导、工作管制、工作检评和专项督查等方式，对地方政府间跨域合作治理情况进行指导、检查和监督。如近年来中央政府开展的生态环保督查巡视，实现了对地方政府流域合作治理及大气污染防治协同治理的指导和监督，推进了地方政府间跨域生态环境合作治理的发展，流域治理和大气污染防治取得了显著成效。二是具有合作关系的地方政府共同的上级地方政府对下级地方政府跨域公共事务治理采取检查、指示等方式，督促地方政府间跨域公共事务合作治理工作，对地方政府主管领导实施监督以保证跨域合作治理目标的完成。实际上行政系统内部纵向监督由于监督者和被监督者之间信息不对称，被监督者"合谋"等制约了其监督效能。横向监督是指具有合作关系的地方政府间的相互监督，地方政府间相互监督主要依据地方政府间合作协议的规则，对地方政府不合作、消极治理及"背约"行为进行监督，约束与纠正地方政府不利于跨域合作顺利实现或不利于共同利益实现的行为，但地方政府间相互监督容易出现监督中的"搭便车"行为，影响监督机制的效果。行政外部监督主要是指政府以外的力量，如社会公众、专家学者、新闻媒体等组成的社会监督队伍。在中国地方政府间跨域公共事务合作治理中，社会公众的利益诉求、专家学者的咨询建议、新闻媒体的社会舆论等，对监督地方政府推进跨域公共事务合作治理起到了重要作用，但社会监督力量的发挥取决于地方政府的信息公开、监督渠道的畅通和愿意接受社会各方面的建议。

2. 监督机制的问题

监督是指依法享有监督权的各类主体，通过运用法律、行政、经济等各种手段，对被监督者的行为进行监督和管理，也是对监督者权力运行与行为规范的监督和管理。[①] 为了避免地方政府在跨域公共事务合作治理中出现"搭便车"行为，对地方政府间合作的监督不可或缺，其作用在于确保合作方案被有效执行，防止合作过程及协议执行中的机会主义行为。但目前地方政府间跨域公共事务合作治理的监督机制还不完善，执行监督难而导致行而不果的问题时常发生，监督效力还有较大提升空间。

其一，各监督主体的作用尚未完全发挥。有权对地方政府间跨域公共事务合作治理行为及合作协议执行进行监督的主体包括中央政府及相关部门、上级地方政府及相关部门、跨域合作组织、地方政府和社会公众等。由于各种原因，各主体的监督作用尚未完全发挥。中央政府及相关部门和上级地方政府及相关部门对地方政府跨域合作治理行为及合作协议执行的有效监督离不开信息，而中央政府及相关部门和上级地方政府及相关部门在地方政府跨

---

① 周伟：《地方政府生态环境监管：困境阐述与消解路径》，《青海社会科学》2019 年第 1 期。

域合作协议执行过程中远离监督现场，信息获取需要经过一个较长的行政链条，地方政府具有隐瞒和控制信息的优势，中央政府及相关部门和上级地方政府及相关部门难以有效收集到地方政府合作协议执行信息，获取地方政府合作治理职能履行情况，造成中央政府及相关部门和上级地方政府及相关部门与地方政府在跨域合作治理及合作协议执行中的信息不对称，导致中央政府及相关部门和上级地方政府及相关部门对地方政府合作行为及合作协议执行监督和控制难题。① 跨域合作组织由于权威性不足，其监督效力大打折扣，很难对地方政府合作行为及合作协议执行进行有效监督。地方政府以行政区划为边界的监管和地方政府间的相互博弈，导致横向监管各自为政、缺乏有效协调，从而降低了地方政府间相互监督的效能，甚至出现"九龙治水、无龙治水"的窘境。社会各主体由于监督信息不对称、监督渠道堵塞等各种原因，对地方政府合作行为及合作协议难以进行有效监督。即使监督意见和建议得到了采纳，也难以在执行中得到有效体现。

其二，缺乏一整套监管制度和监督机制。地方政府间跨域公共事务合作治理中存在多重委托—代理关系，而委托—代理关系最关注的问题是监督，亦即防范代理人出现机会主义行为和道德风险问题。在委托—代理理论设定的情境中，代理人授权按照委托人的要求完成某项工作，工作结果可为双方所知并可验证，但由于代理人在工作期间的努力程度或付出，难以被委托人细致观察和全面了解，为此监督就成为解决委托—代理问题所不可缺少的手段。但从地方政府间跨域公共事务合作治理行动及其合作协议执行的监督来看，由于合作行动及其合作协议执行缺乏一整套的监管制度和监督机制，强化了地方政府在合作行动中的机会主义倾向，放大了合作协议执行的道德风险。如果合作协议的内容有利于促进该地区经济发展，改善该地区公共服务，体现该地区官员政绩，能够实现地方利益最大化，该地方政府就认真执行；如果合作协议的内容不利于该地区经济发展，无法改善该地区公共服务，有损该地区官员政绩及其利益，该地方政府就以地区发展目标取代合作

① 贺东航、孔繁斌：《公共政策执行的中国经验》，《中国社会科学》2012 年第 5 期。

目标，从而产生目标置换。虽然地方政府在跨域公共事务合作治理中签订了合作协议，但关于合作协议执行的监管制度和监督机制还不完善，在缺乏跨区域监督管理体系的协助下，无法对地方政府合作行动及其合作协议执行进行及时有效地监督并进行纠偏。

其三，监督实施过程中存在"搭便车"现象。奥尔森在集体行动的逻辑中指出，随着集体人数的增加，实现集体行动的难度也会增加。① 因为集体人数越多，集体决策和监督的成本就越大，同时成员间相互协调的成本就会上升，成员的平均收益就会下降，这将导致成员"搭便车"的动机越强烈，"搭便车"的行为也越难以发现。尽管地方政府在跨域公共事务合作治理中建立了相关监督制度，确定了奖励和惩罚的措施，但由谁来实施并确保监督制度的落实是一个难题，因为监督是有成本的，监督主体不仅要付出时间代价，而且监督的公平性和有效性也会受到质疑。监督对于监督者和被监督者、惩罚对于惩罚者和被惩罚者都是高成本的，而监督或惩罚所带来的利益又由全体合作参与者共同享用。因而，在地方政府间跨域公共事务合作治理监督制度的实施中，监督作为集体行动，其监督或惩罚机制的实现也会出现"搭便车"行为。"当各级地方政府认为不惩罚不遵守诺言者比惩罚更有利于自己时，他们很可能消极地对待惩罚。如果应该被惩罚的地方政府没有得到惩罚，那么实际上不监督行为变相地得到了激励，这就会影响到地方政府间的持久合作。"② 那么，在地方政府间跨域公共事务合作治理中，多少地方政府参与合作才既能实现参与方的公共利益最大化，又能避免监督中的"搭便车"行为，由谁来监督、惩罚违反原则的参与者，这也是地方政府间合作治理中监督面临的难题。

四　激励机制的现状与问题

1. 激励机制的现状

在地方政府间跨域公共事务合作治理中，为了确保地方政府能够认真贯

---

① ［美］曼瑟尔·奥尔森：《集体行动的逻辑》，陈郁等译，上海三联书店 1995 年版，第 2 页。

② 封慧敏：《地方政府间跨地区公共物品供给的路径选择》，《甘肃行政学院学报》2008 年第 3 期。

彻落实国家区域协调发展战略、有效执行地方政府间合作协议，履行跨域公共事务治理职能、承担跨域公共事务治理责任，中央政府改变对地方政府及其官员以 GDP 为核心指标的政绩考评，将公共服务、社会治理、生态保护、环境治理等指标纳入地方政府及其官员政绩考评指标体系中，突出公共服务、社会治理、生态保护、环境治理等指标在地方政府及其官员政绩考评中的地位，以改善长期以来"GDP 至上"的政绩考核评价体系和不完善的分税财政体制。旨在通过多元化的政绩考评，激励与约束地方政府及其官员的行为选择，推动地方政府积极履行跨域公共事务治理职能、主动承担跨域公共事务治理责任。虽然近年来协调发展、绿色发展、公共服务、社会治理等被提上政府的重要工作日程，政绩考核评价机制的"风向标"已明显转向，中央政府明确提出不以一时的、单纯的经济增长速度作为考核评价地方政府及其官员政绩的唯一指标，大幅提高协调发展、绿色发展、公共服务、社会治理等指标在地方政府及其官员政绩考核中的权重，努力扭转地方政府及其官员狭隘的政绩观，但在地方并没有得到全面有效地贯彻落实，也未能从根本上改变一些地方党政领导干部"GDP 至上"的发展理念和对"显性政绩"的追求。特别是在跨域公共事务治理中，跨域公共事务治理的公共性和外部性、治理成效的潜在性和收益的长远性，地方政府对自身利益和政绩的追求等，使地方政府在区域公共利益和地方自身利益抉择面前，以追求地方自身利益最大化为主要目标，其参与跨域公共事务治理的动力明显不足，规避或虚置跨域治理责任、"搭便车"等机会主义行为，往往成为地方政府在跨域公共事务治理中"最明智"的选择。尽管政绩考核评价是激励与约束地方政府及其官员行为选择的重要工具，但在跨域公共事务治理中政策配套不完善、操作技术和定责追责难度大等问题，致使政绩考评作为激励与约束地方政府跨域治理行为的作用还没有充分发挥。此外，中央政府通过财政转移支付、优惠政策给予、税收减免等各种政策激发与调动地方政府参与跨域公共事务治理的积极性。总之，尽管中国在实践中不断探索完善跨域公共事务治理中地方政府合作的激励机制，但与地方政府间跨域公共事务合作治理相契合的激励机制尚未完全建立。

2. 激励机制的问题

激励是改进与约束地方政府行为选择的主要方式。地方政府间跨域公共事务合作治理的逻辑是建立合作关系和降低交易成本以实现合作的过程，这就需要从激励机制入手，通过建立地方政府间跨域公共事务合作治理的激励与约束机制，引导地方政府增加对跨域公共事务治理的注意力分配、关注社会公众的跨域公共服务需求，并将这种关注转化为实际行动。但目前中国地方政府间跨域公共事务合作治理的激励机制还不完善，无法充分激发和完全约束地方政府跨域合作治理行为。

其一，地方政府参与跨域公共事务治理的绩效考核缺失。地方政府的行为模式选择在很大程度上源于"行政发包与晋升竞争"和"上级政府需求主导型偏好结构"。[①] 长期以来，中央政府和上级政府掌握着诸如资金、项目、地方官员政治升迁和政治荣誉等稀缺资源。中央政府和上级政府通过行政发包与政绩考核，激励与调动地方政府工作的积极性。这种以任务指标和绩效考核为核心的激励模式带有明显的"压力型体制"特征，导致地方政府围绕指标任务的完成而展开横向上的绩效竞争。当"唯GDP至上"的发展理念和"重行政辖区绩效"的政绩评价，成为中央政府对地方政府、上级地方政府对下级地方政府政绩考核评价的主要依据时，区域内地方政府不可避免地存在轻社会服务而重经济增长的内在冲动，注重行政辖区公共事务治理而忽视跨域公共事务治理的注意力分配，这将导致地方政府在跨域公共事务合作治理中的行为选择倾向于"搭便车"而不是"协同合作"。目前地方政府绩效评估是以行政辖区为单位，官员政绩的主要指标是行政辖区内的GDP增长速度、投资规模、税收情况、公共服务、环境保护和社会治理等，这种以增长速度为主要指标、以行政辖区绩效为主要依据的政绩考核评价方式，对跨域公共事务治理及区域公共管理的绩效考评并不适用，考核指标体系和内容范围均未能反映区域一体化的要求，地方政府参与跨域公共事务治理效

---

①　田润宇：《我国地方政府行为模式的基本特征与制度解析》，《广东行政学院学报》2010年第2期。

果难以评价，使地方政府参与跨域公共事务治理的动力不足。

其二，地方政府参与跨域公共事务治理的激励方式单一。激励是一门科学，依据各种激励理论，对地方政府参与跨域公共事务治理激励方式的选择应遵循以下原则。一是物质激励与精神激励相结合的原则。地方政府参与跨域公共事务治理，既存在物质需求又存在精神需求，相应的激励方式也应该是物质激励与精神激励相结合。二是正激励与负激励相结合的原则。正激励就是对地方政府符合合作治理目标的期望行为进行奖励，以使这种行为更多地出现，使地方政府参与跨域公共事务治理的积极性更高；负激励就是对地方政府违背合作治理目标的非期望行为进行惩罚，以使这种行为不再发生，使违背合作治理目标的地方政府"弃恶从善"，积极向正确的方向转移。鉴于地方政府在跨域公共事务合作治理中行为选择的双重性，对地方政府的激励应将正激励与负激励结合起来。三是按需激励的原则。激励的起点是要满足地方政府的需求，但地方政府的需求存在个体差异性和动态性，因而对地方政府的激励应"因人而异，因时而异"。四是民主公平原则。公平是激励的一个基本原则。如果激励无法实现公平正义，奖不当奖、罚不当罚，不仅达不到预期效果，反而会造成许多消极后果。因而对地方政府跨域合作治理行为及其绩效的激励应坚持公开、民主、公平、正义等原则，这才能调动地方政府参与跨域公共事务治理的积极性。但目前中国对地方政府参与跨域公共事务治理的激励方式较为单一，主要体现为政治激励和精神激励，如授予先进地方政府荣誉称号、给予先进地方政府官员政治升迁等，激励方式单一，难以满足各个地方政府的不同需求，无法全面调动各地方政府参与跨域公共事务治理的积极性。

其三，地方政府参与跨域公共事务治理的问责约束不力。在现代汉语词典中，问责是动词，具有"追求责任"的意思。具体含义是指由于没有尽到责任义务，应该接受处罚的结果。在英文语境中，"responsibility""accountability"都是有关责任的术语，但它们有着不一样的内涵，"responsibility"是责任一般含义的体现，而"accountability"常与行政一起使用，被理解为行政责任。故而，"问责（Accountability）被定义为对一个人的责任（Responsibility）、职责

（Obligation）、行政行为以及责任缺失进行责任追求"。① 早在 1985 年，美国公共行政学者杰·M. 谢菲尔茨在其所著《公共行政词典》中对行政问责的概念进行了界定，认为行政问责是对行政机关及其官员工作行为的监督，一旦出现问题应该接受质询和承担责任。行政问责是制约行政机关及其工作人员不作为、乱作为的重要措施，也是建设现代责任政府的必由之路。如果从激励的角度来看，问责也是一种重要的激励方式。因为激励包括正激励和负激励两个方面，正向激励的作用在于激发和强化，具有内在的自发性；而负向激励的作用在于制约和整合，既具有内在的保护性，又具有外在的强制性。就地方政府间跨域公共事务合作治理的激励机制而言，在完善地方政府跨域合作治理行为正向激励的同时，强化地方政府跨域合作治理行为的问责约束也不能忽视。问责是负激励或反向约束地方政府跨域合作治理行为的一种重要形式。负激励或反向约束的初衷是要限制地方政府与合作规则相悖的行为，合理地将地方政府合作的内驱动力与外推助力有机结合起来，形成更强的合作发展动力。但由于地方政府间跨域公共事务合作治理权责的模糊性、问责机制的不健全和问责惩罚力度的乏力等，问责反向约束地方政府合作治理中不作为、乱作为的激励作用还没有完全发挥。

第三节　地方政府间跨域合作治理机制的突破与路径

一　协商机制的完善

协商是开启地方政府间跨域公共事务合作治理行动的逻辑起点。作为一种旨在处理跨域公共事务，消解分歧和化解冲突、共享区域公共利益的合作治理形式，地方政府间跨域合作治理要以共识的达成为前提。"共识可以被视为一种政治运作方法，其特点是通过妥协寻求相互冲突的各种利益间的相互协调。"② 如何达成合作共识对于地方政府间跨域合作治理至关重要，不仅

① ［美］特里·L. 库珀：《行政伦理学：实现行政责任的途径》，张秀琴译，中国人民大学出版社 2010 年版，第 11 页。

② Thomas Payne, "The Role of Consensus", *The Western Political Quarterly*, No. 3, 1965.

因为地方政府间合作共赢价值理念的建立需要以合作共识为基础，而且合作治理的有效实施离不开合作共识的保障。合作共识往往需要在对话与协商的过程中达成，是一种内在渐进的合作意识的增长，同时也需要在对话与协商中以某些利益相关者价值理念的调整为条件。为此，破解地方政府间跨域合作治理共识达成难题，就需要通过完善协商机制以确保对话协商的有效进行，从而促进合作共识的达成。

1. 搭建地方政府间对话交流与协商谈判的平台

无论是从地方政府间跨域公共事务合作治理共识的达成来看，还是就地方政府间跨域公共事务合作治理的有效实施而言，都需要一个相对稳定的对话交流与协商谈判平台，为地方政府间对话、沟通、辩论和交往提供制度化的空间。所谓对话交流与协商谈判平台，是指所有合作参与者能够自主平等地表达自身的利益诉求、合作偏好和合作意愿，进行对话交流与协商谈判的实体性机构或网络化平台。通过对话交流与协商谈判平台，相关地方政府就日益增多的跨域公共事务和频繁发生的跨域公共问题，能够充分地表达自己的意见、寻求合作伙伴，在对话交流与谈判博弈中达成合作共识，在实现自身利益的同时促进区域利益的实现。值得注意和需要看到的是，合作共识的达成是一个不断反复对话协商和谈判博弈的过程，相关地方政府只有通过反复的、多轮的、拉锯式的"讨价还价"过程，才有可能在观点碰撞和利益博弈中找到均衡点，进而就权责划分、成本分担和利益分配方案达成共识。这就更加凸显了对话交流与协商谈判平台在地方政府间合作共识达成中占有极其重要的地位，不仅是地方政府间合作共识达成的基础，而且减少了地方政府间合作共识达成的成本。

搭建地方政府间跨域合作治理对话交流与协商谈判平台应该不拘一格，只要方便地方政府间交流与沟通，一切协商交流形式都可以积极尝试。一方面，组建地方政府间对话交流与协商谈判的实体性组织机构，为地方政府间对话协商提供制度化平台。地方政府间跨域合作治理中的对话协商离不开组织机构的加强与建设，如英国在跨域公共服务供给中建立了三个跨域治理组织，按照从国家控制到区域自治的系谱排列，分别为区域政府办公室、区域发展处和区域议事厅，为英国跨域公共服务供给和区域性发展提供了良好的协商平台。根据中国国情和结合域外经验，中国地方政府间跨域公共事务合作治理应建立中央层级、区域层级和地方层级的多层次协商机构，为地方政府间跨域合作治理提供实体性的协商平台。中国长三角地区在跨域公共事务治理上已经建立了地方层面的协商机构，如两省一市的区域合作办公室、各城市的区域合作办公室，以及相当于区一级的协商机构——区域经济协作办公室，这些机构都已成为长三角区域地方政府间跨域公共事务合作治理的协商平台。另一方面，开创地方政府间对话交流与协商谈判的网络化交流与沟通渠道，为地方政府间对话协商搭建网络化平台。随着互联网、大数据、云计算、人工智能等新一轮信息科技革命加速发展，国家鼓励将互联网、大数据、云计算、人工智能等现代信息技术作为推动政府治理改革的重要工具，以促进政府治理体系和治理能力现代化目标的实现。构建地方政府间对话协商的虚拟化网络平台，能够超越地域、空间和时间的限制，及时传递各个地方政府的意向和目的，提高对话协商的效率，降低对话协商的成本。在当前和未来的发展中，虚拟化的网络平台必将成为政府交流沟通和管理创新的主流方式。总之，无论是实体性的组织机构，还是虚拟化的网络平台，都是地方政府间对话交流与协商谈判的重要渠道，有利于地方政府间合作共识的达成并朝着良性化方向发展。

2. 吸纳相关利益主体共同参与合作议题的协商

合作治理具有开放性和包容性特点，吸纳利益相关者或所受问题影响的关键当事人代表共同参与实质性问题的磋商是合作共识达成的一个重要因素。因为"大凡成功的合作治理都非常注意让利益相关者参与，排斥关键利益相关者是合作治理失败的关键原因"。① 就地方政府间跨域公共事务合作治理而言，利益相关者主要包括以下三类：第一类是中央政府及其相关职能部门，它们通常是协商的发起者或推动者，在地方政府间因跨域公共事务合作

---

① T. Reilly, "Collaboration in Action: An Uncertain Process", *Administration in Social Work*, No. 1, 2001.

治理成本与收益的非对称，缺乏足够的合作意愿和合作动力而不愿合作时，中央政府及其相关职能部门的作用得以凸显，它们作为协商的发起者和利益冲突的调解者，对推动地方政府间进行对话交流和谈判协商，建立合作共识起到重要的助推作用；第二类是存在利益关联性的地方政府，作为跨域公共事务治理的关键主体和主要对话协商者，地方政府间跨域合作治理主体的多层次和多主体，意味着各主体在价值理念、利益诉求上的多元化及需求偏好上的差异，这必然导致不同主体之间的利益分歧和矛盾冲突，而建立在全面参与基础上的对话与协商，能够最大程度地消解合作共识达成过程中可能出现的分歧和矛盾，促进合作共赢价值理念快速建立；第三类是作为利益相关者的社会公众、非政府组织和专家学者等，他们对跨域公共服务需求的利益表达、对跨域公共事务治理的社会舆论，能够对地方政府跨域公共事务治理决策提供咨询建议、施加社会影响，促使地方政府间就跨域公共事务合作治理进行对话交流与谈判协商，有利于促进地方政府间合作共识的达成。以上三类主体在地方政府间合作共识达成中起着不同的作用，他们各自发挥其职责和功能，推动地方政府间就跨域公共事务合作治理展开对话交流与谈判协商。

此外，"共识或者是通过交往实现的，或者是在交往行为中共同设定的，不能仅把共识归结为外在作用的结果，共识必须得到接受者的有效认可"。① 在地方政府间跨域公共事务合作治理中，地方政府间在权力、地位等方面存在的差异是客观事实，但任何一个地方政府都不能因特殊地位而占据绝对的优势，因为出于权力压力下达成的合作共识，不是各主体真实意图的表达，即使达成合作共识，在实践中也得不到有力执行。相关地方政府在跨域公共事务合作治理议题协商中，应当具有平等地位和享有对等权力，拥有同等发言权和表决权，才能公平公正地开展对话交流、进行谈判协商，并在各方自愿的基础上达成合作共识，增强彼此之间的相互认同，提高合作共赢价值理

---

① ［德］尤尔根·哈贝马斯：《交往行为理论：行为合理性和社会合理化》，曹卫东译，上海人民出版社2004年版，第274页。

念的效度。

　　3. 健全地方政府间对话交流与协商谈判的规则

　　在地方政府间跨域公共事务合作治理中，地方政府间对话交流与协商谈判所需的良好秩序往往难以自发形成，需要有相应的制度规则加以保障。"制度是一个社会的游戏规则，更规范地说，它是决定人们的相互关系而人为设定的一些制约"，"制度制约既包括对人们所从事的某些活动予以禁止的方面，有时也包括允许人们在怎样的条件下可以从事某些活动的方面。因此，正如这里所定义的，它们是为了人类发生相互关系所提供的框架"。① 对于地方政府间跨域合作治理共识的达成而言，制度规则的关键功能在于增进对话交流与协商谈判的秩序，因为它设定了地方政府间对话交流与协商谈判理应遵循的规则，这些制度规则用来规范、约束、引导、协调地方政府间对话交流与协商谈判的行为，能够保证地方政府间对话交流与协商谈判的顺利进行。

　　一般而言，健全地方政府间对话交流与协商谈判的规则应主要从以下两个方面入手。一方面要保证地方政府间对话交流与协商谈判能够充分展开，并使地方政府各自表达的诸多合作意向中具有真实性、可靠性、合理性和正当性的共识性意见聚集，形成合作共识的基础，同时把那些缺乏合理性与正当性、不具备可靠性与真实性的意向排除于共识性意愿之外。另一方面要保证地方政府间对话交流与协商谈判适时终止，因为地方政府间在跨域公共事务合作治理中的价值理念和利益诉求并非总能够达到完全一致。当绝大多数地方政府就跨域公共事务合作治理的主要问题达成一致意见时就应该终止，避免个别地方政府因细小问题纠缠不清而陷入议而不决的窘境；或当地方政府间就合作的主要问题暂时无法达成合作共识时，适时地终止对话协商不失为一种策略性选择。这有利于地方政府冷静下来之后检视自己的观点并重新审慎地考虑对方的方案，吸纳各方合理的意见，尊重彼此的利益诉求，为重

――――――――――

　　① ［美］道格拉斯·C. 诺斯：《制度、制度变迁与经济绩效》，刘守英译，上海三联书店 1994年版，第 3 页。

启下一轮协商谈判提供契机、奠定基础。唯有如此，地方政府间缺乏实质性意义的协商谈判才不至于持续下去，以致增加协商谈判成本、导致协商谈判无果而终。由此可见，健全地方政府间对话交流与协商谈判的制度规则，不仅能够提高对话交流与协商谈判的效率、降低对话交流与协商谈判的成本，而且有利于地方政府间合作共识的达成。

二 协调机制的健全

协调是保证地方政府间跨域公共事务合作治理有序推进的关键。地方政府间跨域公共事务合作治理是特定区域范围内的诸多不同性质、类型和等级规模的地方政府，为应对区域一体化进程中日益增多的跨域性公共事务，彼此间互动协调以实现互惠共赢为目标的合作化行为。地方政府间跨域公共事务合作治理的过程，实际上就是合作成员主体间利益不断冲突、妥协、博弈和协调的过程。合作治理的有序推进和发展，都蕴含着合作主体间利益的重新分配、资源的优化整合和纠纷的有效化解，为此需要建立利益协调、资源共享和纠纷调解等协调机制，以消解地方政府间的利益冲突和矛盾纠纷，找到新的利益平衡点。

1. 健全利益协调机制以形成利益纽带

利益是影响政府间关系的关键变量和核心要素，政府间关系"首先是利益关系，然后才是权力关系、财政关系、公共行政关系"。[①] 尽管地方政府在跨域公共事务合作治理中是利益和命运共同体，存在共同的利益需求，拥有着共同的治理愿景，但具有一定自主权、独立利益结构和效用目标理性的地方政府，在合作治理过程中追求自身利益最大化的行为往往引发地方政府间的利益之争，进而影响到地方政府间合作的有效开展。利益协调是促进地方政府间合作稳定发展的关键，针对地方政府间合作过程中的利益矛盾和利益冲突，需要采取多种措施平衡地方政府间成本与收益，促进地方政府间利益有效融合，形成地方政府间合作的利益纽带。

---

① 谢庆奎：《中国政府的府际关系研究》，《北京大学学报》（哲学社会科学版）2001 年第 1 期。

建立地方政府间财政合作机制。利益的契合度直接关系到合作关系的紧密程度，利益调节的重点在于弥补成本与收益的差异、消除不公平感，关键在于利益调节的合理性。跨域公共事务治理离不开财政资金的支持和保障，其治理的公共性、外部性、长期性以及地方政府的自利性要求发挥区域公共财政作用，需要遵循"成本共担、利益共享"的基本原则。依据地方政府在跨域公共事务合作治理中的事权和责任，通过加强跨域公共事务治理财政合作预算体系，完善跨域公共事务治理财政合作支出体系。由区域内相关地方政府共同出资成立跨域公共事务合作治理专项基金，实现地方政府在跨域公共事务合作治理中的财政合作。财政合作是平衡地方政府间合作治理中利益矛盾和利益冲突的重要举措，也是优化地方政府间合作治理体系和提升地方政府间合作治理能力的重要保障。

建立地方政府间利益补偿机制。利益补偿是指基于合作治理利益共同体，在合作治理主体间出现利益不均衡时，对利益受损方进行补偿以保证合作的公平性和合作的持续性。跨域公共事务治理通常涉及区域产业结构调整与能源结构调整、淘汰落后产能与改变生产生活方式等，各地方政府为此付出的成本和代价是各不相同的，进而影响到合作的最后收益。利益补偿机制就是为了减少或化解利益分配不公带来的利益分化和合作矛盾，而在合作运行中由利益获益主体弥补利益受损者损失的一种制度安排。利益补偿是地方政府间跨域公共事务合作治理中利益协调的关键，积极探索建立地方政府间资金补偿、政策补偿、对口支援等多维、合理、长效的利益补偿机制，从而减少地方政府间合作治理中利益冲突的发生，促进地方政府间合作治理中利益分配的公平性，推动地方政府间合作治理的持续发展。

建立地方政府间利益共享机制。利益共享强调利益在合作主体间分享，这既是合作的基础又是合作的动力。从系统科学的观点来看，地方政府间跨域公共事务合作治理的顺利开展，必须要有强大而持久的动力，而这一动力主要源于地方政府间合作治理中的利益共享。利益共享机制就是要建立一种平等、互利、合作条件下的地方政府间新型利益关系，对地方政府间跨域公共事务治理过程中利益共享内容、共享标准、共享手段等予以明确的制度性规定，通过经济合作、产业转移、资源互补、人才技术交流、环境税收共享和生态红利让渡等方式，让跨域合作收益惠及区域内每一个地方政府，实现区域整合、共同发展下的利益共享，如此才能促进地方政府行动一致、彼此信任和主动合作。

2. 建立资源共享机制以促进资源互补

组织资源决定了组织的生命力，组织在资源汲取、资源整合和资源配置等方面的能力以及表现，也就是组织生命力的表现和证明。[①] 就地方政府间跨域公共事务合作治理而言，由于跨域公共事务治理的复杂性、高难度和高成本，以及地方政府资源禀赋和治理能力的差异，地方政府间跨域公共事务合作治理中的资源汲取、资源整合和资源配置能力，决定了地方政府间跨域公共事务合作治理能否得到其所需的资源，进而决定了地方政府间跨域公共事务合作治理目标能否实现、任务能否完成和合作效能的高低。为此，在地方政府间跨域公共事务合作治理实践中，必须建构地方政府间互补与共享的资源运行机制，推动地方政府间持续不断地进行信息、物质、人才和技术等治理资源的交换与共享，整合与优化资源配置，增强资源协同与聚合效应，实现资源节约与增效。

信息资源的交流与共享。在地方政府间跨域公共事务合作治理中，各地方政府能否做到信息及时公开、真实有效和互通互联，不仅关系到地方政府间是否相互信任，而且关系到合作治理的成本乃至区域决策的正确与否，因为信息不对称是造成信任不足、交易成本增加和决策失误的主要原因。信息资源的整合与共享要坚持以制度为依托，明确信息公开范围与标准，强制信息公开，提高区域信息一体化水平；以网络为载体，加强信息交换与共享平台建设，打破地区间信息分割，促进地区间信息互通互联；以服务为目标，加强区域经济和社会发展的数据收集、统计和分析工作，建立跨域公共事务治理信息数据库，为跨域公共事务治理提供信息支撑。信息交流与共享是地方政府间跨域公共事务合作治理的重要基础和外在保障，信息交流与共享机

---

① 张康之、李东：《论任务型组织的资源获取能力》，《公共管理学报》2008 年第 1 期。

制的建立将成为推动地方政府间跨域公共事务合作治理的重要动力和必备的政策工具。

物质资源的优化与整合。培育地方政府间跨域公共事务合作治理资源投放的整体观念，破除地方政府在跨域公共事务合作治理中优先将物质资源投入自己所在辖区的狭隘观念，促进地方政府间跨域公共事务合作治理中物质资源的互补与协同。通过建立地方政府间跨域公共事务合作治理物质资源的有效整合、集中管理、统一调配和使用机制，实现地方政府间跨域公共事务合作治理中物质资源的优势互补和聚合效应，这样才能解决跨域公共问题治理中的物质资源匮乏问题，提高跨域突发公共事件应急处置物质资源配送能力。

人才交流与技术共享。跨域公共事务及其治理的复杂性，决定了其有效治理离不开人才和技术的支撑。人才和技术作为跨域公共事务治理极其重要的资源要素，直接关系到跨域公共事务治理的绩效。地方政府间跨域公共事务合作治理，需要具有综观全局的决策型人才、专家学者型的咨询人才和拥有专业知识的技术型人才为其提供智力支撑。因而在地方政府间跨域公共事务合作治理过程中，通过举办跨域治理学术研讨会、经验交流会等，邀请国内外相关专家学者、地方政府相关人员进行学术研讨和经验交流，促进地方政府间相互交流与学习，实现经验、知识、技术等资源的协同增效；同时建立跨域公共事务治理人才团队和人才数据库，培育具有战略眼光、综观全局的决策人才，组建专家学者型的智囊集团及拥有专业技能的人才队伍，充分发挥人力资源在跨域公共事务治理中的集中优势和技术力量在跨域公共事务治理中的中坚作用。

3. 完备纠纷调解机制以消解矛盾冲突

地方政府间跨域公共事务合作治理必然涉及相关地方政府发展方式的转变、产业结构的调整、跨域资源的开发利用和跨域治理资源的投入等，牵涉到地方政府间责任划分与利益分配问题，不可避免地引发地方政府间的利益纠纷和矛盾冲突。纠纷调解机制在化解地方政府间利益分歧和矛盾冲突，维护府际合作利益分配和保障合作各方利益，促进府际合作机制运行和维护府际合作秩序等方面具有重要作用。因而，在地方政府间跨域公共事务合作治理共同体建设中，需要健全纠纷调节机制，使地方政府间的利益纷争和矛盾冲突能够通过一定的渠道予以协调和化解，从而保障地方政府间跨域公共事务合作治理的有序进行，促进地方政府间跨域公共事务合作治理的持续发展。

完备纠纷调解机制需要从以下两方面入手。一方面，在纠纷调解机制建构思路上，要从单一纠纷调解方式向多元化纠纷调解方式转变，建立中央政府主导的调解、地方政府间跨域合作组织主持的调解和地方政府间自行协商的调解等多元化纠纷调解方式，形成中央政府、地方政府间跨域合作组织和地方政府有机衔接与相互协调的地方政府间跨域公共事务合作治理多元纠纷调解机制，视地方政府间纠纷的类型、大小和涉及地方政府数量的多寡选择不同的纠纷调解方式。这不仅有利于地方政府间矛盾冲突的及时化解，而且能够降低地方政府间纠纷调解的成本。另一方面，在纠纷调解机制实现路径上，应明确规定纠纷调解的渠道，协商、协调的具体操作办法，纠纷解决机构的设置、管辖范围的界定、程序规则的设定、法律责任的明确等具体事项，设计不同类型的纠纷调解方案，并将相关法律条款引入纠纷调解之中。依照规则制度和法律框架解决府际合作中多元主体间的分歧或争端，形成地方政府纠纷解决的法治观念和法治文化，促进地方政府间纠纷调解走向制度化和法制化，实现地方政府间纠纷解决的公平与正义。

三　监督机制的改进

监督是确保地方政府间跨域公共事务合作治理有效实施的重要保障。现代西方公共选择理论的研究成果表明，政治决策者与市场决策者都是理性"经济人"。在政治环境中犹如在市场活动中一样，个人也会最大限度地追求某种个人利益。地方政府及其官员在跨域公共事务合作治理中都是利益驱动的"经济人"，要维系地方政府间合作治理的持续性和有效性，一个健全完善的监督机制是必不可少的。监督机制主要是对地方政府合作协议执行的监督与管理，从而确保地方政府能够按照合作协议履行职责。健全的监督机制既是规范地方政府间合作行为的"枷锁",更是开启地方政府间高效合作的"钥匙"。不仅能够督促地方政府履行合作协议,而且能够纠正地方政府执行合作协议的偏差,促使地方政府间的合作走向正轨。因而需要围绕监督机制的功能与目标,不断改进完善地方政府间跨域公共事务合作治理的监督机制。

1. 加强行政内部监督和社会外部监督,形成内部监督与外部监督相结合的监督体系

在地方政府间跨域公共事务合作治理中,加强对地方政府合作行为的监督依赖于内部和外部两种监督力量。一种是来自行政系统内部的监督,另一种则是来自行政系统外部的监督,两种监督方式相辅相成,构成完整的监督体系。因而,约束地方政府合作行为,确保履行合作协议,提高合作治理效能,就要加强对地方政府合作行为及其协议履行的内外部双重监督。

加强行政内部监督。行政内部监督亦称为行政自我监督,是指行政系统内部具有监督权限的行政机关按照法定的程序和方式,对行政机关及其工作人员行为所进行的监督。行政内部监督是行政组织的一种自我调节机制,有助于增强行政组织的自律自治行为,有利于更好地行使行政权力、管理社会公共事务。在中国的行政管理体制中,上级行政机关对下级行政机关具有指导与监督的责任。行政内部监督一般是指依据行政隶属关系和行政协作关系而产生的监督。据此,地方政府间跨域公共事务合作治理中的内部监督,是指中央政府及上级政府的监督和跨域合作地方政府间的相互监督。作为跨域合作的行为主体,地方政府间的相互监督应贯穿于合作治理的全过程,在必要时中央政府或上级政府以行政压力间接监督地方政府。内部监督主要依靠法律、法规或政策为一定的行为标准,约束或纠正地方政府不利于合作顺利实现或不利于公共利益的行为。

强化社会外部监督。社会监督通常是指社会舆论、新闻媒体、社会公众、社会组织等社会行为主体,依据法定的权利,必要时经过法定程序,对政府及其官员行为的监督。社会监督的实质是公民从国家权力主体地位出发,行使法定权利,对国家行政机关及其官员所实施的监督。社会监督常常

对国家行政机关和行政官员构成潜在的、无形的、间接的监督，并可能诱发现实的、直接的、公开的批评，形成特定的利益诉求和舆论压力。在地方政府间跨域公共事务合作治理中，应大力开辟和畅通社会监督渠道，积极赋权新闻媒体、社会公众等社会监督主体，对地方政府跨域合作治理行为及合作协议履行进行监督，以形成广泛的社会舆论、社会评议和社会压力，促使地方政府积极开展跨域公共事务合作治理。在加强内部监督和强化外部监督的同时，要将内部监督和外部监督有效结合起来，打造出一个自上而下与自下而上相结合的、内部监督与外部监督相结合的，多主体、全方位、无缝隙的监督网络体系，以对地方政府合作行为及合作协议执行进行有效监督。

2. 推动地方政府跨域合作治理及协议执行信息公开，解决监督过程中的信息不对称问题

信息是监督所需要的重要资源之一，也是影响监督效能的一个重要变量。无论是监督者对被监督者政策执行的监督检查和控制纠偏，还是被监督者对监督者意见的全面掌握和准确理解，都要求信息能够及时公开和共享。如果监督者和被监督者之间信息不对称程度较高，那么监督者就无法对被监督者的行为进行有效监督。因此，加强对地方政府跨域合作治理行为及合作协议执行的监督，就要求推动地方政府跨域合作治理及协议执行的信息公开，解决监督过程中的信息不对称问题。

新闻媒介、社会公众和社会组织等作为跨域公共事务治理的利益相关者及外部监督主体，拥有地方政府跨域合作治理及合作协议执行情况的知情权。知情权是公民的一项基本政治权利，与国家为获取公民支持而公开的信息紧密相关。肯特·库伯指出："公民应该享有更广泛的知情权，不尊重公民的知情权，在一个国家乃至整个世界上便无政治自由可言。"① 政务不公开、信息不透明，社会各监督主体就无法真正了解地方政府跨域合作治理及合作协议的执行情况，也就没有驱使社会各主体监督地方政府合作行为的动力，社会外部监督效能也就无法实现。地方政府应通过政府网站、公众号等

---

① 陶文昭：《电子政务研究》，商务印书馆 2005 年版，第 180—181 页。

主动公开跨域公共事务治理的相关信息，虚心接受社会各主体对地方政府间合作治理的意见和建议，这有利于推动地方政府间跨域公共事务合作治理的发展。

地方政府间跨域合作治理中的信息不对称是影响行政内部监督效能的重要因素。无论是中央政府或上级政府对地方政府间跨域公共事务合作治理行为的监督，还是跨域公共事务合作治理中地方政府间的相互监督，都需要解决信息不对称的问题。中央政府或上级政府对地方政府跨域公共事务合作治理行为的有效监管离不开信息，如果中央政府或上级政府与地方政府间的信息不对称，那么就无法实现中央政府或上级政府对地方政府跨域公共事务合作治理行为的有效监督。如果跨域公共事务合作治理中地方政府间的信息不对称程度较高，且当信息不对称和利益不一致相伴随时，地方政府在跨域公共事务合作治理中就极有可能采取机会主义行为，在追求地方利益最大化的过程中导致不按照合作协议履行职责。正如美国行政学家埃莉诺·奥斯特罗姆所指出："在每一个群体中，都有不顾道德规范，一有机会便采取机会主义行为的人；也都存在这样的情况，其潜在的收益如此之高以至于极其守信用的人也会违反规范。因此，有了行为规范也不可能完全消除机会主义行为。"① 为此，提升地方政府间跨域公共事务合作治理中行政内部监督效能，就要通过建立地方政府间跨域公共事务合作治理信息公开、信息交换、信息共享等制度推动信息公开，消解行政内部监督信息不对称问题。这不仅有利于提升行政内部监督效能，还有利于调和地方政府间矛盾冲突，确保地方政府合作方案落到实处。

3. 组建监督管理机构和完善监督管理制度，提高地方政府间跨域合作治理的监督管理效能

地方政府在跨域公共事务合作治理中以行政区划为边界的监管，造成监管权力分割、监管政策不同、监管标准差异等问题，导致地方政府在跨域公

---

① ［美］埃莉诺·奥斯特罗姆：《公共事物的治理之道》，余逊达等译，上海三联书店 2000 年版，第 61 页。

共事务合作治理中监管的机会主义和理性选择，监管体制破碎是影响地方政府间跨域公共事务合作治理监管效能的重要原因。监督管理不仅是地方政府间跨域公共事务合作治理的重要环节，而且是影响地方政府间跨域公共事务合作治理绩效的重要因素。为了提高地方政府间跨域公共事务合作治理绩效，必须组建地方政府间跨域公共事务合作治理的监督管理机构，完善监督管理制度。

组建地方政府间跨域公共事务合作治理监督管理机构。从组织形态上看，地方政府间仍缺乏跨域公共事务合作治理有效的监督管理机构。跨域公共事务治理中的地方政府合作离不开地方政府共同参与的区域性监督管理机构。西方国家跨域公共事务治理的成功经验表明，地方政府间合作需要组织机构的一体化，统一的跨域公共事务监管机构是提高监管效能的基本保障。组建由区域内地方政府共同参与的监督管理机构，按照"规划、标准、监测、执法、评估、协调"六个统一的要求，统筹跨域公共事务监管，规避地方政府在跨域公共事务合作治理中监管政策和监管标准的"个性化"取向，以及由于监管权力分割而导致"九龙治水，无龙治水"的监管窘境。

建立地方政府间跨域公共事务合作治理统一监管制度。跨域公共事务监管是跨域公共事务治理的关键环节，但地方政府在跨域公共事务合作治理中遵循以行政区划为原则的属地监管，造成监管权力和监管制度的"碎片化"。"碎片化"的监管制度不仅是引发跨域公共问题的重要原因，而且是影响跨域公共事务治理绩效的重要因素。因而，在地方政府间跨域公共事务合作治理中，必须按照"四个统一"（统一权力、统一标准、统一监测、统一执法）的监督管理要求，通过集中地方政府监管权力、统一监管标准、共享监管信息、整合监管力量等途径，建立地方政府间跨域公共事务合作治理的统一监管制度，保证监管的公平性和实现监管的高效性。

实行地方政府间跨域公共事务合作治理监管联合执法。地方政府间跨域公共事务合作治理中监管的联合执法，不仅能够解决个别地方政府监管力量不足、监管能力不高的问题，而且能够防止分散监管中地方政府选择性执法问题，从而保证监管法规、监管政策能够公平公正、全面统一、集中高效贯彻落实。

四　激励机制的强化

激励是推动地方政府间跨域公共事务合作治理持续发展的关键举措。在集体行动的过程中，"除非存在强制或其他某些特殊的手段以使个人按照他们共同的利益行事，理性的、寻求自我利益的个人不会采取行动以实现他们共同的或集团的利益"。[①] 地方政府间跨域公共事务合作治理是一个典型的集体行动，其实施过程同样存在集体行动的逻辑困境，作为理性"经济人"的地方政府一般不会主动寻求区域公共利益的最大化，需要在外部力量的推动与约束下去实现区域公共利益。激励就是采取一定的方式和手段，激发和调动人的积极性。如何通过一套科学性的激励措施或制度，来诱导与激发地方政府参与跨域公共事务合作治理的内驱动力，这对改变地方政府合作意愿、降低合作交易成本、不断优化合作模式、推动合作持续发展具有重要意义。因而，推动地方政府间跨域公共事务合作治理的持续和稳定发展，就应当建立与跨域合作治理目标相匹配的激励机制，来强化地方政府间合作意愿，激发地方政府间合作动力。

1. 建立地方政府参与跨域公共事务治理的绩效考评制度

政绩考核评价是推动地方政府治道变革创新的重要工具。因而应建立地方政府参与跨域公共事务治理的绩效考评制度，扭转"GDP 至上"的政绩观念，跳出"辖区绩效"的狭隘思维，重构地方政府绩效评价体系，改善地方政府间利益关系，有助于推动地方政府间跨域公共事务合作治理持续稳定发展。就地方政府间跨域公共事务合作治理的绩效考评制度建设而言，绩效考核内容应包括跨域产业结构调整、跨域基础设施建设、跨域公共服务供给、跨域生态环境保护和跨域公共危机防治等事关区域一体化发展和人民群众切身利益的所有事务，这样才能推动地方政府间跨域公共事务合作治理的全面和深入发展，实现区域经济社会的协调发展，满足人民日益多样化的跨

---

① ［美］曼瑟尔·奥尔森：《集体行动的逻辑》，陈郁等译，上海三联书店 1995 年版，第 2 页。

域需求；绩效考核主体应包括中央政府及其相关部门、利益相关地方政府、社会公众和新闻媒体等多元主体，构建一个由中央政府及其相关部门、利益相关地方政府、社会公众、新闻媒体等多元主体共同参与、开放和合作的地方政府跨域公共事务合作治理绩效考核评价模式，不仅有利于促进地方政府跨域公共事务治理绩效考评的客观、公平和公正，而且有利于形成地方政府跨域公共事务治理绩效多层次、全方位、强有力的监督网络，督促地方政府落实跨域公共事务治理责任；绩效考核结果应充分运用到对地方政府及其官员的奖惩之中，可通过对跨域公共事务治理绩效良好的地方政府及其官员给予优惠政策、财政奖励、职务晋升等"利益促进"机制，激发其参与跨域公共事务治理的内生动力，可通过对跨域公共事务治理绩效较差的地方政府及其官员取消优惠政策、财政支持、职务降免等"利益阻断"机制，促使其提升跨域公共事务治理绩效。

2. 构建地方政府参与跨域公共事务治理的多元激励结构

"把激励搞对"是政府运行有效的关键。由于造成地方政府间跨域公共事务合作治理中利益冲突的因素是多层面的，影响地方政府参与跨域公共事务治理积极性及治理能力的因素也是多维度的。因此，激发地方政府参与跨域公共事务治理的内生动力，除了加强对地方政府跨域公共事务治理的绩效考核，以增强地方政府跨域公共事务治理的政治激励之外，还应从财政与税收、道德与纪律等维度出发，构建地方政府参与跨域公共事务治理的多元激励结构。一方面，跨域公共事务治理是一项系统复杂且长期艰巨的工程，不仅需要相关地方政府持续不断的财政投入，而且治理投入通常见效慢，成果和效益显现具有滞后性。地方政府治理跨域公共事务的效果往往难以在短期内得以显现，且跨域产业转移与结构调整还会影响一些地方政府的税收收入。因此，调动地方政府参与跨域公共事务治理的积极性，还需要从财政与税收激励角度入手，努力降低地方政府的财政压力，从经济角度提升地方政府参与跨域公共事务治理的意愿，如中央可以通过完善财政转移支付，地方政府通过税收红利让渡，来减轻地方政府参与跨域公共事务治理的财政负担，补偿地方政府参与跨域公共事务治理造成的利益损失，从而激发与增强地方政府参与跨域公共事务治理的意愿。另一方面，由于"政策执行者在心理和认知层面对政策的理解和阐释对政策执行结果的影响是重要的"，还有研究指出，在健康、卫生、教育和环保等领域，公共精神和职业道德是更为重要的激励因素。因此，除了加强对地方政府的政治激励和经济激励之外，还应加强对地方党政干部的道德激励。通过各种教育培训与学习，让地方党政干部从认知和心理层面认同跨域公共事务治理的重要性，以此提升地方政府致力于跨域公共事务治理的积极性。

此外，由于不同地区及其官员参与跨域公共事务治理的动机和利益诉求并不相同，因而在构建地方政府跨域公共事务治理多元化激励结构的过程中，为了保证激励的针对性和有效性，还应注意激励的适度性和恰当性问题。针对地方政府及其官员的不同需求，分类设计更加多元化、更为科学性、更有针对性的激励措施，以此来提高地方政府参与跨域公共事务治理的效果。

3. 强化地方政府参与跨域公共事务治理行为的问责约束

责任政府是现代民主发展的结果，也是中国现代化过程的必然选择。所谓责任政府，是指具有责任能力的政府在行使社会管理职能的过程中，积极主动地就自己的行为向人民负责；政府违法或者不当行使职权，应当依法承担法律责任，实现权力和责任的统一，做到"执法有保障、有权必有责、违法受追究、侵权须赔偿"。"责任政府"理念要求在跨域公共事务治理中建立地方政府及其官员问责制，强化对地方政府跨域治理行为的问责约束。首先要明确地方政府在跨域公共事务合作治理中的权责边界与归属，弄清地方政府在跨域公共事务合作治理中的责任范畴，制定合作关系中各成员应遵守的规则，明确不履行责任和违反合作规则应承担的责任，这是开展跨域合作治理问责、落实跨域合作治理问责约束的重要前提。其次要加大地方政府跨域公共事务合作治理问责和惩处力度，严格落实跨域合作治理问责制度，如对跨域公共事务合作治理政策贯彻落实不力、不作为、乱作为，辖区涉及跨域公共事务的信息公开不及时、不全面，隐瞒和篡改辖区涉及跨域公共事务的数据，地方保护主义、以邻为壑，不履行合作协议等行为的地方政府，中央政府应加强对地方主要党政领导干部的政治和行政问责，增大地方政府"不合作"成本，以推进地方政府在跨域公共事务治理中的合作。最后要加强地方政府跨域公共事务合作治理问责的制度化建设，在制度中明确跨域公共事务合作治理的问责方式、程序等，使跨域合作治理问责常态化、制度化和程序化，以确保地方政府跨域公共事务合作治理问责的有效落实。总之，要通过对地方政府参与跨域公共事务治理问责机制的完善与落实，给地方政府参与跨域公共事务治理行为形成另一重行之有效的约束，以此推动地方政府参与跨域公共事务治理行为的转变和优化。

结　　语

　　社会步入后工业化和信息化时代之后，社会各主体之间、地区之间的交往日益频繁，联系日益密切；与此同时，原先属于某一行政辖区"内部"的公共事务，变得越来越"外部化"和"无界化"；跨越地理边界、行政区划和组织权限的公共事务日益增多，并朝着多元化、复杂化和规模化方向发展。跨域性公共事务的日益增多及其影响的不断扩散，使当下的地方政府治理面对的是一个全新的、复杂的行政生态环境。地方政府在跨域公共事务治理中的"封闭性"和"竞争性"，致使地方政府间经常陷入"边界冲突事件"，任何一个地方政府都无法单靠自己的力量，解决复杂多变的跨域公共事务。合作治理倡导跨域行政区划的"楚河汉界"，强调公共责任的重要性和公共利益的目标导向，在某种意义上是对传统公共行政和新公共管理的反思与重构，是由个体主义转向整体主义思维的蜕变过程，也是对地方政府治理实践中"边界冲突事件"的有力回应。无论是作为一种行政改革的理论指导，还是作为一种政府治理模式的变迁，合作治理在消解行政壁垒与打破闭合行政、整合政府功能与聚合政府资源、促进政府间协同合作与展开共同行动、提高政府整体治理能力和服务质量等方面都凸显了其积极作用，表现出很强的生命力和普适性。推动地方政府间跨域公共事务合作治理，就成为破解地方政府跨域公共事务治理"碎片化"问题，提升地方政府跨域公共事务整体治理绩效的重要途径。

　　地方政府间跨域公共事务合作治理是一项涉及地方政府治理理念转变、功能整合、利益协调等各种复杂因素的系统工程，实际上就是区域内相关地方政府围绕利益、权利与责任不断冲突、博弈、协商和妥协的过程。合作治理每前进一步都蕴含着地方政府间权责利的重新调整和再分配，需要克服诸多困难和障碍。但这丝毫不能影响与削弱我们对合作治理是提升地方政府集体行动能力和解决跨域公共事务有效路径的前瞻，跨域公共事务的日益增多及其治理的公共性和复杂性等特征，决定了地方政府间跨域公共事务合作治理不是阶段性目标而是长期性目标。不仅需要各级地方政府树立"共建、共治、共享"的新理念，而且需要求助于法律、制度、规则以及体制机制等使合作持续下去，才能实现区域协调发展和共同富裕的美好愿望。这就要求我们必须在国家区域协调发展和共同富裕的战略背景下，全面理解地方政府间跨域公共事务合作治理的制度化路径，并以一种渐进的、逐步优化的方式完善地方政府间跨域公共事务合作治理体系，通过制度规则、体制机制调解地方政府间的利益矛盾以达到新的平衡点，规范地方政府合作治理中的行为使其符合集体利益，防止集体行动陷入非理性困境引发合作治理中的"公用地悲剧"问题，才能推动地方政府间跨域公共事务合作治理的有序、持续和稳定发展，不断提高地方政府间跨域公共事务合作治理的能力和水平。

地方政府间跨域公共事务合作治理已成为有效解决跨域公共事务、实现区域协调持续发展、促进区域共同富裕的重要路径，成为未来区域治理和发展变革的主流方向。尽管本书从合作治理的视角对地方政府间跨域公共事务合作治理的概念谱系、理论基础、生成逻辑、约束机理和合作路径等方面进行了粗浅的探讨，但任何一种治理方式都是在实践中不断发现问题并逐步改进完善的，探寻并建构一种适合中国国情的地方政府间跨域公共事务合作治理模式并不是一蹴而就的事情，况且地方政府间跨域公共事务合作治理是一个非常复杂的问题。要准确全面地把握地方政府间复杂的利益博弈关系，透彻剖析地方政府合作困境背后的复杂机理是非常困难的，地方政府间跨域公共事务合作治理的解释能力和适应能力还需要在实践中不断完善。由于笔者知识积累、学术水平以及资料收集、研究方法等方面的局限，对地方政府间跨域公共事务合作治理的生成逻辑分析不够透彻，合作治理的约束机理缺乏实证检验，合作治理的体系还不够完善，整体研究还存在诸多不足之处。所有以上这些方面存在的问题或不足，还需要在今后的理论研究和实践探索中不断完善。笔者坚信，在国家区域协调发展和共同富裕战略实施的背景下，在中央政府的推动和地方政府的努力下，地方政府间跨域公共事务合作治理必将稳定发展并取得显著成效。

主要参考文献

一　中文著作

［澳］欧文·E. 休斯：《公共管理导论》，彭和平等译，中国人民大学出版社
　　2001 年版。

［法］皮埃尔·卡蓝默：《破碎的民主——试论治理的革命》，高凌瀚译，生
　　活·读书·新知三联书店 2005 年版。

［美］B. 盖伊·彼得斯：《政府未来的治理模式》，吴爱明等译，中国人民大
　　学出版社 2013 年版。

［美］E. S. 萨瓦斯：《民营化与公私部门的伙伴关系》，周志忍译，中国人民
　　大学出版社 2002 年版。

［美］埃莉诺·奥斯特罗姆：《公共事物的治理之道》，余逊达、陈旭东译，
　　上海三联书店 2000 年版。

［美］埃莉诺·奥斯特罗姆等：《制度激励与可持续发展》，陈幽泓译，上海
　　三联书店 2000 年版。

［美］艾米·R. 波蒂特等：《共同合作——集体行为、公共资源与实践中的
　　多元方法》，路蒙佳译，中国人民大学出版社 2011 年版。

［美］安东尼·唐斯：《官僚制内幕》，郭晓聪等译，中国人民大学出版社
　　2006 年版。

［美］奥利弗·E. 威廉森：《治理机制》，王健等译，中国社会科学出版社
　　2001 年版。

［美］查尔斯·J. 福克斯、［美］休·T. 米勒：《后现代公共行政——话语

指向》，楚艳红等译，中国人民大学出版社 2002 年版。

［美］戴维·奥斯本、［美］特德·盖布勒：《改革政府：企业家精神如何改革着公共部门》，周敦仁等译，上海译文出版社 1996 年版。

［美］戴维·罗森布鲁姆、［美］罗伯特·S. 克拉夫丘克：《公共行政学：管理、政治和法律的途径》，张成福等译，中国人民大学出版社 2002 年版。

［美］道格拉斯·C. 诺斯：《制度、制度变迁与经济绩效》，杭行译，上海三联书店 1994 年版。

［美］多丽斯·A. 格拉伯：《沟通的力量——公共组织信息管理》，张熹珂译，复旦大学出版社 2007 年版。

［美］菲利普·J. 库珀等：《二十一世纪的公共行政：挑战与改革》，王巧玲等译，中国人民大学出版社 2006 年版。

［美］拉塞尔·M. 林登：《无缝隙政府——公共部门再造指南》，汪大海译，中国人民大学出版社 2002 年版。

［美］理查德·C. 菲沃克主编：《大都市治理：冲突、竞争与合作》，许源源、江胜珍译，重庆大学出版社 2012 年版。

［美］理查德·D. 宾厄姆：《美国地方政府的管理：实践中的公共行政》，九洲等译，北京大学出版社 1997 年版。

［美］罗伯特·阿格拉诺夫等：《协作性公共管理：地方政府新战略》，李玲玲等译，北京大学出版社 2007 年版。

［美］罗伯特·阿克塞尔罗德：《对策中的制胜之道：合作的进化》，吴坚忠译，上海人民出版社 1996 年版。

［美］罗伯特·阿克塞尔罗德：《合作的复杂性：基于参与者竞争与合作的模型》，高笑梅等译，上海人民出版社 2008 年版。

［美］罗伯特·帕特南：《使民主运转起来》，王列等译，江西人民出版社 2001 年版。

［美］迈克尔·麦金尼斯：《多中心体制与地方公共经济》，毛寿龙译，上海三联书店 2000 年版。

［美］麦可尔·巴泽雷：《突破官僚制：政府管理的新愿景》，孔宪遂等译，

中国人民大学出版社 2022 年版。

［美］曼瑟尔·奥尔森：《集体行动的逻辑》，陈郁等译，上海三联书店 1995
　　年版。

［美］尼古拉斯·亨利：《公共行政与公共事务》，项龙译，华夏出版社 2002
　　年版。

［美］斯蒂芬·戈德斯密斯、［美］威廉·D. 埃格斯：《网络化治理：公共
　　部门的新形态》，孙迎春译，北京大学出版社 2008 年版。

［美］特里·L. 库珀：《行政伦理学：实现行政责任的途径》，张秀琴译，中
　　国人民大学出版社 2010 年版。

［美］威尔玛·苏恩：《避开合作陷阱——透视战略联盟之暗面》，刘建明等
　　译，中国劳动社会保障出版社 2008 年版。

［美］约翰·D. 多纳休、［美］理查德·J. 泽克豪泽：《合作：激变时代的
　　合作治理》，徐维译，中国政法大学出版社 2015 年版。

［美］詹姆斯·N. 罗西瑙：《没有政府的治理》，张胜军等译，江西人民出
　　版社 2001 年版。

［美］詹姆斯·博曼：《公共协商：多元主义、复杂性与民主》，黄相怀译，
　　中央编译出版社 2006 年版。

［英］斯蒂芬·贝利：《地方政府经济学：理论与实践》，左昌胜等译，北京
　　大学出版社 2006 年版。

薄贵利：《中央与地方关系研究》，吉林大学出版社 1991 年版。

陈瑞莲：《区域公共管理理论与实践》，中国社会科学出版社 2008 年版。

陈瑞莲、刘亚平：《区域治理研究：国际比较的视野》，中央编译出版社
　　2013 年版。

陈瑞莲等：《区域公共管理导论》，中国社会科学出版社 2006 年版。

丁煌：《西方行政学说史》，武汉大学出版社 2017 年版。

胡佳：《区域环境治理中的地方政府协作研究》，人民出版社 2015 年版。

黄德春等：《长三角跨界水污染治理机制研究》，南京大学出版社 2010 年版。

金太军等：《区域治理中的行政协调研究》，广东人民出版社 2011 年版。

敬义嘉：《合作治理——再造公共服务的逻辑》，天津人民出版社 2009 年版。

李明强、贺艳芳：《地方政府治理新论》，武汉大学出版社 2010 年版。

李荣娟：《当代中国跨省区域联合与公共治理研究》，中国社会科学出版社 2014 年版。

李四林、曾伟：《地方政府管理学》，北京大学出版社 2010 年版。

林尚立：《国内政府间关系研究》，浙江人民出版社 1998 年版。

林水波、李长晏：《跨域治理》，五南图书出版公司 2005 年版。

刘彩虹：《整合与分散：美国大都市区地方政府间关系探析》，华中科技大学出版社 2010 年版。

刘娟、马学礼：《跨域环境治理中地方政府合作研究》，知识产权出版社 2021 年版。

刘君德等：《中外行政区划比较研究》，华东师范大学出版社 2002 年版。

刘亚平：《当代中国地方政府间竞争》，社会科学文献出版社 2007 年版。

刘玉、冯健：《区域公共政策》，中国人民大学出版社 2005 年版。

罗若愚：《区域产业转移中我国西部地方政府合作治理研究》，人民出版社 2021 年版。

毛寿龙：《西方政府的治道变革》，中国人民大学出版社 1998 年版。

欧阳帆：《中国环境跨域治理研究》，首都师范大学出版社 2014 年版。

彭本红、屠羽、周倩倩：《雾霾跨域治理：行为博弈、风险分析及协同机制》，科学出版社 2020 年版。

彭彦强：《中国地方政府合作研究：基于行政权力分析的视角》，中央编译出版社 2013 年版。

浦善新：《中国行政区划改革研究》，商务印书馆 2006 年版。

荣敬本等：《从压力型体制向民主合作体制的转变》，中央编译出版社 1998 年版。

上官丽娜：《走出治理的碎片化困境：法国地方政府改革实践研究》，人民出版社 2012 年版。

沈剑敏：《跨域治理视角下的地方政府合作——基于长三角的经验研究》，上海人民出版社 2016 年版。

施丛美：《区域生态治理中的府际关系研究》，广东人民出版社 2011 年版。

孙柏瑛：《当代地方治理：面向 21 世纪的挑战》，中国人民大学出版社 2004
　　年版。

陶希东：《全球城市区域跨界治理模式与经验》，东南大学出版社 2014 年版。

陶希东：《中国跨界区域管理：理论与实践探索》，上海社会科学院出版社
　　2010 年版。

陶希东：《转型期中国跨省市都市圈区域治理——以"行政区经济"为视
　　角》，上海社会科学院出版社 2007 年版。

汪波：《区域公共治理：理论·实践·创新》，中国经济出版社 2019 年版。

汪伟全：《地方政府竞争秩序的治理：基于消极竞争行为的研究》，上海人民
　　出版社 2009 年版。

汪翔、钱南：《公共选择理论导论》，上海人民出版社 1993 年版。

谢庆奎：《中国政府体制分析》，中国广播电视出版社 1995 年版。

杨光：《区域整合与公共治理》，社会科学文献出版社 2021 年版。

杨龙主编：《中国区域治理研究报告——区域政策与区域合作》，中国社会科
　　学出版社 2017 年版。

杨毅、张琳：《成渝经济区地方政府跨域治理合作机制的理论与实践》，知识
　　产权出版社 2019 年版。

姚从容：《公共环境物品供给的经济分析》，经济科学出版社 2005 年版。

叶汉雄：《基于跨域治理的梁子湖水污染防治研究》，武汉大学出版社 2013
　　年版。

尹艳红：《地方政府间公共服务合作机制》，国家行政学院出版社 2013 年版。

余明勤：《区域经济利益分析》，经济管理出版社 2004 年版。

俞可平：《国家治理现代化的中国方案——走向善治》，中国文史出版社
　　2017 年版。

俞可平：《治理与善治》，社会科学文献出版社 2000 年版。

喻峰：《区域协调发展的治理之道：变革中的欧盟经验与实践》，人民出版社

2013 年版。

曾令发：《探寻政府合作之路》，人民出版社 2010 年版。

张金马：《公共政策分析：概念·过程·方法》，人民出版社 1992 年版。

张紧跟：《当代中国地方政府间横向关系协调研究》，中国社会科学出版社
2006 年版。

张紧跟：《当代中国政府间关系导论》，社会科学文献出版社 2009 年版。

张康之：《合作的社会及其治理》，上海人民出版社 2014 年版。

张玉臣：《长三角区域协同创新研究》，化工工业出版社 2009 年版。

赵晖：《转变政府职能与建设服务型政府》，广东人民出版社 2008 年版。

郑先武：《区域间主义治理模式》，社会科学文献出版社 2014 年版。

周黎安：《转型中的地方政府：官员激励与治理》，上海人民出版社 2012
年版。

周天勇等：《中国行政体制改革 30 年》，上海人民出版社 2008 年版。

二　中文论文

蔡岚：《解决区域合作困境的制度集体行动框架研究》，《求索》2015 年第
8 期。

蔡岚：《我国地方政府间合作困境研究述评》，《学术研究》2009 年第 9 期。

蔡立辉、龚鸣：《整体政府：分割模式的一场管理革命》，《学术研究》2010
年第 5 期。

蔡之兵、张可云：《中国区域发展战略的 60 年历程回顾（1953—2013）》，
《甘肃社会科学》2015 年第 2 期。

陈健：《新发展阶段共同富裕目标下区域协调发展研究》，《云南民族大学学
报》（哲学社会科学版）2022 年第 4 期。

陈瑞莲：《论区域公共管理的制度创新》，《中山大学学报》（社会科学版）
2005 年第 5 期。

陈瑞莲：《论区域公共管理研究的缘起与发展》，《政治学研究》2003 年第
4 期。

陈瑞莲、张紧跟：《试论我国区域行政研究》，《广州大学学报》（社会科学版）2002 年第 4 期。

陈水生：《从压力型体制到督办责任体制：中国国家现代化导向下政府运作模式的转型与机制创新》，《行政论坛》2017 年第 5 期。

陈晓运：《跨域治理何以可能：焦点事件、注意力与超常规执行》，《深圳大学学报》（人文社会科学版）2019 年第 3 期。

程栋、周洪勤、郝寿义：《中国区域治理的现代化：理论与实践》，《贵州社会科学》2018 年第 3 期。

褚建国、朱成燕：《基于区域发展困境的政府间合作机制建构——以武汉城市圈为例》，《湖北社会科学》2015 年第 10 期。

崔晶：《跨域生态环境协作治理中的集体行动：以祁连山区域生态治理为例》，《改革》2019 年第 1 期。

范恒山：《促进区域协调发展的任务重点》，《区域经济评论》2022 年第 3 期。

方雷：《地方政府间跨区域合作治理的行政制度供给》，《理论探讨》2014 年第 1 期。

费广胜、李艳萍：《经济区域化背景下地方政府横向关系及其变迁》，《行政论坛》2011 年第 6 期。

高建华：《区域公共管理视域下的整体性治理：跨界治理的一个分析框架》，《中国行政管理》2010 年第 11 期。

耿国阶、庄会虎：《中国国家治理体系现代化的脉络、逻辑与进路》，《青海社会科学》2014 年第 4 期。

郭斌：《跨区域环境治理中地方政府合作的交易成本分析》，《西北大学学报》（哲学社会科学版）2015 年第 1 期。

郭晗、任保平：《中国式现代化进程中的共同富裕：实践历程与路径选择》，《改革》2022 年第 7 期。

韩小风：《从传统公共行政到整体性治理——公共行政理论和实践的新发展》，《学术研究》2016 年第 8 期。

胡贵仁：《区域协调发展视角下的跨域治理——理论架构、现实困境与经验性分析》，《安徽行政学院学报》2018 年第 3 期。

胡象明、唐波勇：《整体性治理：公共管理的新范式》，《华中师范大学学报》（人文社会科学版）2010 年第 1 期。

黄显中：《政府公共性理论的谱系》，《湘潭大学学报》（哲学社会科学版），2004 年第 3 期。

姜玲、乔亚丽：《区域大气污染合作治理政府间责任分担机制研究》，《中国行政管理》2016 年第 6 期。

蒋辉：《民族地区跨域治理之道：基于湘渝黔边区"锰三角"环境治理的实证研究》，《贵州社会科学》2012 年第 3 期。

金太军：《从行政区行政到区域公共管理——政府治理形态嬗变的博弈分析》，《中国社会科学》2007 年第 6 期。

李冰强：《区域环境治理中的地方政府：行为逻辑与规则重构》，《中国行政管理》2017 年第 8 期。

李海青、赵玉洁：《压力体制的治理限度及其调适》，《中国特色社会主义研究》2017 年第 9 期。

李军鹏：《国家治理体系现代化视域下的现代政府建设》，《中共天津市委党校学报》2015 年第 2 期。

李松玉：《制度与制度权威》，《延边大学学报》（社会科学版）2003 年第 2 期。

李兴平：《行政跨界水污染治理中的利益协调探讨——以渭河流域为例》，《理论探索》2015 年第 5 期。

刘华：《国家治理现代化视域下的中央与地方关系》，《江苏社会科学》2017 年第 2 期。

刘小泉、朱德米：《合作型环境治理：国外环境治理理论的新发展》，《国外理论动态》2016 年第 11 期。

刘亚平、刘琳琳：《中国区域政府合作的困境与发展》，《学术研究》2010 年第 12 期。

倪永贵：《区域治理合作的困境与突破——基于组织社会学的视角》，《城市治理》2016 年第 8 期。

欧庭宇：《中国共产党共同富裕思想的理论演变、内在逻辑和现实启示》，《青海民族大学学报》2022 年第 2 期。

庞丹、边悦玲、张晓峰：《共同富裕视域下中国区域协调发展的现实困境与创新路径》，《新疆社会科学》2022 年第 3 期。

彭忠益、柯雪涛：《中国地方政府间竞争与合作关系演进及其影响机制》，《行政论坛》2018 年第 5 期。

乔德中、张力均：《地方政府间区域合作共识难题的破解路径——基于话语交往的分析视角》，《福建行政学院学报》2014 年第 1 期。

曲富国、孙宇飞：《基于政府间博弈的流域生态补偿机制研究》，《中国人口·资源与环境》2014 年第 11 期。

冉冉：《"压力型体制"下的政治激励与地方环境治理》，《经济社会体制比较》2013 年第 3 期。

饶常林、黄祖海：《论公共事务跨域治理中的行政协调——基于深惠和北基垃圾治理的案例比较》，《华中师范大学学报》（人文社会科学版）2018 年第 3 期。

任剑涛：《公共与公共性：一个概念辨析》，《马克思主义与现实》2011 年第 6 期。

任维德：《新时代区域协调发展战略中的地方政府合作研究》，《中国延安干部学院学报》2019 年第 5 期。

申桂萍、孙久文：《地方政府推动区域经济发展的作用研究》，《甘肃社会科学》2020 年第 1 期。

申剑敏、陈周旺：《跨域治理与地方政府协作——基于长三角区域社会信用体系建设的实证分析》，《南京社会科学》2016 年第 4 期。

苏苗罕：《地方政府跨区域合作治理的路径选择》，《国家行政学院学报》2015 年第 5 期。

锁利铭：《地方政府区域治理边界与合作协调机制》，《社会科学研究》2014

年第 4 期。

锁利铭：《制度性集体行动、领域差异与府际协作治理》，《公共管理与政策评论》2020 年第 4 期。

锁利铭、杨峰、刘俊：《跨界政策网络与区域治理：我国地方政府合作实践分析》，《中国行政管理》2013 年第 1 期。

谭涛、侯雅丽：《权力共享：建构合作型领导的逻辑进路》，《甘肃社会科学》2015 年第 6 期。

汤梅、卜凡：《论现代国家治理体系中的政府权力配置与运作》，《探索》2014 年第 1 期。

唐兴盛：《政府"碎片化"：问题、根源与治理路径》，《北京行政学院学报》2014 年第 5 期。

汪辉勇：《公共事务概念分析》，《广东社会科学》2020 年第 1 期。

汪伟全：《空气污染跨域治理中的利益协调研究》，《南京社会科学》2016 年第 4 期。

汪伟全：《区域合作中地方利益冲突的治理模式：比较与启示》，《政治学研究》2012 年第 2 期。

汪伟全：《区域一体化、地方利益冲突与利益协调》，《当代财经》2011 年第 3 期。

王佃利、王玉龙、苟晓曼：《区域公共物品视角下的城市群合作治理机制研究》，《中国行政管理》2015 年第 9 期。

王佃利、杨妮：《跨域治理在区域发展中的适用性及局限》，《南开学报》（哲学社会科学版）2014 年第 2 期。

王维国：《公共性及其一般类型》，《新视野》2010 年第 3 期。

王向民：《碎片化政府是公共事件发生的重要因素》，《探索与争鸣》2013 年第 12 期。

魏向前：《跨域协同治理：破解区域发展碎片化难题的有效路径》，《天津行政学院学报》2016 年第 3 期。

肖亚雷：《碎片化的共识与合作治理重构》，《东南学术》2016 年第 3 期。

杨道田：《新区域主义视野下的中国区域治理：问题与反思》，《当代财经》
　　2010 年第 3 期。

杨龙：《区域政策：跨域治理的重要工具》，《国家治理》2015 年第 11 期。

杨雪冬：《压力型体制：一个概念的简明史》，《社会科学》2012 年第 11 期。

叶林：《找回政府："后新公共管理"视域下的区域治理探索》，《学术研究》
　　2012 年第 5 期。

易承志：《超越行政边界：城市化、大都市区整体性治理与政府治理模式创
　　新》，《南京社会科学》2016 年第 5 期。

于健慧：《中央与地方政府关系的现实模式及其发展路径》，《中国行政管
　　理》2015 年第 12 期。

余璐、戴祥玉：《经济协调发展、区域合作共治与地方政府协同治理》，《湖
　　北社会科学》2018 年第 7 期。

臧乃康：《区域公共治理资源共建共享的优化配置》，《南通大学学报》（社
　　会科学版）2017 年第 2 期。

曾凡军：《论整体性治理的深层内核与碎片化问题的解决之道》，《学术论
　　坛》2010 年第 10 期。

张成福、李昊城、边晓慧：《跨域治理：模式、机制与困境》，《中国行政管
　　理》2012 年第 3 期。

张紧跟：《当代中国地方政府间关系：研究与反思》，《武汉大学学报》（哲
　　学社会科学版）2009 年第 4 期。

张康之：《论合作治理中的制度设计和制度安排》，《齐鲁学刊》2004 年第
　　1 期。

张康之、张乾友：《考察"公共"概念建构的历史》，《人文杂志》2013 年第
　　4 期。

张丽莉：《跨域治理：京津冀社会管理协同发展的新趋势》，《河北学刊》
　　2018 年第 2 期。

张首魁、赵宇：《中国区域协调发展的演进逻辑与战略趋向》，《东岳论丛》
　　2020 年第 10 期。

张文江：《府际关系的理顺与跨域治理的实现》，《云南社会科学》2011 年第
　　3 期。

张文礼、赵昕：《区域公共问题与中国地方政府间协合治理》，《甘肃理论学
　　刊》2014 年第 2 期。

张雪：《跨行政区生态治理中地方政府合作动力机制探析》，《山东社会科
　　学》2016 年第 8 期。

张雅勤：《公共行政"公共性"的概念解析》，《浙江学刊》2012 年第 1 期。

张耀军、张玮：《共同富裕与区域经济协调发展》，《区域经济评论》2022 年
　　第 4 期。

赵全军、孙锐：《压力型体制与地方政府创新——"人才争夺战"现象的行
　　政学分析》，《社会科学战线》2022 年第 8 期。

周伟：《地方政府间区域合作治理中的制度权威建设》，《理论月刊》2018 年
　　第 5 期。

周伟：《地方政府跨域治理碎片化：问题、根源与解决路径》，《行政论坛》
　　2018 年第 1 期。

周伟：《合作型环境治理：跨域生态环境治理中的地方政府合作》，《青海社
　　会科学》2020 年第 2 期。

周伟：《黄河流域生态保护地方政府协同治理的内涵意蕴、应然逻辑与实现
　　机制》，《宁夏社会科学》2021 年第 1 期。

周伟：《跨域公共问题协同治理：理论预期、实践难题与路径选择》，《甘肃
　　社会科学》2015 年第 2 期。

周伟：《优化与整合：地方政府间区域合作治理体系重构》，《理论探索》
　　2016 年第 4 期。

周志忍、蒋敏娟：《整体性政府下的政策协同：理论与发达国家的当代实
　　践》，《国家行政学院学报》2010 年第 6 期。

朱成燕：《内源式政府间合作机制的建构与区域治理》，《学习与实践》2016
　　年第 8 期。

朱春奎、沈剑敏：《地方政府跨域治理的 ISGPO 模型》，《南开学报》（哲学

社会科学版）2015 年第 6 期。

朱京安、杨梦莎：《我国大气污染区域治理机制的构建——以京津冀地区为
　分析视角》，《社会科学战线》2016 年第 5 期。

三　英文文献

Adrian Leftwich, "Governance, Democracy and Development in the Third World", *The World Quarterly*, Vol. 14, No. 3, 1993.

David Held, *Global Transformations: Politics, Economics and Culture*, Cambridge: Polity Press, 1999.

Dietmar Braun, "Organising the Political Coordination of Knowledge and Innovation Policies", *Science and Public Policy*, Vol. 35, No. 4, 2008.

D. Kettle, *Sharing Power: Public Governance and Private Markets*, Washington, D. C.: Brookings Institution, 1993.

James Downe, Steve Martin, "Joined up Policy in Practice? The Coherence and Impacts of Local Government Modernisation Agenda", *Local Government Studies*, Vol. 32, No. 4, 2006.

Ling Tom, "Delivering Joined-up Government in the UK: Dimensions, Issues and Problems", *Public Administration*, Vol. 80, No. 4, 2020.

Lou Wilson, "Contested County: Local and Regional Natural Resources Management in Australia", *Australian Planner*, Vol. 47, No. 3, 2010.

Mark Bevir, David Brein, "New Labor and the Public Sectorin Britain", *Public Administration Review*, Vol. 61, No. 10, 2001.

Mark Moore, "Public Value Accounting: Establishing the Philosophical Basis", *Public Administration Review*, Vol. 74, No. 4, 2014.

Paul C. Light, *The New Public Service*, Washington, D. C.: Brooking Institution Press, 1999.

Peter J. Laugharne, "Towards Holistic Governance" (Bookreview), *Democratization*, Vol. 10, No. 2, 2003.

主要参考文献

Peter Wilkins, "Accountability and Joined-up Government", *Austrian Journal of Public Administration*, Vol. 61, No. 1, 2002.

Richard C. Feicck, "The Institutional Collective Action Framework", *The Policy Studies Journal*, Vol. 41, No. 3, 2013.

Robin Wensley, Mark Moore, *Choice and Marketing in Public Management: The Creation of Public Value? Public Value: Theory and Practice*, London: Red Globe Press, 2010.

R. C. Feiock, "The Institutional Collective Action Framework", *Policy Studies Journal*, Vol. 41, No. 3, 2013.

T. Sandler, "Clobal and Regional Public Goods: A Prognosis for Collective Action", *Fiscal Studies*, Vol. 19, No. 3, 1998.

Ulrich Beck, *World Risk Society*, Cambridge: Polity Press, 2000.